專碩文化

生成式 AI
專案實踐指南

從模型挑選、上線、RAG 技術到 AI Agent 整合

劉育維 著

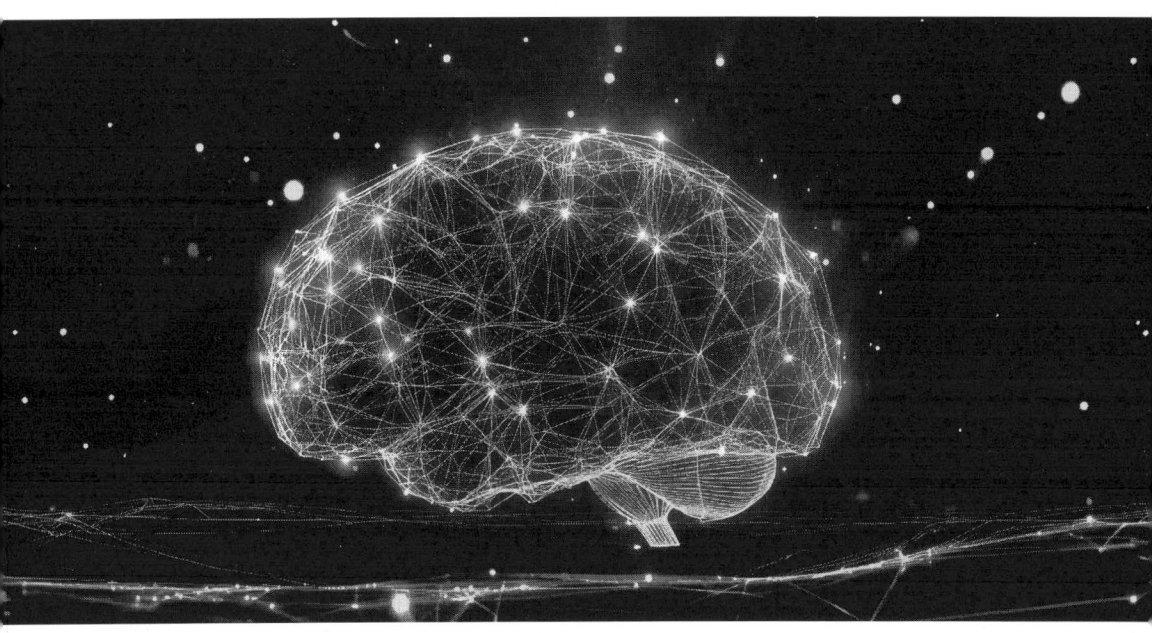

基本概念與實務應用	RAG 技術深度解析與應用	導入策略與未來展望
介紹生成式 AI 的基礎知識、大型語言模型、模型服務上線，以及 DevOps 和 MLOps 實務。	深入探討檢索增強生成（RAG）技術，包括知識庫建置、進階檢索方法，以及與 AI Agent 的整合應用。	分析生成式 AI 技術的導入方法、模型與系統評估，以及未來發展方向。

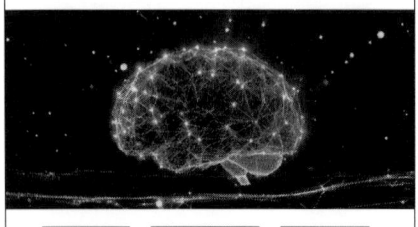

作　　者：劉育維
責任編輯：黃俊傑

董 事 長：曾梓翔
總 編 輯：陳錦輝

出　　版：博碩文化股份有限公司
地　　址：221 新北市汐止區新台五路一段 112 號 10 樓 A 棟
　　　　　電話 (02) 2696-2869　傳真 (02) 2696-2867

發　　行：博碩文化股份有限公司
郵撥帳號：17484299　戶名：博碩文化股份有限公司
博碩網站：http://www.drmaster.com.tw
讀者服務信箱：dr26962869@gmail.com
訂購服務專線：(02) 2696-2869 分機 238、519
（週一至週五 09:30 ～ 12:00；13:30 ～ 17:00）

版　　次：2025 年 5 月初版一刷
　　　　　2025 年 6 月初版二刷

博碩書號：MP22514
建議零售價：新台幣 650 元
Ｉ Ｓ Ｂ Ｎ：978-626-414-189-5
律師顧問：鳴權法律事務所 陳曉鳴律師

本書如有破損或裝訂錯誤，請寄回本公司更換

國家圖書館出版品預行編目資料

生成式 AI 專案實踐指南：從模型挑選、上線、
RAG 技術到 AI Agent 整合 / 劉育維著. --
初版. -- 新北市：博碩文化股份有限公司,
2025.05
　面；　公分

ISBN 978-626-414-189-5(平裝)

1.CST: 人工智慧 2.CST: 自然語言處理

312.83　　　　　　　　　　　114004290

Printed in Taiwan

博碩粉絲團　歡迎團體訂購，另有優惠，請洽服務專線
　　　　　　(02) 2696-2869 分機 238、519

商標聲明

本書中所引用之商標、產品名稱分屬各公司所有，本書引用
純屬介紹之用，並無任何侵害之意。

有限擔保責任聲明

雖然作者與出版社已全力編輯與製作本書，唯不擔保本書及
其所附媒體無任何瑕疵；亦不為使用本書而引起之衍生利益
損失或意外損毀之損失擔保責任。即使本公司先前已被告知
前述損毀之發生。本公司依本書所負之責任，僅限於台端對
本書所付之實際價款。

著作權聲明

本書著作權為作者所有，並受國際著作權法保護，未經授權
任意拷貝、引用、翻印，均屬違法。

推薦序
FOREWORD

在生成式 AI 的時代，建構價值，超越使用

真正的 AI 專家不是那些精通每一個模型的人，而是那些能將正確的模型應用於正確問題的人。從工業革命的機械化，到資訊革命的數位化，再到今天生成式 AI 所引領的智慧化時代，真正產生價值的從來不是工具本身，而是人如何使用它、組織如何整合它，這最終將改變我們的工作流程、決策模式與生活品質。

當所有人都在談論 AI 工具時，真正的領導者在思考 AI 系統。當下的技術變革不僅是工具的演進，更是思維模式的根本重塑，知識創造與價值生產的典範轉移。生成式 AI 的革命性在於它徹底民主化了創作過程，將門檻降至近乎零的程度。然而，這種便利性也帶來了挑戰，我們比以往任何時候都更需要一套系統化的架構思維，將雜訊轉化為有序，使企業能夠超越跟風心態，實現戰略性的技術整合與部署。

《生成式 AI 專案實踐指南》正是這樣一本架構思維與技術實踐的結合。它不滿足於表層的模型能力描述，也不局限於單一工具的操作教學，而是採取系統構建者的全局視角，為讀者提供一條從概念到落地、從選型到部署的完整實踐路徑。本書的技術視野既有廣度又有深度，涵蓋了 LLM 模型的選擇邏輯、企業級部署策略、RAG 檢索增強生成架構設計，以及 AI Agent 的整合應用等前瞻議題，這些都是當前生成式 AI 領域最具實戰價值的核心知識，內容不僅適合技術專家，對於技術決策者、創新負責人以及產品規劃者而言，同樣具有策略參考價值。

Yann LeCun：「在充滿不確定性的技術變革中，唯一確定的是學習架構思維的投資永遠不會過時。」我特別認同本書強調的「從 0 到 1 構建專案」的實踐導向。這與台灣人工智慧學校在技術 創新領域推動產業 AI 化的核心理念高度一致。真正的技術賦能（Enable）不是教導工具使用，而是培養判斷每一個技

| 推薦序 |

術,選擇對特定產業影響與價值的能力;有效的賦權(Empower)是使組織各層級人員都能掌握 AI 專案的語言與邏輯,形成協同合作;最終的目標是透過這種學習與應用,提升人的工作價值,增強組織營運的韌性,實現真正的完整充實(Enrich)。

許多組織在數位轉型與 AI 導入初期常常陷入工具迷思:選對工具就能解決問題。然而,真正能夠產生持久價值的,是架構思維與實踐能力的培養,是將技術轉化為解決方案的系統化能力。這本書將成為你在這條道路上的實戰地圖,幫助你避開常見陷阱,在變革時代中建立可持續的技術競爭優勢。

我由衷推薦這本書,給每一位期待在生成式 AI 領域真正落地應用、創造實質價值的實踐者。

蔡明順

台灣人工智慧學校 校務長

推薦序 FOREWORD

近幾年生成式 AI 與其應用的蓬勃發展，對於正邁出探索步伐的讀者而言，如何快速掌握與了解這些眼花撩亂技術是一個極為重要的議題。《生成式 AI 專案實踐指南》正是從這樣的需求出發，以全面盤點與實務經驗為核心，為讀者描繪了一幅多維度的 AI 技術全景圖。

本書內容涵蓋了生成式 AI 的各項核心技術，從模型到開發流程如 MLOps 及 LLMOps 思維，再到時下熱議的 RAG（Retrieval-Augmented Generation）與 AI Agent 應用，均有詳實的介紹。作者以自己長期於人工智慧領域中積累的應用實例和專案經驗，提供了許多實務中可能遇到的考量點與啟發，幫助讀者在面對技術多樣性時能夠迅速抓住重點。從本書的各個章節內容中，讀者能夠感受到作者對於生成式 AI 各項技術的關注與熱情，並且透過主題式的章節設計，提供讀者能夠按自己所需自由拼接並且查詢的閱讀體驗。對於既希望建立基礎認知，又欲尋求應用啟示的讀者來說，書中所匯整的關鍵名詞及技術總結，正是一座通往更加廣闊技術領域的橋樑。

我在作者初入職場時便認識，並且有幸成為他的職場前輩和主管。在與 Simon 共事過程中，經常能發現他對於事情脈絡的敏感度和願意投諸熱情掌握事情全貌的企圖心。我想這也正是他為什麼能夠在人工智慧產業裡累積豐富經驗的原因，而這些經驗和努力也字字句句地在本書中展現，並且協助讀者在人工智慧技術的叢林中探尋一條屬於自己的路徑。

總體而言，若讀者希望對生成式 AI 有一個較為全面且實用的入門認識或正在尋找一本能夠啟發您在專案選型、技術應用與落地策略上作出理性判斷的參考書籍，那麼《生成式 AI 專案實踐指南》無疑是你啟程探索的最佳導覽，因為它不

| 推薦序 |

只是知識的縱覽，更是一份引領讀者在變動迅速的 AI 世界中，找到自身定位與創新靈感的實務指南。讀者可以藉此洞察當前技術趨勢，同時從作者的真實經驗中獲得寶貴的啟發，助力未來的專案與技術實踐。

盧建成 Augustin
靖本行策有限公司 執行長

推薦序
FOREWORD

在這個生成式 AI 迅速顛覆各行各業的時代，我深信《生成式 AI 專案實踐指南：從模型挑選、上線、RAG 技術到 AI Agent 整合》，這本書將成為技術領袖與實戰工程師不可或缺的參考依據。多年來，我與團隊致力於以自然語言理解及機器學習技術，打造出符合企業落地需求的自主 AI 解決方案，也曾帶領業界精英在最前線探索高階 GPU 與大型語言模型的應用。本書以實踐為核心，從 MLOps 到 LLMOps 的架構佈局，不僅解析各類生成式 AI 模型的優劣，還詳實介紹如何利用 RAG 技術與 AI Agent 整合，構建出高效且具競爭力的專案實施流程。

本書的編寫秉持著真實、務實的精神，針對技術落地過程中可能遇到的挑戰，提供一系列具體而精準的解決方案。無論您是初涉生成式 AI 的新進人才、追求卓越的軟體開發者、深耕 AI 應用的企業技術主管，或是在學術研究與創新創業領域中砥礪前行的專業人士，本書皆能協助您由淺入深地掌握生成式 AI 的核心技術與前瞻性應用，快速從理論邁向實踐。

十多年前，我曾在裕隆集團擔任第一個專注在語言理解的資深資料科學家，率領團隊開發以自然語言為核心的車上語音助理、企業知識管理應用，這些經歷讓我深知，生成式 AI 技術的推廣與落地，不僅需要尖端理論，更需結合實際操作與系統化規劃，在 APMIC 加入 NVIDIA 供應鏈之後，更覺得在科技快速演進之下，唯有具體案例與真實專案的分享，並且提供讀者一條從概念認識到專案實施的清晰路徑，以連結具體實作範例的方式，才能降低進入門檻，加速企業自主 AI 實踐成效。

面對市場上日益激烈的競爭，企業必須更敏銳地掌握生成式 AI 的技術趨勢，以創新的應用模式創造出差異化價值。這不僅是技術人的使命，也是企業領導者應該把握的策略契機。透過本書的學習，讀者將能夠清楚理解如何在選擇

| 推薦序 |

模型、技術整合與專案部署之間取得平衡，進而在數位轉型浪潮中立於不敗之地。

總結而言，本書不僅僅是一本技術指南，更是一部企業數位轉型與創新應用的藍圖。我誠摯推薦每一位志在掌握生成式 AI 技術，並致力於推動企業創新與發展的專業人士，從這本書中汲取知識、啟發思維，並將理論化作實踐，開創屬於自己的先機與未來。

吳柏翰 Jerry Wu
APMIC 創辦人暨執行長
Google Developer Expert - AI Role

序言 PREFACE

親愛的讀者，您好！

歡迎您取得這張能夠了解人工智慧最新技術的車票。在資料驅動的現今世界，數位轉型已成為企業競爭與創新不可或缺的關鍵，而人工智慧（AI）技術正扮演著引領產業革新的核心角色。本書旨在以務實且前瞻性的角度，為讀者提供一套由基礎理論、技術演進到實戰應用的完整知識體系，協助企業與技術專業人士掌握生成式 AI 的核心技術，並有效運用於專案落地及產品化。

本書精心設計的架構將引導您循序漸進地進入 AI 的精彩世界，主要分為三大核心部分，彼此之間緊密相連，構成一個完整的學習體系：

第一部分：生成式 AI 的基礎與演進

在人工智慧的早期發展中，傳統專家系統主要依賴預設規則進行分類與預測，但面對日益複雜與動態的應用環境，其局限性逐漸顯現。隨著大數據與深度學習技術的興起，生成式 AI 技術改變了傳統思維模式，從單純的資料分析轉向能夠「理解」並「重構」資訊，甚至創造出全新內容。憑藉 Transformer 架構中的自注意力機制與生成對抗網路（GAN）在影像生成上的突破，現代生成式 AI 不僅成為文本、影像與音樂等領域的重要驅動力，更透過跨領域應用展現出革新產業生態的巨大潛力。

本書將深入解析生成式 AI 的技術基礎、主要演進脈絡及其在實際應用中的價值，涵蓋從文本撰寫、影像合成到產品設計與醫療分析等多個領域的應用案例，並且簡要介紹開源與閉源模型各自的特色與應用場景。同時更進一步說明，如何將此基礎知識延伸至 RAG 技術和 AI Agent 的實際產品化實踐，為企業決策者及技術專業人士提供一套務實且前瞻的解決方案，協助其在數位轉型的浪潮中迅速搶佔市場先機。

第二部分：如何導入 RAG 技術在專案中

本部分專注於揭示如何將檢索增強生成（RAG）技術整合到實際專案運作中，以達到高效資料檢索與智慧生成的雙重目標。首先，我們將解析 RAG 技術的核心原理，從嵌入向量、文章字塊切分到語意搜尋的具體流程，說明該技術如何在保持高準確度的同時，顯著提升資訊回應效率。書中透過多個實例，展示如何利用 RAG 技術打造企業級知識庫，實現從大量資料中快速檢索並自動產出高品質內容的過程，為多種應用場景（如客戶服務、決策輔助等）提供支援。

在隨後的探討中，我們深入分析了在導入 RAG 技術過程中可能遇到的技術風險與管理難題。如何解決模型偏差、確保資料安全、滿足系統可擴展性等議題，都是成功落實 RAG 應用中不可或缺的考量點。透過企業級專案管理與跨部門協作實務，本書提供了一系列具體的指導方針與解決方案，協助企業在嚴格的合規要求下，穩步推進技術轉型並加速產品上市。這部分內容不僅具有高度實用性，更從戰略層面提供了前瞻性的技術佈局與資源整合方案，期許助力企業在激烈競爭中締造核心競爭力。

第三部分：AI Agent 的產品化實踐

AI Agent 已成為推動企業智慧化營運的重要突破口，本部分深入闡述其從概念到產品化的全流程實踐路徑。首先，書中將介紹 AI Agent 的基本架構與關鍵功能，解釋其如何在大型語言模型（LLMs）技術實現自動決策與智慧迭代。透過詳細解析智慧代理在資訊擷取、決策制定與行動執行中的具體應用，讀者將全面了解如何利用 AI Agent 結合企業內部資源，打造全自動化且高效運作的智慧解決方案，從而顯著提升業務流程與客戶體驗。

隨後，本部分進一步探討 AI Agent 在產品化過程中所需面對的市場與技術挑戰。包括系統安全、隱私保護、倫理合規以及跨部門整合等多面向問題，均為企業實施智慧系統時必須謹慎考量的關鍵因素。書中不僅提出了多項解決策略，如建立健全的技術監控機制、加強用戶資料保護與風險評估，還透過實際案例提供了從產品設計到市場驗證的全程策略說明。這些實戰經驗與管理工具，將幫助企業在推動 AI Agent 商業化過程中，實現技術創新與市場效益的雙贏局面。

綜合以上三大部分，本書為讀者打造一個從基礎認識到高階實踐的全線技術藍圖。在企業面對日新月異的市場挑戰與技術變革時，人工智慧的技術，將成為您和公司推動數位轉型、增強市場競爭力的重要資產。無論您是技術專家、產品經理或企業決策者，本書都將引領您探索 AI 時代的創新動能，助您在實現產品化目標的道路上走得更穩、更遠。

本書能夠完成，感謝家人的支持與包容外，也感謝所有曾經協助此書的夥伴們幫忙，沒有你們的鼓勵和指導，這本書真的很難完成，也讓我在剛好 30 歲的這個時間，能夠完成一個里程碑。最後，也當然要感謝所有辛苦且專業的博碩文化工作夥伴協助，才能讓這本書順利呈現在每位讀者面前，感謝大家！

劉育維 Simon Liu

目錄 CONTENTS

第一部分 生成式 AI 基礎知識

第一章 生成式人工智慧

1.1 傳統型人工智慧的定義與基本概念 1-3
    1.1.1 專家系統 1-3
    1.1.2 機器學習與深度學習引入 1-4

1.2 生成式 AI 的誕生 1-4
    1.2.1 什麼是生成式 AI？ 1-5
    1.2.2 生成式 AI 的歷史背景 1-6

1.3 傳統型和生成式人工智慧的差異 1-6

1.4 生成式 AI 的核心重點 1-7
    1.4.1 極大量資料：模型學習的基礎 1-8
    1.4.2 生成式對抗網路（GAN） 1-8

1.5 生成式 AI 的應用場景 1-9
    1.5.1 自然語言生成 1-9
    1.5.2 影像生成 1-11
    1.5.3 音樂與聲音合成 1-12
    1.5.4 其他應用 1-13

1.6 生成式 AI 的優勢與挑戰 1-14
    1.6.1 導入生成式 AI 的優勢 1-14
    1.6.2 導入生成式 AI 的挑戰 1-15

1.7 本章小結 1-16

第二部分　大型語言模型介紹

第二章　大型語言模型

- 2.1　大型語言模型介紹 2-3
- 2.2　大型語言模型的歷史 2-4
  - 2.2.1　深度學習的應用 2-4
  - 2.2.2　Transformer 結構的突破 2-5
  - 2.2.3　詞向量模型的起源 2-6
- 2.3　大型語言模型的應用場景 2-7
  - 2.3.1　自然語言生成 2-7
  - 2.3.2　情感分析與文本處理 2-7
  - 2.3.3　資料生成與輔助學習 2-8
- 2.4　開源與閉源語言模型的比較 2-8
  - 2.4.1　開源語言模型 2-8
  - 2.4.2　閉源語言模型 2-9
- 2.5　指令調整模型與原始模型差異 2-9
  - 2.5.1　原始模型的特徵 2-9
  - 2.5.2　指令調整模型的特徵 2-10
  - 2.5.3　原始模型與指令調整模型的差異比較 2-10
  - 2.5.4　應用差異 2-11
- 2.6　大型語言模型與多模態模型 2-11
  - 2.6.1　單模態模型（LLM） 2-11
  - 2.6.2　多模態模型（LMM） 2-11
  - 2.6.3　大型推理模型（LRM） 2-12

| 目錄 |

   2.6.4 應用差異 2-13

2.7 本章小結 2-13

第三章　閉源式模型的介紹與使用方法

3.1 閉源式生成式 AI 模型概述 3-3

   3.1.1 主流閉源式生成式 AI 模型介紹 3-3

   3.1.2 模型選擇策略與實際應用場景 3-5

3.2 閉源式模型的使用方法 3-6

   3.2.1 使用模型的多種方式 3-6

   3.2.2 使用流程與實作細節 3-9

   3.2.3 Prompt Engineering 介紹 3-10

3.3 使用閉源式模型的注意事項 3-11

   3.3.1 資料隱私與安全性 3-11

   3.3.2 法律與合規性 3-12

   3.3.3 效能與穩定性 3-12

   3.3.4 成本效益管理 3-12

3.4 本章小結 3-13

第四章　開源式模型的介紹與使用方法

4.1 開源模型概述 4-3

4.2 主流開源模型介紹 4-3

   4.2.1 Llama 4-3

   4.2.2 Gemma 4-4

   4.2.3 Mistral 4-7

	4.2.4	Phi 4-8
	4.2.5	DeepSeek 4-9

4.3 繁體中文開源語言模型介紹 4-10

	4.3.1	Project TAME 4-10
	4.3.2	Breeze 系列模型 4-11
	4.3.3	TAIDE 4-13

4.4 開源模型的選擇與應用 4-14

	4.4.1	模型選擇標準 4-14
	4.4.2	部署與整合方法 4-15

4.5 開源模型的未來發展 4-16

4.6 本章小結 4-17

第三部分　模型服務上線

第五章　模型選擇與評估模型能力

5.1 模型選擇的重要性 5-3

	5.1.1	為什麼模型選擇是成功的關鍵 5-3
	5.1.2	模型選擇的影響範疇 5-3

5.2 常用的基準資料集介紹 5-4

	5.2.1	Benchmarks 的用途與局限性 5-4
	5.2.2	主要的 Benchmark 資料集分類與特點 5-5
	5.2.3	如何選擇適合的 Benchmark 測試模型 5-7

5.3 自行準備的資料及評估方式 5-7

| 目錄 |

    5.3.1 手動評估方法 5-8

    5.3.2 自動化評估方法 5-8

    5.3.3 使用大模型評估小模型能力值 5-10

5.4 閉源模型和開源模型怎麼選 5-10

    5.4.1 閉源模型的優勢與限制 5-11

    5.4.2 開源模型的優勢與挑戰 5-12

    5.4.3 選擇策略 5-14

5.5 如何找出閉源模型適合的專案 5-15

    5.5.1 閉源模型的官方文件與能力描述 5-15

    5.5.2 透過測試資料評估閉源模型 5-15

    5.5.3 依賴 Benchmark 評估閉源模型 5-16

5.6 開源模型怎麼評估 5-17

    5.6.1 模型評估的關鍵指標 5-17

    5.6.2 開源模型的測試方法 5-17

    5.6.3 評估工具與框架 5-18

    5.6.4 特殊場景的開源模型測試 5-19

5.7 本章小結 5-20

第六章　生成式人工智慧模型即服務的方法

6.1 生成式 AI 即服務（GenAI Model as a Service）介紹 6-3

    6.1.1 生成式 AI 即服務定義與基本概念 6-3

    6.1.2 生成式 AI 即服務架構 6-4

6.2 讓 GenAI 模型服務化的好處 6-5

    6.2.1 靈活選擇與替換生成式 AI 模型 6-6

	6.2.2	減少提供給模型廠商的資料量 6-6
	6.2.3	長期成本效益：自建模型的優勢 6-7
	6.2.4	提高彈性與擴展性 6-7
6.3	Ollama GenAI MaaS 工具介紹 6-8
	6.3.1	介紹 Ollama 工具 6-8
	6.3.2	如何開始使用 Ollama 6-9
	6.3.3	Ollama Embedding：可以將人類語言轉譯成機器語言 6-10
6.4	生成式 AI 模型的部署與維運 6-11
	6.4.1	部署過程 6-11
	6.4.2	持續維運的關鍵 6-12
6.5	生成式 AI 模型即服務的安全性與隱私考量 6-12
	6.5.1	安全性問題 6-13
	6.5.2	隱私保護 6-13
	6.5.3	道德與法律風險 6-14
6.6	本章小結 6-15

第四部分 透過 DevOps 進行生成式 AI 專案的流程再造

第七章 DevOps 與 MLOps 簡介

7.1	DevOps 與 MLOps 介紹 7-3
	7.1.1	DevOps 簡述 7-3
	7.1.2	MLOps 簡述 7-4

7.2 DevOps 的核心理念與流程 7-5
7.2.1 持續整合（CI） 7-5
7.2.2 持續交付（CD） 7-6

7.3 MLOps 的特點與挑戰 7-7
7.3.1 MLOps 的目標與重要性 7-7
7.3.2 MLOps 的關鍵挑戰 7-8

7.4 DevOps 與 MLOps 的差異性比較 7-10

7.5 MLOps 工作流的主要階段 7-12
7.5.1 資料工程（Data Engineering） 7-12
7.5.2 特徵工程（Feature Engineering）與模型訓練（Model Training）
 7-13
7.5.3 模型部署（Model Deployment）與監控（Model Monitoring） 7-13

7.6 MLOps 工具與框架 7-14
7.6.1 Kubeflow 7-14
7.6.2 MLflow 7-14

7.7 本章小結 7-15

第八章 LLMOps - LLM for DevOps 方法與流程

8.1 什麼是 LLMOps？ 8-3
8.1.1 LLMOps 的核心構成 8-3
8.1.2 LLMOps 的實務操作要點 8-4

8.2 為什麼需要 LLMOps？ 8-4

8.3 LLMOps 的核心組成 8-6
8.3.1 資料收集與準備 8-6

8.3.2　模型訓練與模型微調 8-7
　　　8.3.3　模型部署與優化 8-7
　　　8.3.4　持續監控與管理 8-8
　　　8.3.5　安全性與法規遵循 8-8
8.4　LLMOps 與 MLOps 的關係 8-9
8.5　LLMOps 的優勢 8-12
　　　8.5.1　提升效能 8-12
　　　8.5.2　提高效率 8-12
　　　8.5.3　增強穩定性與安全性 8-13
8.6　LLMOps 的最佳實踐 8-14
　　　8.6.1　確保資料品質 8-14
　　　8.6.2　監控訓練進度 8-15
　　　8.6.3　選擇適合的部署環境 8-16
　　　8.6.4　實施全面監控 8-16
8.7　小結 8-17

第五部分　檢索增強生成（RAG）與模型微調（Fine-Tuning）

第九章　檢索增強生成與模型微調介紹

9.1　檢索增強生成和模型微調 9-3
　　　9.1.1　RAG 介紹 9-3
　　　9.1.2　Fine-Tuning 介紹 9-4

| 目錄 |

  9.1.3 RAG 和 Fine-Tuning 之間的比較表 9-5

9.2 決策因素：何時使用 RAG？何時使用 Fine-Tuning？ 9-7

  9.2.1 RAG 的適用情境 9-7

  9.2.2 Fine-Tuning 的適用情境 9-8

  9.2.3 單獨與混合策略 9-8

9.3 RAG 和 Fine-Tuning 流程設計與實務建議 9-9

  9.3.1 RAG 專案整合流程 9-9

  9.3.2 Fine-Tuning 專案整合流程 9-10

  9.3.3 RAG + Fine-Tuning 混合方案流程 9-10

9.4 RAG 和 Fine-Tuning 在專案時程與維運上的考量思考 9-11

  9.4.1 成本衡量 9-11

  9.4.2 時程規劃 9-12

  9.4.3 維運策略 9-12

9.5 本章小結 9-13

第十章　嵌入向量 Embedding Vector

10.1　什麼是 Embedding？ 10-3

  10.1.1 定義與概念 10-3

  10.1.2 Embedding Vector 的核心特性 10-4

10.2　Embedding 的數學基礎 10-5

  10.2.1 向量空間與線性代數回顧 10-6

  10.2.2 距離衡量方法 10-6

  10.2.3 維度縮減的技術 10-7

10.3　Embedding 的應用場景 10-8

    10.3.1 自然語言處理（NLP）..10-8
    10.3.2 計算機視覺（CV）..10-9
    10.3.3 其他應用領域..10-10

10.4 嵌入技術的生成方式..10-10
    10.4.1 基於詞袋模型（Bag of Words）..................................10-10
    10.4.2 Word2Vec 與 GloVe..10-11
    10.4.3 深度學習與新一代 Embedding 模型..........................10-11
    10.4.4 Word Embedding 與 Sentence Embedding................10-12

10.5 如何衡量與評估 Embedding 的效果？..10-13
    10.5.1 平均倒數排名（MRR）的基本定義..............................10-13
    10.5.2 直觀理解 MRR 與實際意義..10-14
    10.5.3 MRR 的計算範例..10-14
    10.5.4 MRR 的優缺點..10-15

10.6 本章小結..10-15

第六部分 建置 RAG 知識庫服務系統流程

第十一章 文章字塊切分 Chunking

11.1 Chunking 的基本概念與重要性..11-3
    11.1.1 Chunking 的核心概念..11-3
    11.1.2 Chunking 與文本表示的關係..11-4
    11.1.3 Chunking 的理論基礎..11-5

11.2 Chunking 策略與方法分類..11-5
    11.2.1 固定長度的 Chunking..11-6

- 11.2.2 基於語意單位的 Chunking 11-6
- 11.2.3 混合式 Chunking 策略 11-7
- 11.2.4 分層 Chunking 方法 11-7

11.3 Chunking 過程中的關鍵挑戰 11-8

- 11.3.1 Chunk 大小與語意資訊的平衡 11-8
- 11.3.2 語意連續性與上下文保留 11-9
- 11.3.3 Chunking 與文本結構整合 11-10
- 11.3.4 多語言與特殊文本處理 11-10

11.4 Chunking 的進階理論 11-11

- 11.4.1 Chunking 的數學模型 11-11
- 11.4.2 語意密度與文本分割 11-12
- 11.4.3 Chunking 策略的理論評估 11-13

11.5 Chunking 與上下游流程的整合 11-13

- 11.5.1 Chunking 與 Embedding 11-14
- 11.5.2 Chunking 與檢索索引架構 11-14
- 11.5.3 Chunking 與動態更新 11-15

11.7 本章小結 11-16

第十二章 RAG 知識點的 Metadata 介紹

12.1 什麼是中繼資料（Metadata）... 12-3

12.2 Metadata 所帶來的好處 12-3

- 12.2.1 文件詳情 12-4
- 12.2.2 來源識別 12-4
- 12.2.3 搜索增強 12-5

| 目錄 |

12.3 Metadata 的挑戰與重要性..12-5

    12.3.1 過多匹配（Too Many Matches）..12-6

    12.3.2 重要資訊的遺失（Loss of Important Information）..................12-6

12.4 Metadata 與混合搜索策略..12-7

    12.4.1 混合策略（Hybrid Strategy）..12-8

    12.4.2 過濾選項（Filtering Options）..12-8

12.5 結合語義搜尋與 Metadata 的智慧檢索....................................12-9

    12.5.1 語義搜尋的實現（Semantic Search Implementation）.............12-9

    12.5.2 Metadata 在提示模板（Prompt Template）中的應用............12-10

12.6 本章小結...12-10

第十三章 RAG 知識資料庫

13.1 什麼是 RAG 知識資料庫？...13-3

13.2 RAG 知識資料庫的建構流程..13-3

    13.2.1 知識資料準備..13-4

    13.2.2 嵌入向量生成..13-5

    13.2.3 Metadata 設計...13-5

    13.2.4 測試與部署..13-6

13.3 知識資料庫的查詢與應用..13-6

    13.3.1 查詢機制與流程..13-7

    13.3.2 Metadata 在查詢中的作用..13-7

    13.3.3 常見的應用場景與查詢案例..13-8

13.4 地端知識資料庫 ChromaDB..13-8

    13.4.1 ChromaDB 的知識資料庫介紹...13-10

xxi

| 目錄 |

13.4.2 ChromaDB 優點 13-10

13.5 RAG 知識資料庫的雲端服務 13-11

13.6 RAG 知識資料庫的優化 13-12

    13.6.1 提高檢索效率 13-12

    13.6.2 提升檢索準確性 13-13

    13.6.3 性能監控與調整 13-13

13.7 本章小結 13-14

第十四章 實作 RAG 知識庫服務系統

14.1 RAG 知識庫服務的概念與挑戰 14-3

14.2 RAG 系統架構與核心技術 14-4

    14.2.1 向量嵌入技術 14-5

    14.2.2 高效檢索機制 14-5

    14.2.3 上下文增強與提示設計 14-6

14.3 RAG 系統實作流程與細節 14-8

    14.3.1 知識庫構建階段 14-8

    14.3.2 查詢應答階段 14-9

14.4 系統效能與優化策略 14-12

    14.4.1 提升檢索效率 14-12

    14.4.2 降低模型幻覺與提升答案可信度 14-13

14.5 實際應用案例 14-15

    14.5.1 法律領域：智慧法規助理 14-15

    14.5.2 企業知識管理：內部智慧知識助理 14-16

14.6 結論 14-18

第七部分 進階型 RAG 服務介紹

第十五章 進階 RAG 知識庫檢索方法

15.1 基礎 RAG 檢索會遇到的盲點 15-3
- 15.1.1 知識庫整理困難 15-3
- 15.1.2 Embedding Model 的長度限制 15-4
- 15.1.3 LLM API 的成本優化 15-4

15.2 句子窗口檢索介紹（Sentence Window Retrieval） 15-5
- 15.2.1 Sentence Window Retrieval 的概念 15-5
- 15.2.2 核心流程與技術細節 15-6
- 15.2.3 句子窗口檢索的優勢與限制 15-6

15.3 自動合併檢索介紹（Auto-merging Retrieval） 15-7
- 15.3.1 核心思路：先細分後合併 15-7
- 15.3.2 Auto-merging 的流程與演算法 15-7
- 15.3.3 範例與實際應用場景 15-8

15.4 相關段提取介紹（Relevant Segment Extraction） 15-9
- 15.4.1 Relevant Segment Extraction 的意義 15-9
- 15.4.2 技術原理與步驟 15-9
- 15.4.3 高階優化技巧 15-10

15.5 進階 RAG 檢索方法比較 15-11

15.6 本章小結 15-12

第十六章　KAG 和 GraphRAG 概念

16.1 知識圖譜與生成式 AI 的關聯.................................16-3
 16.1.1　知識圖譜（Knowledge Graph）的基本概念................16-3
 16.1.2　知識圖譜的典型應用....................................16-4
 16.1.3　為何生成式 AI 需要知識圖譜.............................16-4

16.2 KAG（Knowledge-Aware Graph）概念........................16-5
 16.2.1　KAG 的核心特徵...16-5
 16.2.2　KAG 的優勢...16-5
 16.2.3　KAG 的技術挑戰...16-6

16.3 GraphRAG（Graph-based Retrieval-Augmented Generation）...16-7
 16.3.1　GraphRAG 的工作流程....................................16-7
 16.3.2　GraphRAG 的應用場景....................................16-7
 16.3.3　GraphRAG 的技術挑戰....................................16-8

16.4 KAG 與 GraphRAG 的比較與整合............................16-9
 16.4.1　主要差異...16-9
 16.4.2　整合場景...16-9

16.5 本章小結..16-10

第十七章　CAG 概念

17.1 CAG 介紹...17-3
17.2 CAG 技術細節...17-3
 17.2.1　CAG 的核心架構...17-3

17.2.2 為何 CAG 能夠避免檢索錯誤？ 17-4

17.3 結果分析 17-5

17.4 CAG 優缺點分析 17-6

17.4.1 CAG 優勢分析 17-6

17.4.2 局限性與未來改進 17-6

17.5 本章小結 17-7

第八部分 生成式 AI 模型服務與 RAG 系統的評估

第十八章 LLM 模型評估

18.1 LLM 模型評估概念與定位 18-3

18.1.1 為何進行 LLM 評估 18-3

18.1.2 現行測試方法的演進與背景 18-4

18.2 模型評估 vs. 任務評估 18-4

18.2.1 模型評估（LLM Model Evals）的核心指標與方法 18-5

18.2.2 任務評估（LLM Task Evals）的應用場景與限制 18-5

18.2.3 兩者互補與差異化解讀 18-6

18.3 現有測試指標與基準工具 18-6

18.3.1 MMLU / MMLU-Pro 18-7

18.3.2 MT-Bench 18-7

18.3.3 GPQA 18-7

18.3.4 MATH 18-8

18.3.5 MMMU 18-8

		18.3.6　測試工具與資料分析：從 OpenAI Simple-Eval 到
			　　　 Langchain Auto-Evaluator 18-9

18.4　新興評估框架與技術趨勢 18-9

		18.4.1　MixEval 與 Open LLM Leaderboard 的實戰啟示................. 18-10
		18.4.2　HuggingFace Evaluation Guidebook 的落地實例 18-10
		18.4.3　LLM 作為評審：利用模型自我評估與互評的潛力 18-11

18.5　本章小結 18-12

第十九章 RAG 系統評估

19.1　RAG 評估重要性 19-3

19.2　RAG 評估指標與衡量方法 19-3

		19.2.1　基本指標：精確度、召回率與上下文相關性........................... 19-3
		19.2.2　自動化無參考評估方法 19-4
		19.2.3　定性與定量指標的整合 19-5
		19.2.4　Top-k 知識搜尋評估 19-5

19.3　評估工具與框架解析 19-6

		19.3.1　RAGAS 介紹 19-6
		19.3.2　RAG Triad：設計理念與應用限制 19-7
		19.3.3　RAGChecker 19-8

19.4　Benchmark 與資料集構建 19-9

		19.4.1　RAG Benchmark 介紹與設計原則 19-9
		19.4.2　常用資料集與標準流程 19-10
		19.4.3　Benchmark 結果解析與資料對比 19-10

19.5　本章小結 19-11

第九部分 AI Agent 與 RAG 結合之應用

第二十章 AI Agent

20.1 什麼是 AI Agents？ 20-3
20.2 生成式 AI Agents 的核心組成 20-4
    20.2.1 模型：AI Agent 的智慧核心 20-4
    20.2.2 工具：連接內外世界的橋樑 20-5
    20.2.3 指揮層（Orchestration Layer）：Agent 的指揮中心 20-6
20.3 模型與 Agent 的區別 20-8
    20.3.1 單步驟與多步驟的思考差異 20-8
    20.3.2 外部工具與持續上下文管理 20-8
    20.3.3 何時需要 Agent 20-9
20.4 Agent 的運作方式 20-10
    20.4.1 以主廚為例的比喻 20-10
    20.4.2 迭代式的規劃與執行 20-10
    20.4.3 實務應用與挑戰 20-11
    20.4.4 動態調整與長期目標追蹤 20-11
20.5 如何增強 Agent 的能力 20-12
    20.5.1 情境學習 20-13
    20.5.2 檢索式學習 20-13
    20.5.3 模型微調學習 20-14
20.6 本章小結 20-15

第二十一章 Agentic AI Workflow 的概念

21.1 Agentic AI Workflow 的核心概念 21-3
21.1.1 定義與特性 21-3
21.1.2 傳統自動化與 Agentic AI Workflow 的對比 21-4

21.2 Agentic AI Workflow 技術結構與組成 21-4
21.2.1 自動化設定平台 21-5
21.2.2 工作拆解 21-5
21.2.3 自動化驅動方式 21-6
21.2.4 自動化工作模式 21-6
21.2.5 輸出目標 21-7

21.3 Agentic AI Workflow 平台與實踐方式 21-7
21.3.1 工具介紹：Make 21-8
21.3.2 工具介紹：n8n 21-8
21.3.2 Make 和 n8n 的差異性 21-9

21.4 Agentic AI Workflow 的優勢與要注意的地方 21-10
21.4.1 整體效益 21-11
21.4.2 商業價值 21-11
21.4.3 導入後的缺點 21-12

21.5 本章小結 21-12

第二十二章 RAG-base AI Agent 應用

22.1 RAG-base AI Agent 概述 22-3
22.1.1 定義與背景 22-3

22.2 RAG-base AI Agent 的核心模組 22-4
22.2.1 檢索模組 22-5
22.2.2 生成模組 22-5
22.2.3 代理模組 22-6
22.2.4 系統整合與部署考量 22-6

22.3 RAG-base AI Agent 的工作流程 22-7
22.3.1 初始查詢處理 22-7
22.3.2 資訊檢索 22-8
22.3.3 回應生成 22-8
22.3.4 行動決策與執行 22-9
22.3.5 迭代優化 22-9

22.4 RAG-base AI Agent 的應用場景 22-10
22.4.1 智慧客服 22-10
22.4.2 醫療診斷 22-11
22.4.3 教育輔助 22-11

22.5 RAG-base AI Agent 的挑戰 22-12
22.5.1 技術挑戰 22-12
22.5.2 倫理與隱私 22-12
22.5.3 風險管控與合規策略 22-13

22.6 本章小結 22-14

| 目錄 |

第十部分　AI 技術導入專案的未來思考方向

第二十三章　導入 GenAI 技術的未來可能性方向

23.1　回顧 – 整體 GenAI 的發展狀況 23-3

23.2　未來技術發展的四大可能方向 23-4

    23.2.1　模型的多模態進化與參數優化 23-4

    23.2.2　專業模型建立 23-5

    23.2.3　AI Agents 與自主工作流程 23-5

    23.2.4　知識驅動的跨領域應用 23-6

23.3　未來挑戰與應對策略 23-7

    23.3.1　資料版權、隱私與道德挑戰 23-7

    23.3.2　資料版權挑戰 23-8

    23.3.3　技術門檻與人才培養 23-8

    23.3.4　系統整合與可擴展性 23-9

23.4　本章小結 23-10

第一部分

生成式 AI 基礎知識

第一章

生成式人工智慧

在此章節，你將會獲得：

學習重點	說明
生成式和傳統型人工智慧基礎與差異	理解傳統型人工智慧的特點及其局限性，並掌握生成式人工智慧的概念、優勢及與傳統型人工智慧的核心差異，尤其在創造力和適應性上的提升。
生成式 AI 的核心技術	了解生成式 AI 背後的關鍵技術，包括生成式對抗網路（GAN）、Transformer 及自回歸模型（如 GPT 系列），並理解它們如何推動 AI 的創造性應用。
生成式 AI 的應用與未來發展	探討生成式 AI 在自然語言生成、影像創作、音樂合成等領域的實際應用，並了解其未來在人機協作、多模態生成和技術融合中的發展趨勢。

1.1 傳統型人工智慧的定義與基本概念

傳統型人工智慧的核心概念在於依賴一組明確且結構化的規則，藉由模擬人類在邏輯推理和知識運用方面的能力，來解決特定領域的問題。這類 AI 系統通常需要人類專家或程式設計師手動撰寫大量規則，並以此形塑決策流程。由於這些規則多半建構在過去經驗或固定理論之上，所以傳統型人工智慧在面對環境變化或特殊情境時，往往會顯得力不從心。這類系統雖然擅長於回答穩定、可預測的場域，例如工業製程、診斷系統或排列組合問題，但對於高動態與複雜度極高的應用卻顯示了無法適應的缺點。

回顧早期的 AI 研究，不難發現工程師和科學家最初在設計人工智慧時，更注重的是透過一連串明確定義的「If ... , else ...」規則，來逼近類似人類專業領域中的思考流程。然而，隨著應用場景愈趨複雜，僅依賴手動編寫的規則呈現出明顯的侷限，其一是規則撰寫的繁瑣，必須耗費大量人力來維護；其二是規則本身難以自動更新，無法隨著外部環境變動進行調整。這些限制促使後繼的機器學習與深度學習興起，使 AI 系統能夠在龐大資料集中自行尋找規律，繼而產生更為強大的自適應能力。

1.1.1 專家系統

專家系統是傳統型人工智慧早期的重要成果之一，它模擬了人類專家在特定領域的知識與推理能力。此類系統會將專家多年累積的經驗整理成知識庫，並透過「推理引擎」來判斷或建議可能的解決方案。這些系統曾在醫療診斷、金融分析等領域展現出不錯的應用價值，特別是當問題比較固定且專家知識能夠被明確描述時，專家系統可以有效提升決策的效率和準確度。

然而，當問題所處的環境具有高度不確定性或經驗法則難以涵蓋全部情況時，專家系統的效能就會急遽下降。舉例而言，如果醫療診斷中出現了前所未見的新型疾病，或金融市場遇到重大突發性事件，系統可能因缺乏相關規則而無法

正確應對。此外，專家系統的維護成本往往隨著新知識的加入而增加，一旦需要更新或擴充規則，便必須仰賴專業人員對知識庫進行重新整理，導致系統維持與升級的開銷極為龐大。

1.1.2 機器學習與深度學習引入

為了突破專家系統的局限，研究者開始投入「機器學習」領域，讓電腦能夠自行從資料中學習規律。機器學習相較於以規則為基礎的專家系統更具彈性，它不再需要人類主導編寫所有規則，而是透過大量的標註資料，讓演算法自行歸納與預測。這種模式幫助 AI 在面對不同任務時，能夠自動調整內部參數並適應各種輸入特徵，進而提升準確度與應用範圍。

深度學習進一步將機器學習的概念推到了新的高度。透過神經網路多層結構和大量參數的設定，深度學習擅長於從大規模的非結構化資料（例如圖像、語音、文字等）中，抽取高階且複雜的特徵，因而能夠處理更多樣化的應用場景。這使得 AI 不僅能應用於偵測影像中的特定物體，還能勝任語音辨識、自然語言處理等複雜度更高的任務；自駕車、語音助理、推薦系統等領域的蓬勃發展，皆源自於深度學習在非結構化資料分析方面展現出的高適應性與高效能。

1.2 生成式 AI 的誕生

生成式 AI 源自於對「創造性」和「自主性」的追求，希望透過人工智慧技術，讓電腦不僅能分析與理解資料，還能像人類一樣「創造」出全新且具有意義的內容。它與傳統的 AI 方法論最大的差異，就在於其不再局限於對既有資料做出判斷或分類，而是能夠根據所學到的知識，主動產生新資訊。這種能力催生了各式應用，包括藝術創作、文本撰寫、影像設計和音樂合成等，為 AI 在未來的發展開啟了無限可能。

如果將傳統人工智慧比喻為嚴謹的數學家，那麼生成式 AI 就更像是充滿靈感的藝術家。它能將在資料中學習到的模式和規律，以更具創造力的方式重新組合，產生超越原始範疇的新形態。生成式 AI 的發展雖然歷史不算悠久，卻已快速滲透到多項領域並顯示出驚人的潛力，也因此吸引了各界人士，從研究者、開發者到商業領袖紛紛投身其中，希冀能藉此引領新一波技術革命。

1.2.1 什麼是生成式 AI？

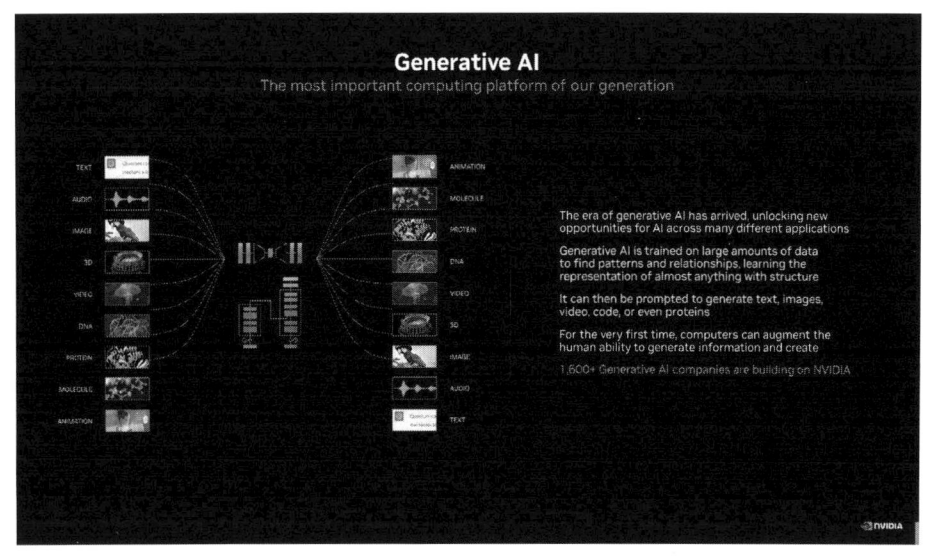

Generative AI Platform Overview – Image Source：NVIDIA

生成式 AI 指的是能夠從既有資料中學習，並根據學習到的邏輯，「生成」各種新內容的人工智慧技術。與傳統 AI 著重於分類和預測不同，生成式 AI 更在意如何將不同資料的特徵融會貫通後，編織成具有新意或原創成分的產出。文字生成是最廣為人知的例子之一，透過分析海量文本資料，生成式 AI 能撰寫新聞稿、故事情節或技術文件；在圖像領域，它則能根據學習到的視覺特徵，創作出近似於人類藝術家的繪畫作品，甚至是完全抽象的新型態設計。

值得注意的是，生成式 AI 也常被應用於音樂或聲音合成領域，透過學習各種樂曲風格、音色或和聲結構，創造出充滿個人風格的新旋律。在此基礎上，當前市面上更出現了能夠即時產生對話式回應的對話機器人，以及輔助創作的寫作工具等，顯示出生成式 AI 能有效支援藝術、人文和商業領域，並為人類提供各式各樣的創新解決方案。

1.2.2　生成式 AI 的歷史背景

生成式 AI 的崛起很大程度上有賴於幾項關鍵研究成果的誕生，其中以生成式對抗網路（GAN）與 Transformer 以及基於它們的 GPT 模型最具代表性。

GAN 讓兩個神經網路（生成器與判別器）相互競爭，一方負責創造看似真實的內容，另一方則負責分辨內容真偽。這種競爭機制使生成器不斷優化生成結果，最終能產生極高擬真度的圖像、聲音或其他形式的資料。

在自然語言處理領域，Transformer 與 GPT 模型帶來了新一代的 AI 模型架構。利用多頭自注意力機制（Multi-Head Self-Attention），這些模型能同時捕捉到句子中不同位置之間的關聯性，顯著提升了語言理解與生成的品質。也正因此，生成式 AI 被大規模應用於聊天機器人、文章撰寫和資訊檢索等領域，大幅擴大了 AI 內容創作的可能性。從這些歷史脈絡來看，生成式 AI 之所以能在短時間內取得重大進展，既是學術界持續深耕的成果，也展現了運算資源和大數據技術在近年迅猛發展的威力。

1.3　傳統型和生成式人工智慧的差異

相較於傳統型人工智慧偏向資料分析與預測的功能，生成式 AI 更強調「創造性」與「靈活度」。過去，人工智慧致力於找出資料中的規律或結構，進而將其應用於分類、回歸或決策支持。這類技術在供應鏈管理、財務預測或醫學診

斷等範疇無疑十分有效，但常常無法隨著用戶需求或環境條件的變動而靈活應對，更不用說創造性方面的表現。

生成式 AI 則透過大規模模型與自我學習的演算法，使系統能「理解」並「重構」資訊，甚至超越原始參考資料的限制。它在需要創意輸出或內容生成的場域特別大放異彩，例如藝術創作、文本撰寫、影像合成或音樂設計，皆能以快速且高品質的方式提供各種構想和成品。這種自動化的創造過程不僅能節省大量人力，也拓寬了人工智慧對社會與產業的影響力。

以下是有關傳統型和生成式人工智慧的差異性比較：

傳統型 AI		生成式 AI
預測、分類、回歸或最佳化等問題	目的	生成新的資料
大量資料標註	資料來源	使用未標記資料做預訓練
推薦系統、預測、自動駕駛	應用情境	創建新的藝術、音樂、遊戲內容、資料增強、模擬
客觀（準確率、召回率）	模型評估	主觀（人工評估、符合人類期待）

1.4 生成式 AI 的核心重點

在具體執行層面，研究者也會透過對抗式學習或多任務學習等方法，進一步強化模型的泛化能力，使其能夠在不同任務或不同類型的資料間靈活切換。無論是哪種模型架構，龐大的運算資源與大量資料都是成功的關鍵因素，因為只有藉由持續訓練與調整，模型才能學習足夠細膩且多元的特徵，並在真正的應用場景中展現出高品質的內容生成能力。

1.4.1 極大量資料：模型學習的基礎

生成式 AI 的強大能力源自於其深厚的「經驗」基礎，而這些經驗正是透過極大量的資料累積而來。類似於一位藝術家需要觀察無數畫作以掌握不同的繪畫風格，生成式 AI 亦需在海量資料中進行學習，才能捕捉到細微的特徵，進而生成高品質的內容。這些龐大的資料不僅使 AI 能夠發現穩定的模式與規律，如文字中的語法結構或影像中的構圖特徵，還讓模型具備處理多樣化場景的能力，從而在各種應用中展現出卓越的表現。

此外，極大量的資料有助於避免模型產生偏差，因為當資料量不足時，AI 容易學習到錯誤的模式，導致生成內容不夠準確或偏頗。因此，透過大量多樣的資料來源，生成式 AI 能夠在一定程度上緩解這些問題，確保生成的內容更貼近真實，並具備更高的可靠性。這種依賴於豐富資料的學習方式，與人類的成長過程異曲同工，透過不斷的觀察與學習，逐步建立起完善的知識體系和審美觀，使得生成式 AI 能夠展現出類似人類的創造力，無論是在修復老照片還是創作動人情節的小說中，資料的積累始終是 AI 技術發展的起點。

1.4.2 生成式對抗網路（GAN）

GAN 可被視為生成式 AI 發展中的其中一個里程碑技術。它由一組互相競爭的神經網路組成：生成器（Generator）負責創造新的資料，而判別器（Discriminator）則評估輸入的資料是否「真實」。這兩個網路在訓練過程中彼此競爭並不斷演進，生成器在試圖欺騙判別器的同時，判別器也變得越來越精於辨別假資料。最終，生成器能創作出近乎真實的圖像或其他內容，連判別器都很難分辨其真偽。

這種對抗式訓練方法，為 AI 的影像生成帶來重大改革。除了能夠生成風格多樣且具高真實度的圖像，GAN 也常應用於影像修復、超解析度處理、影像去雜訊等領域。想像一張模糊不清的老照片，透過 GAN 模型可以重建出接近原始樣

貌的高解析度影像；或是在醫學影像中，GAN 能協助補足因條件限制而取得的少量影像資訊，提供臨床人員更多診斷支援。這些應用不僅展現了 GAN 在技術層面的突破，也彰顯了它在實際產業和社會層面的深遠影響。

1.5 生成式 AI 的應用場景

生成式 AI 將「創造力」具體帶入了科技應用的世界，打破了傳統 AI 只能分析與預測的侷限。在自然語言、影像以及聲音相關的領域，生成式 AI 的表現尤為亮眼，不僅能為人類提供更豐富的內容，也在許多產業應用中展現了顯著價值。隨著技術的進一步成熟，它還延伸到遊戲、醫療研究、教育平台以及產品設計等領域，為創新帶來新的可能性。

需要注意的是，每個應用場景都伴隨著潛在風險，例如深度偽造（Deepfake）造成的社會與倫理議題，或是大量資料和隱私保護之間的衝突。因此，在開發與部署這些技術時，各界不僅要思考技術面與商業模式，也要兼顧到法律、道德與社會影響的整體平衡。

1.5.1 自然語言生成

自然語言生成（Natural Language Generation, NLG）是生成式 AI 在語言應用上最直接的成果。透過如 GPT、Google Gemini 等大型語言模型，系統能理解文本的語意脈絡，並以流暢且連貫的方式產生回應或文章，廣泛應用於聊天機器人、客服系統、電子郵件撰寫輔助，以及教育領域中的教學內容生成。對於企業而言，NLG 可大幅降低人力成本，並在高峰期提供即時且一致的客服品質；對於教育環境來說，則能利用自動化生成的內容因材施教，讓教學資源的調配更具彈性與效率。

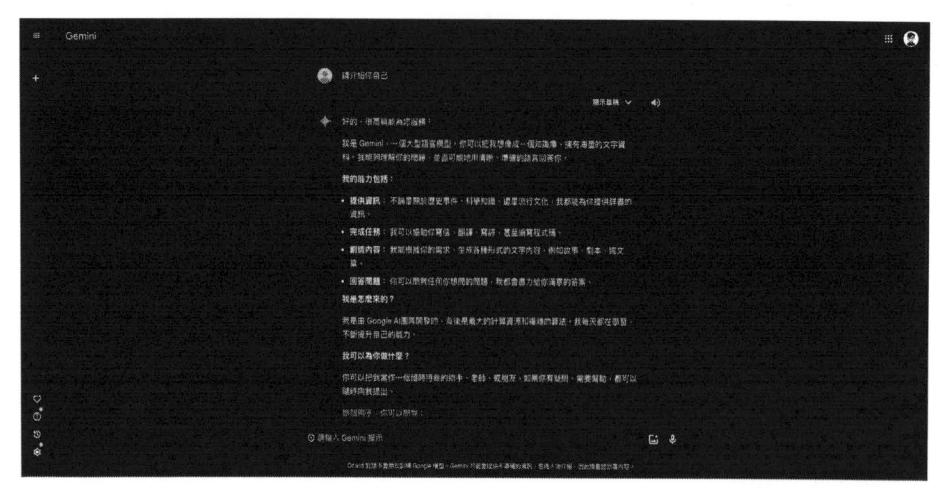

| 第一部分 | 生成式 AI 基礎知識

Google Gemini 對話視窗

另外，Google 也有推出 Google NotebookLM，它能將你的各種文件（例如說：PDF、網頁或者 Youtube 影音等來源）整合到一個筆記本中。透過 AI 技術，你可以向這個筆記本提問，它會根據你上傳的資料，提供你精準的答案。此外，它還能自動生成摘要，幫你快速抓取重點。

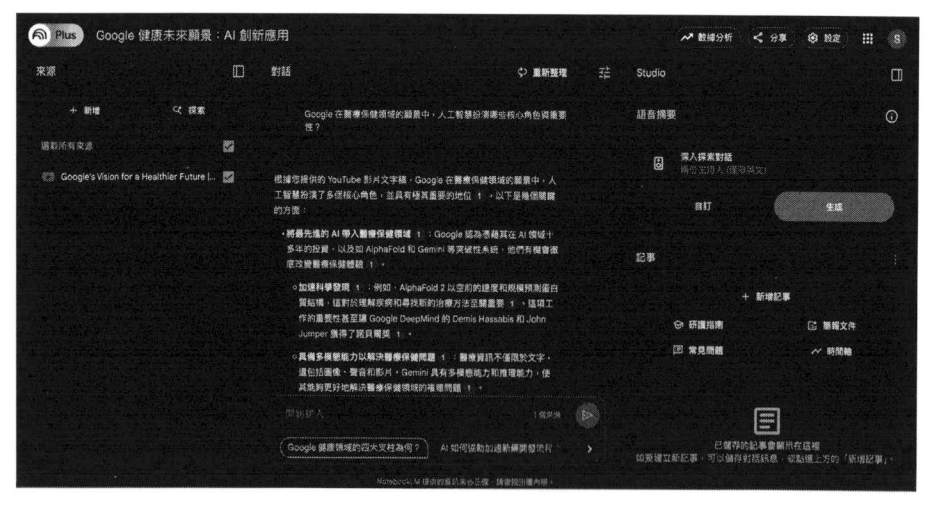

Google NotebookLM

1.5.2 影像生成

在影像領域，生成式 AI 展現了高水準的視覺創作能力。MidJourney 等工具就能依照使用者所提供的關鍵字或參考圖像，快速生成具有藝術感與細節豐富的影像。這類生成模型不但能協助設計師與藝術家迅速構思出多元風格的作品，也為新手提供了更易上手的創作途徑，將視覺藝術的門檻大幅降低。許多企業也開始利用這些工具，快速產出行銷素材、產品示意圖或介面設計範本，進而提升企劃速度與市場競爭力。

Midjourney

目前，各大模型在製作模型時，也會考慮讓模型變成多模態模型，像是 OpenAI GPT 或者 Google Gemini 模型能夠生成圖片等等，讓大家可以用更直覺化的方式，有效率地與 AI 互動，突破僅限於文字輸入與輸出的侷限。透過整合語音、影像、影片、感測資料等多種資料型態，使用者能夠更完整地傳遞意圖，並從模型中獲得更具體、具視覺或情境輔助性的回應。

另一方面，深度偽造（Deepfake）等技術則帶來顯著的道德與法律隱憂。當生成式 AI 能以驚人速度和擬真度創造出不存在的影像或影片，便容易被有心人士利用於假消息散布、名人肖像權侵犯等非法行為。因此，如何在享受影像生成

技術所帶來的便捷與創新時，同時制定有效的檢測機制與法律規範，就成為必須面對且極待解決的課題。

1.5.3 音樂與聲音合成

生成式 AI 在音樂與聲音合成上的應用同樣展現了驚人的潛力。透過分析大量音樂作品，模型能從旋律、和弦進行到樂器音色等層面入手，創作出具備獨特風格或充滿創意的新曲子。這對音樂創作者、遊戲開發者、影音製作人員而言，無疑是一大利多：當靈感枯竭時，生成式 AI 能即時提供新穎的曲風或音色組合，供人類參考或直接使用。此外，AI 語音合成技術也越來越成熟，不僅能模擬多種語音與情感，還能在教育或醫療輔具中提供語音導航或學習支援，讓互動體驗更加便利與人性化。

然而，與其他領域類似，音樂與聲音合成也可能產生盜版、版權歸屬不明等問題。由於生成式 AI 的「靈感」主要來自已存有版權的作品，如果沒有明確的授權機制與保護措施，這些新生成的內容可能導致法律糾紛。因應此情況，音樂產業與科技公司正嘗試透過加強版權標註、建立透明的資料來源機制等方式，來平衡創新發展與著作權保護間的衝突。

Suno 音樂生成

1.5.4 其他應用

◎ 產品設計

生成式 AI 在產品設計領域的應用正逐漸深化。例如，設計師可以使用生成式 AI 自動產生多種設計方案，快速進行概念驗證和比較選擇。這不僅大幅減少了設計週期，還能讓設計師有更多時間專注於創意和創新。

生成式 AI 還可輔助材料和結構設計，根據功能需求生成最佳化的設計，提升產品的實用性與耐用性。例如，在建築設計中，AI 可以根據環境因素自動生成節能且美觀的建築外觀設計。

◎ 遊戲開發

遊戲開發是生成式 AI 發展最快的應用之一。生成式 AI 可自動生成遊戲場景、角色、故事情節，甚至是音樂和音效，讓開發者能夠更專注於遊戲的整體規劃和設計。舉例來說，AI 可以打造出高度沉浸感的開放世界場景，或是做出客製化的角色設計，來滿足不同玩家的需求。

此外，生成式 AI 還可以透過即時生成對話與任務，讓玩家體驗到更加多樣化且動態的遊戲內容。這樣的技術應用不僅提高了開發效率，還能降低開發成本。

◎ 醫療與科學研究

生成式 AI 在醫療領域的應用也逐漸顯現。它可以協助醫學影像分析，例如根據病患的醫學掃描生成病灶標記，協助醫生快速診斷疾病。AI 還可以生成藥物設計的模擬方案，縮短新藥研發週期並降低成本。

在科學研究上，生成式 AI 可以產生虛擬實驗資料，協助研究人員模擬各種條件下的實驗結果，減少對實體實驗的依賴，進而加速科學研究的進展。

● 教育與學習

生成式 AI 在教育中的應用主要集中於內容生成和學習輔助。它可以自動生成個性化的學習計畫、測驗題目和學習資料，滿足學生的不同需求。例如，教師可以利用 AI 快速生成課堂教材或補充教學資源，提升教學效率。

此外，生成式 AI 也能應用在語言學習上，像是產生互動式練習對話，或是即時修正發音錯誤，為學習者提供更全面的輔助。

1.6 生成式 AI 的優勢與挑戰

生成式 AI 的崛起，不僅為產業帶來了前所未有的創新動能，也在影響著社會與文化的發展方向。從工作流程的自動化到藝術創作的靈感來源，生成式 AI 提供了諸多機會讓人類重塑許多既有的思考與製作方式。然而，機會與挑戰往往並存，在獲得創新價值的同時，我們也必須面對許多尚未完全解決的難題。

此時，倫理與法律的議題便顯得格外重要。儘管生成式 AI 能為企業帶來可觀的效益，協助決策者更快找到市場機會或改善工作流程，但它同時也需要大量且多元的資料。在蒐集與使用資料的過程中，如何充分保護個資和隱私，並確保模型不會強化社會既有的偏見或帶來資訊誤導，都是在享受技術紅利的同時，需要積極回應的難題。

1.6.1 導入生成式 AI 的優勢

生成式 AI 的優勢主要體現在它的創造力與高效性。由於模型能自行推演並組合所學到的特徵，企業或創作者能以相對較低的成本，在短時間內生成大量概念或雛形，降低早期開發或設計的風險。不僅如此，生成式 AI 還能作為「虛擬助理」，協助人類進行決策與思考，從產品設計到行銷規劃，都可以透過 AI 產生各種方案加以比較，幫助組織在競爭激烈的市場上做出更靈活的應變。

若進一步聚焦在生產力方面，生成式 AI 能高速處理大量資料，並即時生成可行的建議或內容，為各行各業帶來效率與品質的躍升。許多企業已經著手結合現有系統，如在客戶關係管理（CRM）中插入文本生成技術，讓客服回應能更快速且精準，同時降低人工作業的錯誤率。這種透過 AI 參與決策或執行工作的模式，不僅能強化整體組織的競爭力，也能拓寬產品與服務的範疇，催生更多新的商業機會。

1.6.2 導入生成式 AI 的挑戰

雖然生成式 AI 帶來了極大的潛力與效益，但也面臨了多重挑戰，其中以倫理與法律議題最為顯著。深度偽造、隱私侵害與資訊安全等問題接踵而至，要求政府與各界成立相關規範和稽核機制，以免技術被濫用。此外，生成式 AI 也需要大量且多元的資料才能發揮最佳效能，這就衍生出資料取得成本與版權歸屬的爭議。如何在不侵犯個人或企業隱私的前提下，建構足以支撐模型發展的資料環境，並適度協調不同利益方之間的糾紛，將是長期需要關注的議題。

除此之外，技術本身的局限性也不容忽視。儘管生成式 AI 在生成新內容方面表現突出，但若在訓練資料或模型設計時考量不周，可能導致「錯誤資訊」或「偏頗內容」的流出。這種缺乏審查機制的失控風險使得生成式 AI 難以完全取代人類的創作與決策能力。我們仍需要專業人士進行審核或後加工，以確保輸出結果的品質與真實性。技術的進步不代表完全拋棄人類智慧，反而突顯了「人機協作」的重要性，必須秉持謹慎與負責的態度面對生成式 AI 的發展。

1.7 本章小結

本章回顧了生成式 AI 的發展背景和與傳統型人工智慧的差異，並透過探討生成式 AI 的核心技術，說明了這些模型如何在各個領域展現創造力與高效性。從自然語言生成到影像、聲音合成，再到廣泛的產業應用，都顯示出生成式 AI 在未來可能引發的革命性影響。

然而，在欣賞其應用潛力的同時，我們也必須正視生成式 AI 所帶來的挑戰，包含倫理、法律、隱私與偏見問題等。唯有在技術與社會價值間取得平衡，才能讓生成式 AI 真正成為驅動未來發展的重要推手。

第二部分

大型語言模型介紹

第二章

大型語言模型

在此章節，你將會獲得：

學習重點	說明
大型語言模型的基礎概念與技術背景	深入了解大型語言模型（LLMs）的核心架構（如 Transformer）及其引入的注意力機制如何克服傳統模型的局限，並解析其龐大的參數規模和大量訓練資料帶來的語言知識學習能力。
深度學習技術與模型演進的歷史脈絡	從詞向量模型（如 Word2Vec）到 LSTM 和 Transformer 的技術發展，追溯 NLP 領域的突破性進展，並揭示關鍵技術（如自注意力機制、多頭注意力）的誕生如何推動生成式 AI 的革新。
大型語言模型的應用與實際場景解析	探索 LLMs 在自然語言生成、情感分析、資料生成及多模態應用中的實際運用，並比較開源與閉源模型、原始模型與 Instruct-tuned 模型的特性與適用場景，幫助讀者理解如何選擇最適合的技術解決方案。

2.1 大型語言模型介紹

在眾多生成式 AI 技術中，大型語言模型（Large Language Models, LLMs）無疑是最受矚目的焦點之一。

大型語言模型是一種基於深度學習的語言模型，其核心是 Transformer 架構的神經網路。Transformer 模型最大的突破在於其引入了「注意力機制」（Attention Mechanism），使得模型能夠更好地捕捉長距離的語境依賴關係，也就是說，模型能夠理解句子中不同詞語之間的關聯性，即使這些詞語相隔甚遠。

傳統的語言模型通常基於馬可夫性質（Markov property），也就是假設一個詞的出現只與其前面有限個詞有關。這種假設在處理長篇文本時會遇到困難，因為它難以捕捉句子中較遠的詞語之間的關聯。而 Transformer 模型透過注意力機制，能夠同時考量句子中所有詞語的相互關係，進而更精確地理解語境。這就好比我們在閱讀一篇文章，不會只專注於當前讀到的句子，必要時還會回顧前面所讀過的內容，以便更完整地理解文章的整體意涵。

至於，大型語言模型的「大型」一詞，體現在兩個方面：一是模型參數的數量非常龐大，通常達到數十億甚至數千億個；二是模型訓練所使用的資料量極其龐大，通常包含數十億甚至數兆個詞語。透過大量訓練資料，LLMs 能夠學習到豐富的語言知識，包括語法、語義、常識等。這使得它們能夠生成流暢、自然、連貫的文本，甚至能夠進行翻譯、摘要、問答等複雜的語言任務。

2.2 大型語言模型的歷史

2.2.1 深度學習的應用

深度學習的興起為自然語言處理（NLP）領域注入了新的活力。相較於詞向量模型僅著眼於詞的靜態表示，基於遞歸神經網路（RNN）的模型可處理序列資料，特別是長短期記憶網路（LSTM, Long Short-Term Memory）在解決語句中的長距依賴（Long-Term Dependencies）問題上更進了一步。LSTM 引入了遺忘門（Forget Gate）與輸出門（Output Gate）等結構，讓模型能在訊息傳遞過程中有選擇地保留或丟棄部分資訊，從而緩解「梯度消失」和「梯度爆炸」等困境。

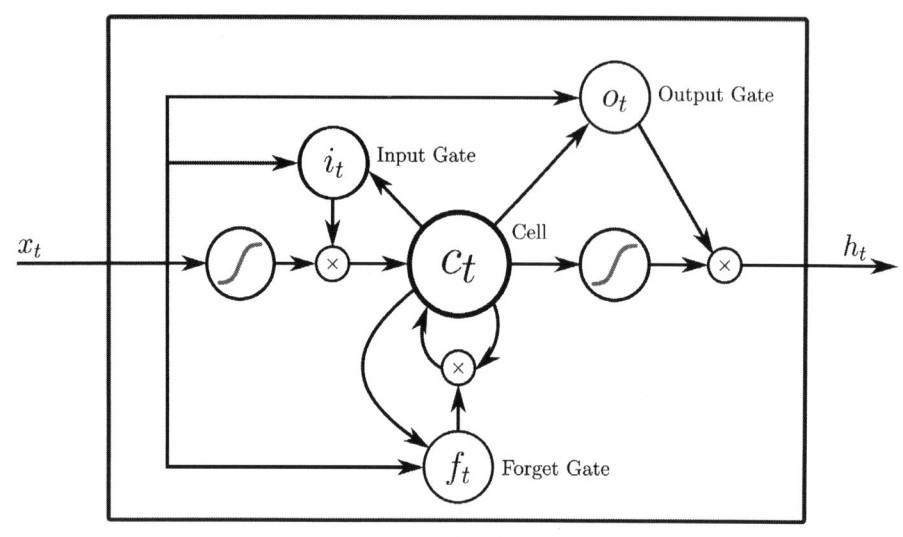

LSTM Cell

然而，LSTM 的不足之處也相對明顯。第一是訓練效率問題，因為它需要按照序列長度逐步讀取並更新狀態，無法像卷積神經網路（CNN）或後續的 Transformer 一樣並行處理。第二是對於特別長的文本，LSTM 雖然在理論上能保留部分長距訊息，但隨著序列長度拉長，效果依舊有限，導致在處理大篇幅文章或段落時，可能會失去整體脈絡。這些侷限最終促使研究者尋找新的網路結構，以因應更複雜、更多樣化的語言理解與生成需求。

2.2.2 Transformer 結構的突破

Transformer 的問世可說是 NLP 領域的關鍵轉折點，其核心概念是自注意力機制（Self-Attention Mechanism）。在這種機制下，模型能同時關注序列中每個位置，並對各位置的重要性加權，而不再需要像 RNN 或 LSTM 一樣逐步傳遞訊息。透過並行運算與多頭注意力（Multi-Head Attention）結構，Transformer 在訓練效率與長序列處理上取得雙重突破。

基於 Transformer 的重要應用包括 GPT（Generative Pre-trained Transformer）與 BERT（Bidirectional Encoder Representations from Transformers），這些模型不僅大幅提高了語言生成與理解的品質，也成功應用在翻譯、問答、文本摘要等多個任務中。GPT 系列更在「生成」方面展現強大實力，讓電腦第一次能夠在大量文本環境下進行相當具創造性的文字生產。BERT 則在「理解」方面引領風潮，使得預訓練（Pre-training）加模型微調（Fine-tuning）的概念正式成為業界和學術界的主流，徹底改變了 NLP 模型的研發生態。

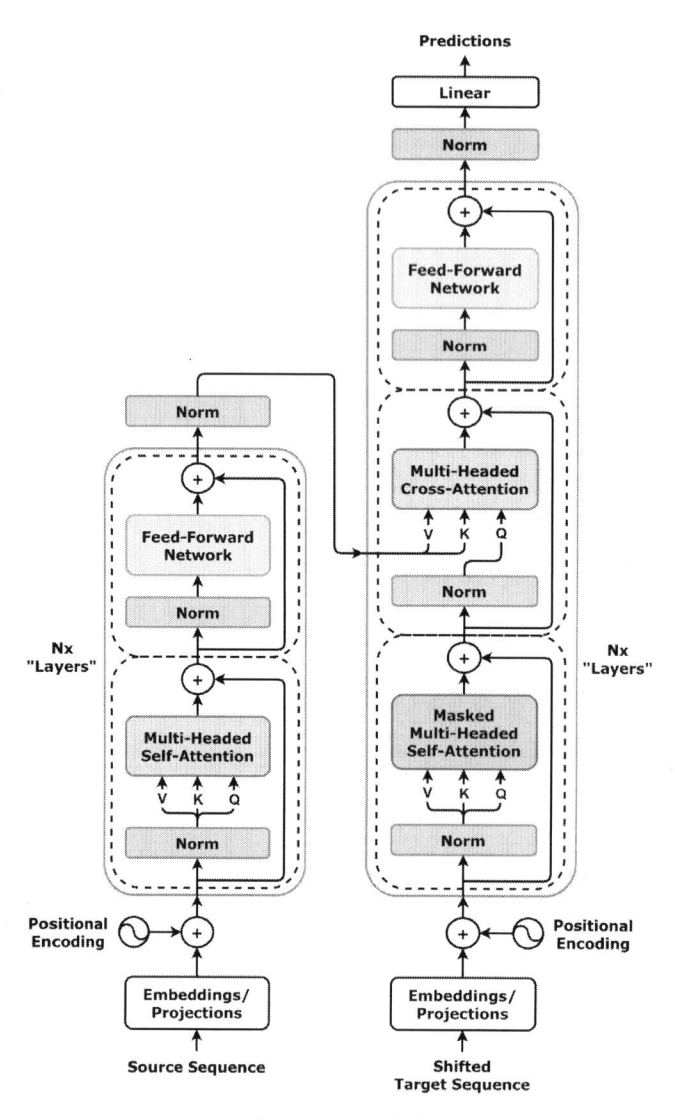

Transformer Cell

2.2.3 詞向量模型的起源

大型語言模型的起源可以追溯至詞向量模型（Word Embedding Model），其中最具代表性的例子為 Word2Vec。這些模型的核心概念在於，將每個詞彙透過

高維度的向量來表示，並透過數學運算來捕捉詞彙間的關聯性。經典的範例是將「國王」轉化為向量後，扣除與「男性」有關的成分，再加入「女性」所代表的向量，得到的結果會接近「女王」。在此種向量空間中，詞彙之間的意義可以透過相對位置來呈現，讓機器以數學方式理解文字背後的語意。

不過，這一階段的模型仍存在一些局限。最明顯的是，詞向量模型只能捕捉靜態的語意，導致相同詞彙在不同上下文中無法動態調整其表示。例如說，在胡適的母親的教誨中，「娘什麼，老子都不老子了」，其中「娘」在這邊，除了代表著他的母親以外，其中也代表著天氣轉「涼」的意思，但詞向量並不會依照語境改變向量。雖然此種方法已經比傳統的詞頻（TF-IDF）方式更能體現詞彙關係，但在應用於需要高度語境理解的任務時，仍顯得捉襟見肘。這也為後續更複雜的深度學習模型鋪下了技術基礎。

2.3 大型語言模型的應用場景

2.3.1 自然語言生成

大型語言模型的生成能力，為許多行業帶來了創新。例如，在顧客服務中，模型可透過對話生成（如 ChatGPT）自動回應使用者問題，並模擬人類般的對話模式，應用於虛擬助理、聊天機器人等互動介面。更進一步，這些模型也能在文章、故事與腳本創作中發揮潛能，以快捷且高效的方式產出多元風格的文本。若結合領域專家所提供的資料或知識，則能生成更具深度與精準度的內容，進一步減輕人力撰寫與編輯的負擔。

2.3.2 情感分析與文本處理

在當今的數位環境中，情感分析與文本處理可幫助企業與組織更準確地掌握大眾對產品、服務或事件的看法。大型語言模型可以運用其對語言細微差異的捕

捉能力，判斷文本的情感傾向是正面、負面或中立。若再結合語音辨識技術，便能將訪談錄音、客服通話等轉換成文字，並辨識其中的關鍵情緒、語意強度與上下文暗示。透過這些洞察，企業可以即時調整行銷策略，或針對用戶的負面情緒提供適切關懷。

2.3.3 資料生成與輔助學習

大型語言模型在資料生成上的能力，也開啟了新的應用層面。當真實資料難以取得或需要更多樣化的資料時，模型可以生成虛擬資料集，用於機器學習的訓練與測試，使得演算法的健壯性得以提升。在教育與醫療領域中，大型語言模型亦能作為輔助教學或專業諮詢的工具。舉例來說，在醫療領域，模型可能針對罕見疾病或特定病患案例生成參考性的敘述，提供醫師或研究人員進一步思考與討論的方向。對於需要高精準度的場景，也可透過嚴謹的模型微調與人類審核，來強化模型的適用性與可靠度。

2.4 開源與閉源語言模型的比較

2.4.1 開源語言模型

開源語言模型多由大型企業研究機構所開發，例如 Meta 的 LLaMA、Google 的 Gemma 和 Microsoft 的 Phi。這些模型公開了其原始碼或模型權重，使得研究者與開發者可以對其進行深度改造與模型微調，以因應不同領域需求。對於組織與開發者而言，開源模型不僅提供了成本優勢，也讓他們能深入了解模型內部運作，進而在演算法設計與優化上取得更大主導性。但與此同時，若要讓開源模型在生產環境發揮高效能，往往需要大量的硬體資源（例如 GPU 叢集）以及完善的資料清洗與標註流程，才能讓模型學習過後，獲得穩定品質的結果。

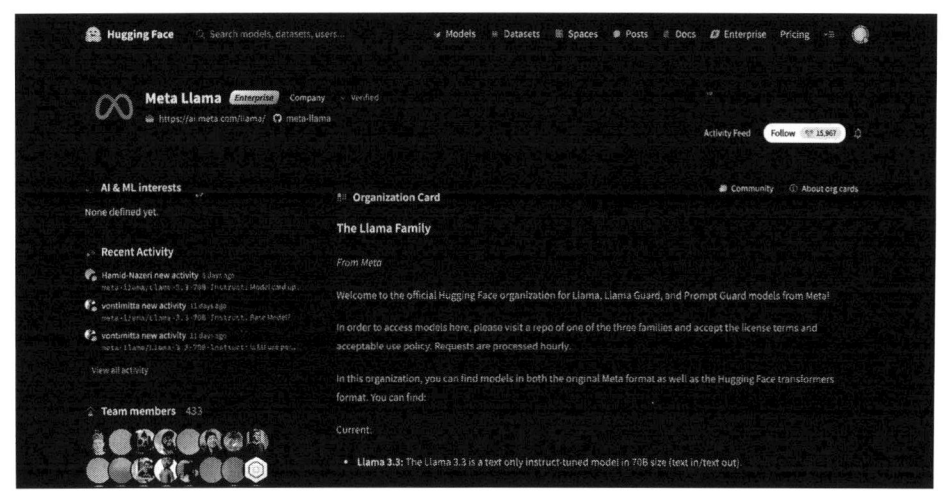

開源 LLM 模型，都可以到 HuggingFace 上面查詢到

2.4.2 閉源語言模型

閉源語言模型則由企業私有開發並以 API 或 SaaS 形式對外提供。如 OpenAI 的 GPT 系列模型、Google 的 Gemini 系列模型，都是透過雲端服務讓使用者即時調用，並在後台由企業維護與優化模型。此種模式能快速滿足商業部署的需求，讓企業用戶只需整合 API 就能使用強大的生成功能，省去自行訓練與維護的繁瑣過程。然而，在閉源環境下，用戶無法得知模型內部的運作細節，也無法對其進行更深層的改造。除此之外，訂閱費或使用費相對較高，也必須納入企業的長期成本考量。

2.5 指令調整模型與原始模型差異

2.5.1 原始模型的特徵

原始模型（Base Model）指的是在大規模無監督學習框架下訓練而成，並沒有特別針對某一特定任務做微調，舉例來說，如果在沒有學習模型微調時，它

回覆的內容就是一個接龍的結果，但不會有任何停止回覆的可能性。此種模型的主要訓練目標通常是透過預測下一個單詞來學習語言的結構與知識脈絡，例如說：原始語言模型可以針對使用者所輸入的未完成句子，來進行文字接龍。在面對開放式問題或創意性生成時，原始模型往往能產生極具想像力的文本。然而，因為缺乏針對任務導向的優化，若要在精準度或專業性較高的場景中使用，可能需要較多後續的加工或指令設計，才能確保輸出品質。

2.5.2 指令調整模型的特徵

指令調整（Instruct-tuned）模型是在原始模型的基礎上，結合了人類標註的指令資料集與強化學習機制，讓模型能更精準且有目的地回應使用者需求。以 ChatGPT 為例，研究人員收集了大量用戶範例與人類偏好資料，指導模型在不同情境下如何恰當地回應，並利用強化學習進一步優化。這意味著指令調整模型不僅具備原始模型的語言多樣性與上下文理解能力，更能在特定任務或目標導向的情境中展現更高的可控性與專業度。

2.5.3 原始模型與指令調整模型的差異比較

以下是原始模型和指令調整模型之間的差異性

特徵	原始模型	指令調整模型
訓練方式	大規模無監督學習	原始模型 + 人類標註指令資料集 + 強化學習
訓練目標	預測下一個單詞，學習語言結構與知識脈絡	根據人類指令，生成符合期望的回應
優點	想像力豐富、語言多樣性高	可控性強、專業度高、能更精準地理解並回應使用者的需求
缺點	缺乏針對特定任務的優化	可能過度符合訓練資料中的偏見
應用場景	開放式問題、創意性生成	對話系統、問答系統、內容生成等需要精準回應的場景

2.5.4 應用差異

在實際應用層面,原始模型擅長於自由發揮、靈活生成,適合於需要大量創造力的文本產生,如文學創作、故事編撰或初步概念發想等場合。相對地,指令調整模型則更適合嚴謹的任務導向,例如專業知識問答、技術支援、教學諮詢等。同時,其在確保回答準確度與一致性上也相對更有保障。兩者各有其應用價值,選擇哪種模型通常取決於使用者希望達成的目標,以及對生成內容的精確度與可控度需求程度。

2.6 大型語言模型與多模態模型

2.6.1 單模態模型（LLM）

單模態大型語言模型（LLMs）如早期 GPT 模型時,均是專注於文本資料的處理與分析。在文本摘要、內容撰寫、語意理解與翻譯等領域,這些模型所展現的表現已經足以媲美甚至超越人類。然而,由於它們只處理文字資訊,因此在需要視覺、聽覺或其他感官輸入的任務中,較難直接應用或達到理想效果。

2.6.2 多模態模型（LMM）

多模態大型模型（Large Multimodal Models, LMMs）旨在整合並處理多種資料模態,包括文字、圖像、語音,甚至影片。透過模態對齊（modality alignment）與語意融合（semantic fusion）技術,這些模型能在不同模態間建立共同語意空間。例如,GPT 與 Gemini 模型能理解使用者所提供的圖像與文字間的語意關聯,並進行複合式推理。也因為這樣多模態模型的出現,讓 AI 從單一輸入形式邁向感知融合與生成統一的新階段,進一步拓展了模型應用的邊界與深度。

Google Gemini 生成圖片功能

2.6.3 大型推理模型（LRM）

大型推理模型（Large Reasoning Models, LRM）旨在提升人工智慧在複雜推理任務中的能力，超越傳統大型語言模型（LLM）僅處理文本的限制。這些模型透過引入強化學習（Reinforcement Learning, RL）技術，培養模型進行多步驟推理的能力，並透過「思維鏈」（Chain-of-Thought, CoT）等方法，將複雜問題分解為可管理的步驟，逐步解決問題。

舉例來說，OpenAI 的 o 系列模型、Google Gemini 和 Deepseek 模型系列模型，展示了透過強化學習提升推理能力的潛力，能夠在複雜的數學和撰寫程式任務中進行多步推理。 這些推理模型的發展，讓人工智慧從單純的語言處理，邁向更深層次的推理與決策能力，為解決現實世界中複雜且多樣化的問題開闢了新的可能性。

2.6.4 應用差異

由於單模態模型更專注於文字世界，因此在純文本的分析與生成中擁有高效率且可靠的表現，尤其適合應用於線上客服、寫作輔助、語言翻譯等高頻使用場景。而多模態模型之所以重要，在於現實環境中資訊往往以多種形式存在，倘若僅能處理文字，無法應付各式各樣的複雜場景。例如，在醫療影像診斷中，醫生常會同時閱讀文字報告與影像片；在教育上，一套能夠整合圖像、文字與音訊的多模態模型，能為師生帶來更豐富直觀的互動體驗。隨著硬體性能的提升以及深度學習框架的演進，多模態模型有望在未來取得更大進展，不僅能對不同形式的資料進行更細緻的結合，也能提供更高層次的語意理解與決策輔助。透過多模態模型，AI 在醫療、金融、教育甚至創意設計等多領域，都將展現出更深遠且多元的應用價值。

2.7 本章小結

人工智慧的發展從早期的符號主義和專家系統，演進到機器學習和深度學習，其目標從模仿人類認知能力（辨別式 AI）轉向創造原創內容（生成式 AI）。生成式 AI 能夠生成文字、圖像、音樂、程式碼等，為各領域帶來變革。其中，大型語言模型（LLM）是生成式 AI 的核心，基於 Transformer 架構的神經網路，透過「注意力機制」捕捉長距離的語境依賴關係，克服了傳統語言模型基於馬可夫假設的局限性。大型語言模型的「大型」體現在模型參數和訓練資料的龐大規模，使其能學習豐富的語言知識，執行複雜的語言任務。深度學習的應用，尤其是遞歸神經網路（RNN）和長短期記憶網路（LSTM），雖然在處理序列資料和長距依賴上有所進展，但仍存在訓練效率和長文本處理的不足，促使了 Transformer 結構的突破。

Transformer 結構的自注意力機制和並行運算，以及多頭注意力結構，在訓練效率和長序列處理上取得了突破，GPT 和 BERT 等基於 Transformer 的應用大幅提高了語言生成和理解的品質。大型語言模型的起源可追溯至詞向量模型（如 Word2Vec），其透過向量表示詞彙並捕捉關聯性，但只能捕捉靜態語意。LLMs 的應用場景廣泛，包括自然語言生成（如對話生成、文章創作）、情感分析與文本處理、資料生成與輔助學習等。模型可分為開源（如 LLaMA、Gemma）和閉源（如 GPT 系列、Gemini 系列），前者提供成本優勢和客製化彈性，後者則提供快速部署和企業維護。模型也可分為原始模型（Base Model，無特定任務模型微調，擅長創意生成）和指令模型微調（基於原始模型並結合人類標註和強化學習，更精準回應需求），兩者各有應用場景。此外，模型還可區分為單模態（僅處理文本）和多模態（同時處理多種資料），多模態模型在處理現實世界的多樣化資訊方面更具優勢。

第三章

閉源式模型的介紹與使用方法

在此章節，你將會獲得：

學習重點	說明
閉源式生成式 AI 模型的全面概述與代表性產品解析	深入理解 GPT、Claude 和 Gemini 等主流閉源模型的技術特性與核心優勢，並探索這些模型在多樣化商業應用場景中的實際價值，例如內容生成、多模態分析和法律文件撰寫等，幫助讀者掌握選擇合適模型的關鍵標準。
導入閉源模型的多元實踐策略與技術方法	從基礎的圖形化界面操作到 API 程式整合，乃至零程式碼的第三方工具應用，掌握不同資源條件下的模型使用方式，以及如何透過 LangChain 和 LlamaIndex 等工具提升開發效率，實現業務系統的無縫整合。
實務應用中的注意事項與最佳實踐指導	系統性了解資料隱私保護、法律合規性、效能穩定性及成本控管等關鍵挑戰，並學習從模型註冊、測試到維運的每個階段如何規劃與優化，以確保模型運用的安全性與商業價值最大化。

3.1 閉源式生成式 AI 模型概述

閉源式生成式 AI 模型在現今的商業應用中，無論是文字創作、語言理解還是多模態分析，都扮演著極其關鍵的角色。由於其核心技術不對外公開，這些模型通常能夠提供穩定且高品質的服務，包括準確度更高的回應、比較全面的資料支援，以及相對完善的安全性和合規管理。因此，不論是中小企業還是大型組織，都希望能透過導入這些閉源模型，取得先進的 AI 能力並快速回收投資成本。

3.1.1 主流閉源式生成式 AI 模型介紹

在市場上，OpenAI 的 GPT 系列模型、Anthropic 的 Claude 系列模型和 Google 的 Gemini 系列模型是最具代表性的三大閉源模型。每個模型都有其獨特的技術優勢與應用範疇，企業或個人應根據自身需求與資源條件來選擇合適的模型，以滿足不同的業務挑戰。

GPT 系列模型作為 OpenAI 研發的高性能語言生成模型，一直以優秀的語言理解與生成能力聞名。其強調對上下文的把握與抽象思維能力，因此能在多種任務場景中展現穩定且令人驚豔的表現。舉例而言，GPT 不僅能協助企業快速撰寫產品描述或廣告文案，還能透過 API 提供程式碼生成與除錯等功能，使工程師得以更有效率地開發和維護應用程式。此外，在需要高準確度或專業度的情境下，例如法律文件的撰寫、學術文獻的摘要整理，GPT 系列模型也能在短時間內提供可信且具可讀性的內容。

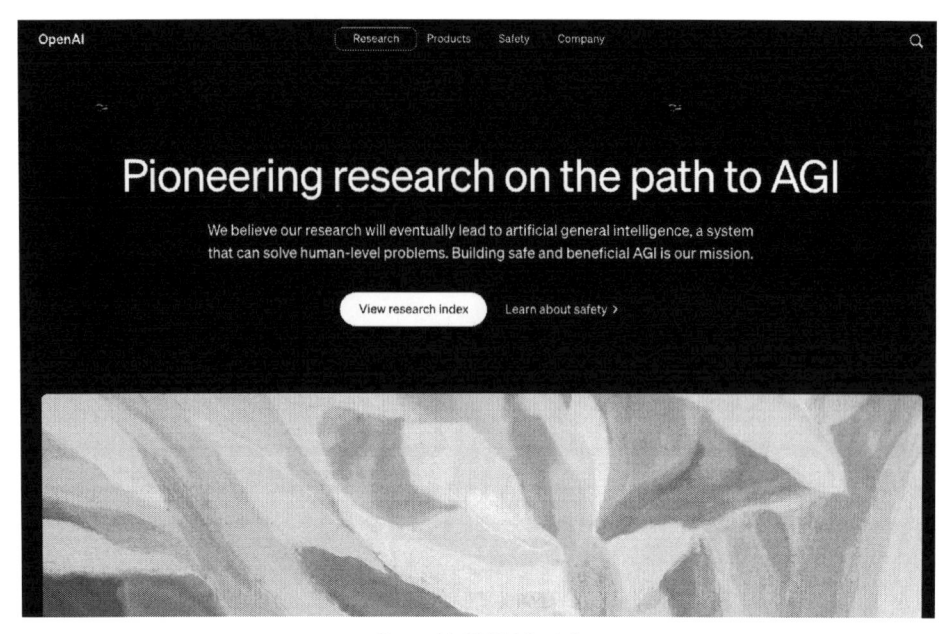

OpenAI GPT Model

Anthropic 開發的 Claude 系列模型以倫理性與安全性為主要訴求，特別注重避免出現不恰當內容或違反道德的生成結果。對於金融、醫療或教育領域而言，Claude 能在使用者與機器互動的過程中有效過濾敏感或潛在危險的資訊，減少企業內部或對客戶所帶來的法律風險。它所採用的安全研究成果以及嚴格的風險管控機制，對於高度在意合規與資料機密性的組織而言，往往能帶來更穩定的服務品質。

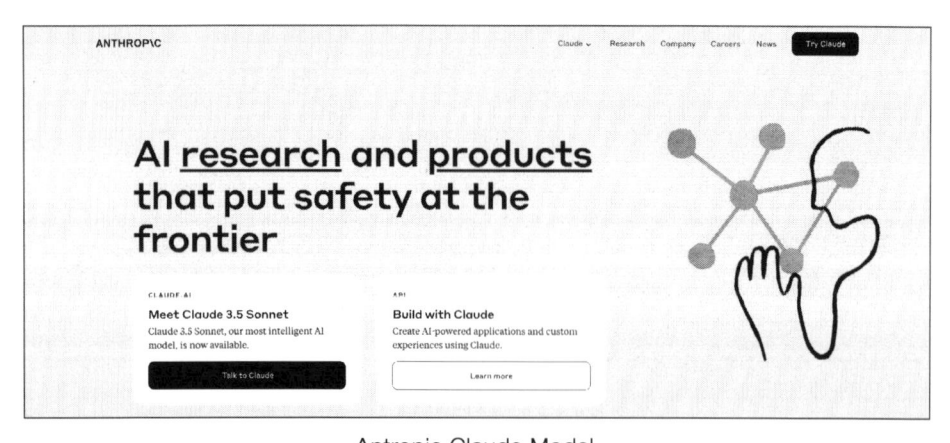

Antropic Claude Model

Gemini 系列是 Google 所開發出來的多模態大型語言模型，意即它能處理文字、程式碼、圖像、音訊和影片等多種資訊。其設計目標是在理解、總結、推理、程式碼生成和多模態理解等任務中展現強大效能。開發者和企業可透過 Google Cloud 的 Vertex AI 或者 Google AI Studio 使用 Gemini，構建聊天機器人、內容生成和資料分析等應用。

Google Gemini Model

3.1.2 模型選擇策略與實際應用場景

閉源式生成式 AI 模型的選擇不僅取決於技術能力，更涉及到組織內部的資源配置與長期發展策略。在進行評估時，必須同時考量需求、技術與預算三個面向，以確保投資能真正帶來效益。

在技術能力與資源考量，如果在早期導入模型進行專案製作時，可考慮選擇使用 API 串接的方式，將閉源模型的功能直接整合至現有的系統中，來達到最佳的客製化效果，並且減少自行維護模型的成本。

若後續當使用模型的次數越多時，可考慮自行部署模型在自己的機器上，當資料收集足夠時，可以根據資料進行模型微調，來幫助模型能夠持續增加知識，甚至後續版本模型出來之後，也可以很快速的進行調整，幫助企業能夠在資料保護的狀況下，擁有自己的模型做使用。

預算的管控在閉源模型的導入過程中同樣扮演關鍵角色。以 GPT 系列模型為例，通常使用者是以次數或 token 為單位付費，比較適合短期或彈性使用的情境。

3.2 閉源式模型的使用方法

使用閉源式生成式 AI 模型的方式非常多樣，從最簡易的 UI 操作到複雜的後端程式整合，每一種方法都能滿足不同組織的需求與資源現況。了解這些方法後，將有助於使用者更靈活地選擇合適的導入模式，同時穩定地將模型價值最大化。

3.2.1 使用模型的多種方式

在最基本的層次上，許多閉源模型都提供方便直覺的圖形化介面（UI），讓使用者能夠無須撰寫程式碼，就能和模型進行互動。在初步探索或需要快速產生範例的情境下，UI 操作往往是最直接的方法。例如，OpenAI 的 ChatGPT 或者 Google 的 Gemini 網頁介面，允許使用者直接輸入問題或命令，立即獲得系統回應，這對於測試模型的可用性與品質是十分便利的。

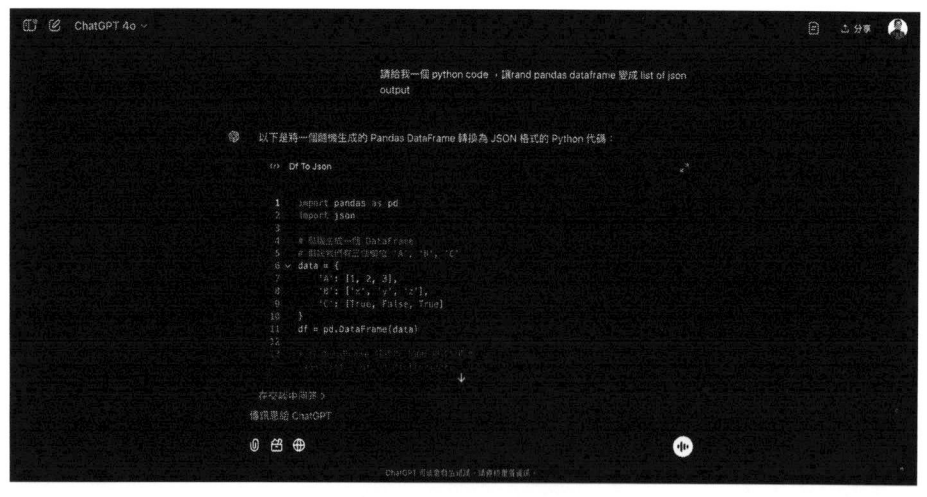

圖形化介面 - ChatGPT

而對於擁有軟體開發能力的團隊或企業，API 串接則是更常見且彈性的整合手段。透過 API，開發者可以用各種程式語言（如 Python 等）向模型發送請求，並接收生成內容。此種方式能讓模型無縫地嵌入到既有的應用系統或工作流程中，例如自動產生郵件回覆、協助客戶客服對話，甚至進一步與資料庫整合做資料分析，大幅提升業務效率。

如果你想要減少開發時間，引入 Python 套件工具就變得更為重要。像是 LangChain 和 LlamaIndex，這些工具能幫助開發者更有效率地處理語言模型相關的應用程式開發需求。LangChain 提供了一套框架，使開發者能夠輕鬆地將多個語言模型結合並整合到不同的應用場景中，無論是聊天機器人、語意分析，還是複雜的對話式應用程式。而 LlamaIndex 則專注於提供資料索引和檢索的解決方案，特別是在需要與大型資料集互動時，能大幅簡化資料的存取和分析流程。透過這些工具，你可以不僅提高開發效率，還能快速構建出功能強大且穩健的應用程式，大幅縮短產品的上市時間。

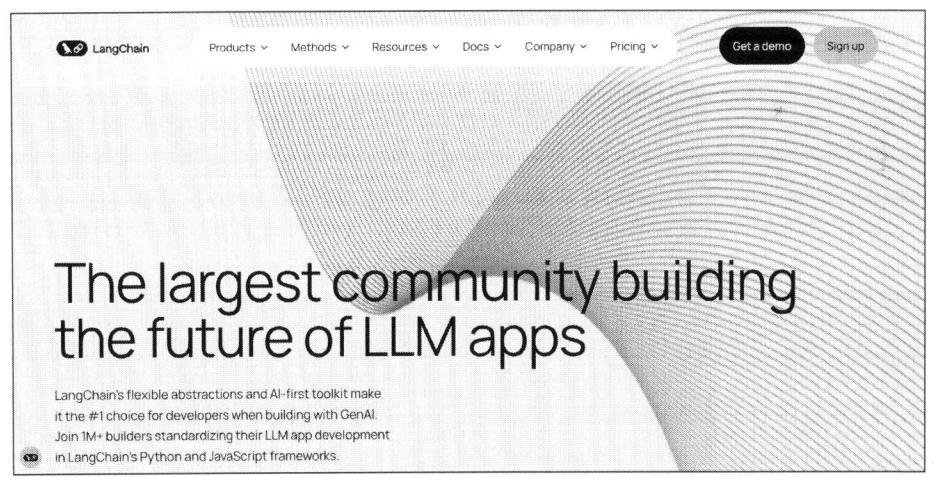

LangChain 工具

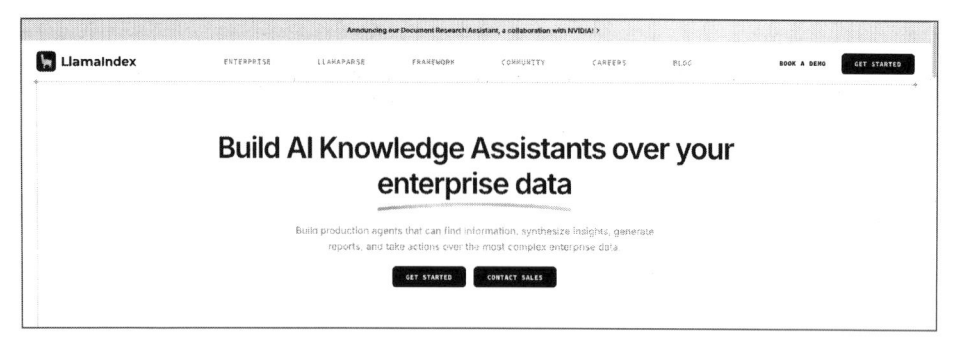

LlamaIndex 工具

若組織缺乏程式開發能力，或希望在短時間內完成工作流程的自動化，第三方整合工具如 Zapier、Make 和 n8n 等工具則提供了「Low-code」或者「No-Code」的整合方案。透過簡單的視覺化界面，使用者可將各種常見的 SaaS 系統（如 Gmail、Slack、Salesforce 等）與閉源模型串接。例如，當客戶在客服系統提交詢問後，可直接透過第三方工具將訊息傳遞給 GPT 系列模型、Claude 模型和 Google Gemini 模型進行回答生成，接著再將回覆同步至內部資料系統，形成自動化的服務流程。

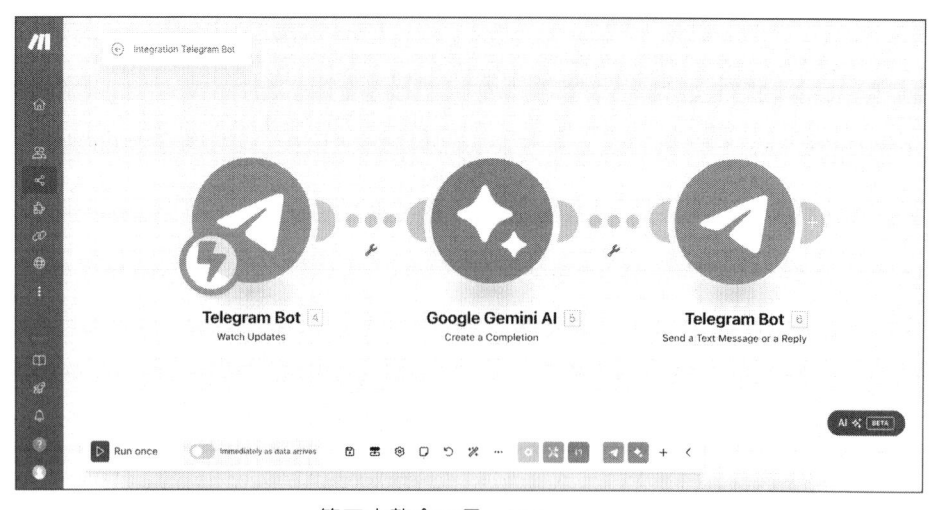

第三方整合工具 - Make.com

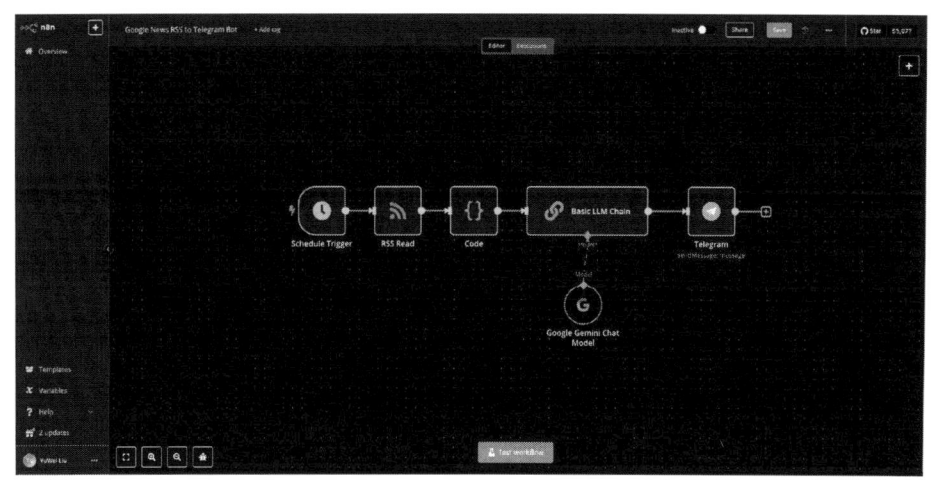

第三方整合工具 - n8n

3.2.2 使用流程與實作細節

在實際使用閉源模型時，從註冊到部署的每個階段都可能影響最終成果的品質與效率。為了在真實業務場景中取得最佳成效，通常需要有系統地規劃與測試。

首先，使用者需先到官方平台進行註冊並選擇適合的方案或授權模式。完成註冊後，一般會取得 API 金鑰或帳戶權限。此時務必仔細閱讀服務條款與開發者文件，理解可用的 API 端點、參數設定與費用計算模式，以免因誤用或超量使用而產生額外成本。接著，需要在本地開發環境或雲端伺服器上進行初步設定，包含安裝相關的程式套件、設定 API 金鑰以及確保網路流量能夠穩定地與外部服務互通。

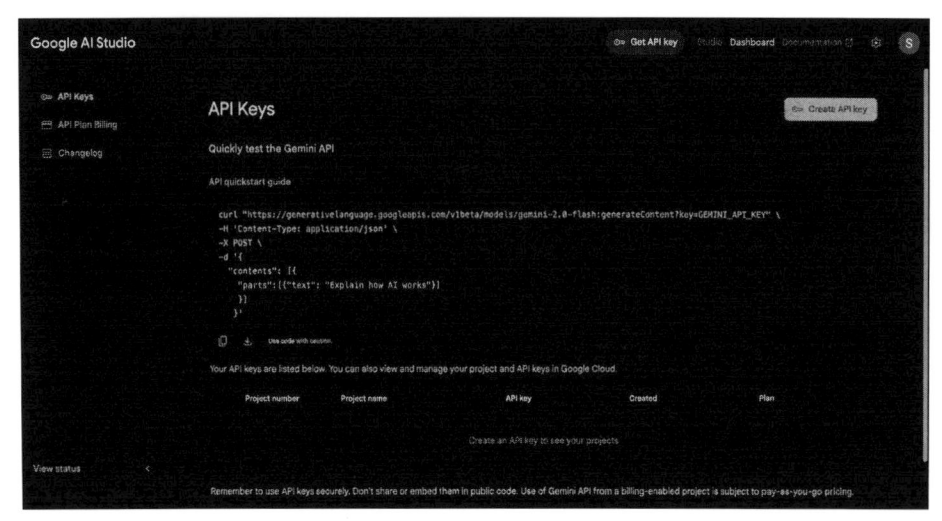

申請 API Key - 透過 Google AI Studio 申請 Google Gemini API Token

在整合過程中，開發者通常會先嘗試小範圍測試，以檢驗模型的回應速度、生成品質及錯誤處理邏輯。這些測試可幫助確認模型是否適合應用在預期的業務流程中，也能及早發現並修正效能或合規性上的問題。一旦測試結果達到預期，就可以進行更大規模的部署。例如，若企業想用 GPT 系列模型來自動生成法律合約草案，就需要在部署前先安排專業法務或相關專家進行內容審閱，以確保模型生成的文字符合當地法律規範並避免潛在風險。

在正式上線後，維運工作則成為確保系統穩定的重要環節。除了應用監控與錯誤報警機制外，也需要定期分析模型回應的品質與用量，以便進行費用控管與性能優化。若使用者發現回應經常出現不合適或不準確的內容，則可以調整提示工程（Prompt Engineering）、增加範例或對話上下文，甚至考慮切換其他更合適的模型或服務。

3.2.3 Prompt Engineering 介紹

Prompt 在 AI 領域中，指的是我們輸入給語言模型的一段文字。這段文字可以是一個問題、一個指令，甚至是一段描述。透過這個提示，我們向 AI 模型傳達我們的需求，讓它能夠生成出符合我們期望的文本。

為何 Prompt Engineering 如此重要？原因在於，AI 模型的生成能力雖然強大，但它並非擁有自主意識的個體。我們需要透過精心設計的 Prompt，來引導 AI 模型的思考方向，使其生成出符合我們需求的內容，以下是 Prompt Engineering 導入後所帶來的好處：

- **精準控制生成結果**：透過調整 Prompt 的措辭、長度和內容，我們可以精準控制 AI 模型生成的文本風格、內容和長度。
- **提升模型性能**：一個設計良好的 Prompt，可以幫助 AI 模型更好地理解我們的需求，從而生成出更符合我們期望的結果。
- **拓展 AI 的應用場景**：Prompt Engineering 為 AI 的應用開闢了更廣闊的空間。從內容生成、對話系統，到創意寫作、程式碼生成，Prompt Engineering 都扮演著重要的角色。

3.3 使用閉源式模型的注意事項

在閉源模型帶來強大功能與競爭優勢的同時，也蘊含了一些必須謹慎面對的風險與挑戰。企業或開發者需從資料隱私、法律合規、技術效能以及成本管理四大層面進行全方位的評估與控管，方能在享受創新效益的同時，將潛在風險降到最低。

3.3.1 資料隱私與安全性

由於閉源模型往往需要接收並處理用戶輸入的資料，如何確保敏感資訊不在傳輸或儲存過程中外洩是一大挑戰。在實際應用上，建議在上傳或請求之前，先將資料進行去識別化處理，也就是將個人識別資訊移除，或是用加密的方式保留必要內容，以兼顧分析需求和個資保護。企業也應了解服務提供商對資料的使用與儲存策略，例如是否會將用戶輸入的資料用於模型訓練或行銷目的。對

於金融、醫療等高度敏感行業，更須檢核服務供應商是否符合國際安全標準或其他相關合規要求。

3.3.2 法律與合規性

生成式 AI 在不同地區與不同產業所面臨的法律規範並不相同，特別是歐盟的《通用資料保護法規》（GDPR）對個人資料處理有相當嚴謹的規定。組織在導入閉源模型前，必須先釐清所處區域對資料隱私或演算法透明度的法律要求，並評估現行系統或流程是否能滿足這些規範。一些國家或領域也正逐步推出專門針對 AI 的監管法案，若企業無法即時應對，在未來可能面臨巨額罰款或被迫終止服務的風險。因此，與法務部門或顧問合作，保持對法規動態的即時追蹤，是長期營運的關鍵。

3.3.3 效能與穩定性

在大規模或高頻率的請求場景中，閉源模型的效能表現將決定最終用戶是否能獲得流暢的互動體驗。若模型回應時間過長，或在高併發量下不穩定，將直接影響用戶的滿意度與信任度。為了確保系統的可靠運行，開發者可考慮實施結果快取機制，將常見問題或重複請求的回應暫時儲存。也可透過批次處理與非同步請求等方式，優化高流量應用的延遲表現與資源使用效率。若企業對服務可用性與延遲要求較高，可能需要與模型供應商協商訂製專屬的 SLA（Service Level Agreement），以保障在關鍵應用場景中能保持穩定運作。

3.3.4 成本效益管理

使用閉源模型時，成本通常取決於使用量與模型供應商的收費模式。若企業頻繁呼叫 API，可能在短時間內累積高額費用，特別是在文字生成需求龐大的情況下。為了避免成本失控，建議定期審查使用模式，如分析哪些功能調用占用最多資源、哪些任務可以轉移至更輕量的模型或其他服務。也有許多企業選擇

在不影響核心業務的前提下，以開源模型作為基礎處理，再在需要高精度或高價值輸出的關鍵任務中，導入 GPT、Claude 或 Gemini 等閉源模型。此種混合策略可確保在達成商業目標的同時，有效控制整體支出，並為企業在未來的技術演進保留更多彈性空間。

隨著閉源式生成式 AI 模型在全球市場的滲透率日漸提升，如何在面對競爭與合規壓力下，穩健而持續地應用這些模型，已成為組織實踐創新的重要課題。透過對需求、技術、預算與法規的綜合評估，並在實施與維運過程中落實安全、合規與效能的最佳實踐，就能在不斷變化的市場環境中穩步前進，同時持續釋放 AI 帶來的商業價值。

3.4 本章小結

本章概述了閉源式生成式 AI 模型在現代商業應用中的關鍵角色與選擇策略，並詳細介紹了其主流代表模型（如 OpenAI 的 GPT、Anthropic 的 Claude 和 Google 的 Gemini）以及這些模型的應用場景與導入方式。閉源模型因其穩定性、高品質輸出、安全性和合規管理能力，成為企業實現數位轉型和提升效率的核心工具。

針對模型選擇，企業應從需求、技術能力與預算等多角度進行綜合評估，選擇最能滿足特定業務需求的方案。而在導入方式上，從基礎的 UI 操作到 API 整合，再到無程式碼的第三方工具，均提供了靈活多樣的選擇，滿足不同資源條件的組織需求。

此外，提示設計（Prompt Engineering）被強調為提升生成內容品質與拓展應用場景的重要手段，而在實際運作中，從註冊、測試到部署與維運，每個階段的規劃與執行都至關重要。企業應關注資料隱私與安全性、法律合規性、效能穩定性與成本效益等四大面向，以全面降低風險並確保投資效益。

Note

第四章

開源式模型的介紹與使用方法

在此章節，你將會獲得：

學習重點	說明
開源模型的背景與關鍵優勢	深入了解開源模型如何促進人工智慧的民主化，包括降低技術門檻、加速全球技術交流，以及為生成式人工智慧的創新應用提供基礎，全面掌握其在產業中的重要性。
多款主流開源模型的技術與應用解析	透過 Llama、Gemma、Mistral、Phi 等國際主流模型，以及 TAME、BREEZE、TAIDE 等專為繁體中文優化的模型，掌握其核心特性、應用場景與技術細節，並了解如何根據特定需求選擇適合的模型。
開源模型的部署策略與未來展望	學習容器化、API 整合、模型壓縮等實用技術，並了解開源模型在多模態技術、邊緣運算與硬體整合上的未來發展趨勢，為技術應用與整合提供具體實踐指引。

4.1 開源模型概述

在人工智慧快速發展的時代中，開源模型扮演著關鍵的研發且能夠自己實作成自己的模型角色。開源模型不僅代表著模型架構、訓練方法、程式碼以及訓練資料的公開透明。這種開放的精神讓研究人員和人工智慧工程師能夠找到更好的方法來進行模型應用，為整個產業能夠持續帶動創新和發展機會。

在實務層面，開源模型的優勢體現在多個面向。首先是降低了技術門檻，讓更多個人開發者和中小企業能夠參與人工智慧的開發與應用。透過共享的程式碼和模型，開發團隊可以站在巨人的肩膀上，避免重複造輪子，進而將更多精力投注在創新應用與優化改進上。

開源模型的另一個重要價值在於促進全球技術交流與合作。來自世界各地的開發者可以共同改進模型，分享經驗與見解，形成良性的技術生態系統。這種集體智慧的匯聚，大幅加速了人工智慧技術的進步速度。

在生成式人工智慧領域，開源模型的重要性更為突出。它們不僅提供了基礎研究的平台，更為各種創新應用提供了可能性。開發者可以根據特定需求對模型進行模型微調和優化，創造出更適合特定場景的解決方案。

4.2 主流開源模型介紹

4.2.1 Llama

Llama（Large Language Model Meta AI）是由 Meta 所開發的一系列大型語言模型。此系列模型自推出以來，便憑藉其高效能與開源特性在學術界與產業界快速竄紅，成為眾多研究與應用場景中備受矚目的選擇。

在深度學習推動語言模型不斷壯大的浪潮中，許多高性能模型長期被少數大型科技公司壟斷，造成研究與應用的受限。Meta 推出 Llama 系列的初衷，便是希望打破此侷限，讓更多的研究團隊與開發者能夠接觸高品質的語言模型，並且在此基礎上進行創新。

Llama 最初釋出的版本包括 7B、13B、30B 與 65B 參數等多種不同規模，適用範圍橫跨小型研究實驗到大型商業應用。這不僅拓寬了模型的使用場域，也開啟了開源語言模型的新里程碑。此舉讓研究者能夠針對不同的硬體環境與資料需求，選擇最適合的模型，並在此基礎上進行更深入的探究與調整。

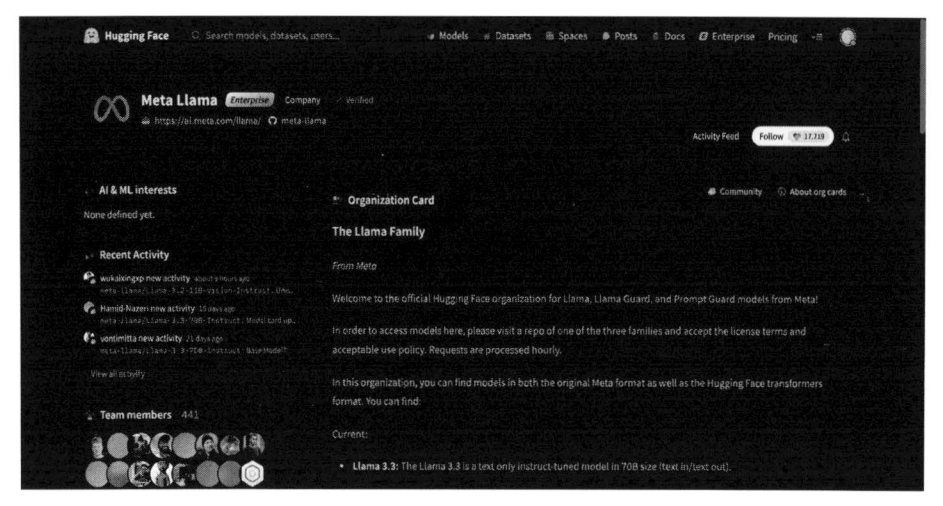

Meta Llama Model - HuggingFace 頁面

4.2.2 Gemma

Google Gemma 模型，源自於 Google DeepMind 以及其他 Google 團隊的共同努力，其名取自拉丁文中的「珍貴寶石」(gemma)，象徵著其在 AI 領域的卓越價值。Gemma 模型系列的推出，旨在將驅動 Gemini 模型背後的技術和研究成果，以更開放、更易於取用的形式分享給廣大的開發者社群，進而推動 AI 技術的蓬勃發展。

Gemma 模型的核心理念在於提供高效能、可擴展且負責任的 AI 解決方案。相較於一些龐大的模型，Gemma 在模型尺寸上進行了優化，使其能在各種硬體平台上高效運行，這對於資源有限的開發者或是在邊緣設備上部署 AI 應用來說，是一大福音。這種輕量化的設計，並未犧牲其效能表現，反而在多項基準測試中展現了令人驚豔的成果，甚至超越了一些規模更大的模型。

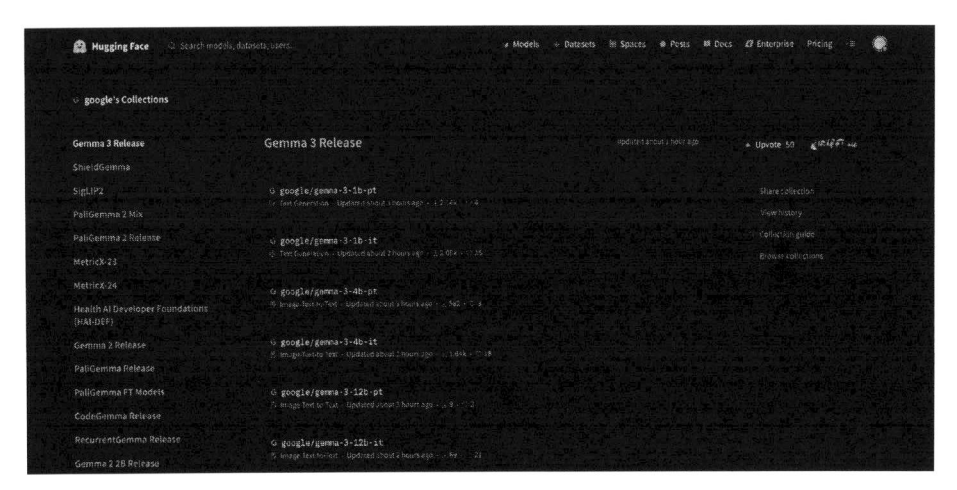

Google Gemma Model - HuggingFace

Google 為了滿足不同領域的應用需求，推出了一系列特化的 Gemma 模型版本。這些模型包含了針對程式開發的 CodeGemma、增強語言理解能力的 PaliGemma、注重安全性的 ShieldGemma，以及專注於資料處理的 DataGemma 和 RecurrentGemma。每個特化版本都經過專門優化，以在其特定領域中發揮最佳效能。這種多樣化的模型系列使開發者能夠根據具體應用場景選擇最適合的版本，從而實現更精確和高效的解決方案。

◎ CodeGemma：程式開發的智慧助手

CodeGemma 是專門針對軟體開發優化的 Gemma 變體。這個版本在程式碼生成、理解和分析方面表現出色，能夠支援多種程式語言。它不僅能夠理解開發者的意圖並生成相應的程式碼，還能提供程式碼重構建議和最佳實踐指導。CodeGemma 的訓練資料包含了大量高品質的開源程式碼，使其能夠理解各種

程式設計模式和程式範例。在實際應用中，它能夠協助開發者完成從簡單的程式碼補全到複雜的系統架構設計等各種任務，大幅提升開發效率。

◉ PaliGemma：增強的語言理解能力

PaliGemma 整合了 Google 的 PaLM 技術，重點強化了模型的語言理解和生成能力。這個版本特別擅長處理多語言任務、語義分析和跨語言轉換。透過深度學習技術，PaliGemma 能夠準確理解文本的上下文含義，並生成流暢自然的回應。它在機器翻譯、文本摘要和語言理解等任務中展現出優異的性能，特別適合需要處理多語言內容或複雜語言理解任務的應用場景。

◉ ShieldGemma：注重安全性的防護版本

ShieldGemma 是 Google 特別設計的安全強化版本，著重於資訊安全和內容審查。這個版本增加了多層安全防護機制，能夠識別和過濾潛在的有害內容，同時保護使用者的隱私資料。ShieldGemma 特別適合應用在需要高度安全性的場景，如金融服務、醫療保健或政府部門。它不僅能夠防範常見的資安威脅，還能確保模型輸出的內容符合道德和法規要求。

◉ DataGemma 和 RecurrentGemma：資料處理的專業工具

DataGemma 和 RecurrentGemma 是針對資料處理和分析優化的特殊版本。DataGemma 專注於結構化資料的處理和分析，能夠處理各種格式的資料，並提供深入的資料分析洞見。它特別適合用於商業智慧、資料探勘和預測分析等領域，能夠幫助使用者從複雜的資料集中提取有價值的資訊。

另一方面，RecurrentGemma 則特別針對時序資料和循環性資料進行了優化。這個版本在處理連續性資料流、時間序列預測和模式識別方面表現出色。它能夠識別資料中的時間模式和趨勢，適用於金融市場分析、氣象預測和用戶行為分析等需要處理時序資料的場景。這兩個版本相輔相成，為資料科學家和分析師提供了強大的工具組合。

4.2.3 Mistral

Mistral AI 於 2023 年推出的 Mistral 系列模型，在開源人工智慧領域掀起了一股革新風潮。這個由法國新創公司開發的語言模型，以其優異的性能表現和創新的技術架構，迅速在開源社群中占有一席之地。Mistral 的核心優勢在於其獨特的滑動窗口注意力機制（Sliding Window Attention）設計，這項技術破壞使模型在處理長文本時能夠保持較高的效率，同時維持卓越的推理能力。

在技術實作層面，Mistral 採用 7B 參數規模的基礎架構，這個規模的選擇展現了開發團隊在模型效能與實用性之間的精妙平衡。模型訓練過程中特別注重知識的廣度與深度，涵蓋了從基礎科學到專業領域的多元資料。值得一提的是，Mistral 在程式確認與生成方面表現出優異的能力，這源自於訓練資料中包含了大量高品質的程式碼資料。

Mistral 的應用場景相當廣泛，從企業級的文本分析到個人的創意寫作都能看到其蹤影。在實際部署中，模型展現出優秀的推理速度和資源效率，即使在較為普通的硬體設備上也能流暢運行。這種高效能與低資源需求的特性，使得 Mistral 成為許多中小型企業和個人開發者的首選開源模型。

MistralAI Mistral 系列模型 - HuggingFace

4.2.4 Phi

Phi 模型是由微軟開發的一系列小型語言模型（SLMs），旨在以較少的參數實現高效能。相較於參數動輒數十億甚至數千億的大型語言模型（LLMs），Phi 模型在模型大小和計算需求上都顯著降低，使其更適合在資源有限的環境中部署，例如行動裝置或邊緣運算裝置。儘管體積較小，Phi 模型透過精心的訓練和架構設計，在多項語言理解和推理任務上展現了令人驚豔的表現。微軟持續推出不同版本的 Phi 模型，例如微軟近期推出了 Phi-4 模型，這是一款擁有 140 億參數的小型語言模型，專注於提升數學推理能力和語言理解精準度。儘管參數規模較小，Phi-4 在多項基準測試中展現了媲美甚至超越大型模型的效能。例如，在 GPQA 科學問答和 MATH 數學題庫的測試中，Phi-4 的表現超越了 Meta 的 Llama 3.3 70B 模型，甚至優於 GPT-4o。

Phi 模型由於其輕量化和高效能的特性，在許多領域都具有高度的應用潛力。例如，它可以應用於行動裝置上的離線翻譯、語音辨識和文本生成等功能，無須依賴雲端伺服器即可提供快速且可靠的服務。在邊緣運算環境中，Phi 模型可以應用於智慧家居、工業自動化和物聯網裝置，實現本地化的資料處理和決策。此外，由於其較低的計算成本，Phi 模型也更適合於資源有限的開發者和研究人員使用。然而，值得注意的是，早期版本的 Phi 模型在處理中文等非英語語言的能力上有所限制，但隨著模型的持續發展和改進，相信這方面的表現也會有所提升。總而言之，Phi 模型的出現為小型語言模型的發展開闢了新的方向，展現了在有限資源下實現高效能 AI 的可能性，並為更廣泛的應用場景提供了新的選擇。

Microsoft Phi 模型 - HuggingFace

4.2.5 DeepSeek

DeepSeek 是一家中國的人工智慧新創公司，在 2025 年年初，因其開源的大型語言模型 DeepSeek-R1 模型在多項基準測試中表現出色，甚至超越了部分的 OpenAI 模型而備受矚目。

DeepSeek 模型採用純強化學習驅動推理機制，有效減少對監督式模型微調的依賴，使模型在數學、程式設計與語言理解等多項任務中展現出與頂尖模型相媲美的表現。此外，該模型融合了混合專家（Mixture-of-Experts, MoE）架構，透過策略顯著降低運算資源消耗，進一步縮減訓練成本。DeepSeek 宣稱，其 R1 模型的訓練成本僅為美國同類模型的十分之一，訓練時間約 55 天，並在測試中展現出卓越的邏輯推理與程式碼生成能力。

DeepSeek 模型的發佈對全球 AI 產業結構產生深遠影響。其顛覆性成本優勢與開源模式，迫使美國矽谷傳統巨頭重新評估既有的資本投入與技術路線，市場對高昂運算資源依賴的合理性產生質疑，進而引發投資界與產業界對 AI 應用新模式的多方討論。

總體而言，DeepSeek 以其前瞻性技術與開源戰略，不僅重新定義了大型語言模型的訓練成本與效能，更為全球 AI 產業帶來了一股實質性的創新浪潮，展現出突破傳統資本密集模式、推動普惠創新的廣闊前景。

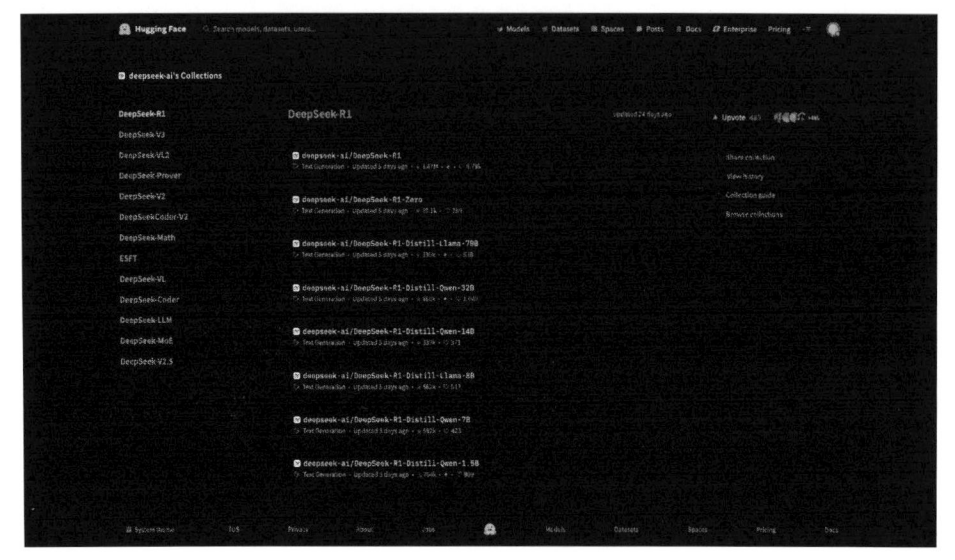

DeepSeek R1 系列模型 - HuggingFace

4.3 繁體中文開源語言模型介紹

4.3.1 Project TAME

Project TAME（TAiwan Mixture of Experts）是台灣首款專為繁體中文優化的大型語言模型（LLM），由台大資工系副教授陳縕儂領導的實驗室團隊，與長春集團、和碩聯合科技、長庚醫院、欣興電子、科技報橘、律果科技等企業合作開發。

該模型以 Meta 的 Llama-3 70B 為基礎，經過 5,000 億個 Token 的預訓練，並融入石化、電子製造、醫療、媒體內容和法律等在地專業知識，旨在提供更符合台灣需求的 AI 應用。

在性能測試中，Project TAME 在台灣各類考試科目中表現優異，平均得分達 71.3%，與 Claude 3 的 73.6% 相近，並超越了 GPT-4、Gemini 等模型。此外，該模型在台灣律師考試的選擇題部分取得了 60.8 分，為所有測試模型中的最高分，展現了其在地文化理解力和專業知識能力。

目前，Project TAME 已在 GitHub 上開源，企業和開發者可免費下載使用，並提供模型聊天頁面供民眾測試。該模型的開源釋出，為台灣產業專用 AI 應用生態系的發展奠定了重要基礎。

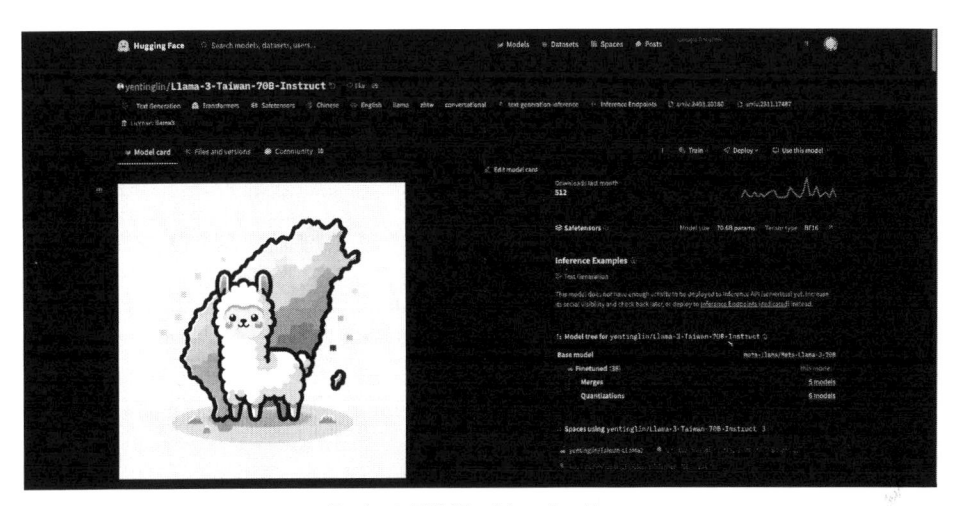

Project TAME - HuggingFace

4.3.2 Breeze 系列模型

聯發科技創新基地在 2024 年公開發布了 Breeze-7B 系列語言模型，引起了高度關注。此系列包含兩個主要模型：Breeze-7B-Base 和 Breeze-7B-Instruct。其中，Breeze-7B-Base 是此系列的基礎模型，而 Breeze-7B-Instruct 則是經過特別模型微調，可以直接應用於各種常見的自然語言處理任務，例如問答、基於檢索的問答（RAG）、多輪對話以及文本摘要等。

Breeze-7B-Instruct 的推出，為開發者提供了一個強大的工具，可以更有效地構建各種基於語言的應用程式。由於其在多種任務上的良好表現，開發者可以

利用它來建立更自然流暢的對話系統、更精準的問答系統，以及更強大的文本摘要工具。此外，Breeze-7B 的開源性質也促進了社群的共同發展和改進，使得這個模型能夠不斷進化和完善。

在 2025 年，聯發科再次發表了 Breeze2 模型，其中，團隊針對繁體中文的處理能力進行強化、也讓長上下文（long context）特性能夠在 Breeze2 模型中使用，以及首次整合了視覺理解（vision-aware）與函式呼叫（function calling）能力，期望能在各類專業與場景中，提供更完善的解決方案。

未來，Breeze 團隊預計朝向更大參數或專家模型（Mixture of Experts）等方向發展，讓模型不僅能回答通用問題，也能更精準地定位到特定領域專家回答方式。在此階段，如果企業考量預算或開發週期，可先以 API 形式進行 MVP 或概念驗證，待整體模型訓練與推論成本進一步優化後，再投入更大資源去實現全面的 Fine-Tuning。無論如何，Breeze2 的問世象徵了本土研發能量的持續強化，對於整個台灣 AI 生態系都具有相當的推動效果。

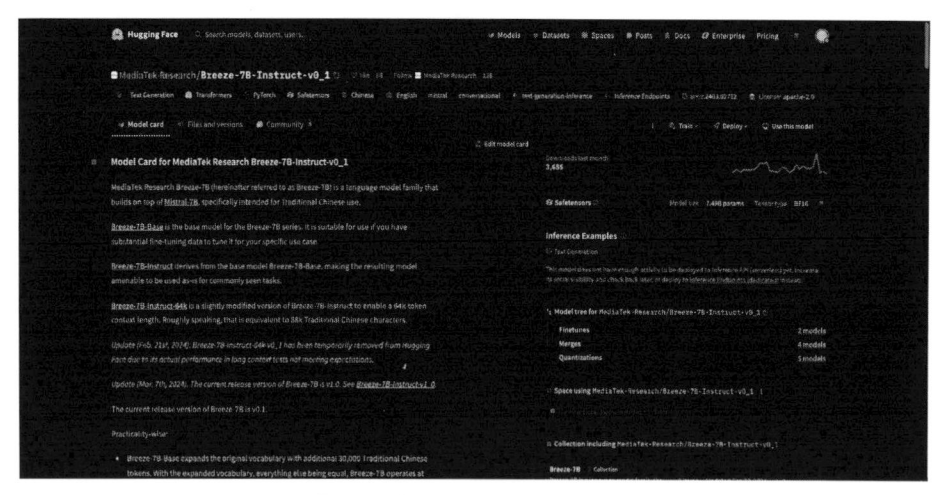

Breeze Model - HuggingFace

4.3.3 TAIDE

TAIDE（Trustworthy AI Dialogue Engine，可信任 AI 對話引擎）是由台灣國家科學及技術委員會（國科會）主導，結合產學研力量共同開發的大型語言模型計畫，其主要目標是打造符合台灣語言和文化特性的生成式 AI 對話引擎，並建構可信任的人工智慧環境。有鑑於目前許多大型語言模型多以英文語料為主，對於繁體中文和台灣在地用語、文化等理解可能有所不足，TAIDE 計畫致力於強化模型處理繁體中文的能力，並針對台灣在地文化、用語、國情等知識做加強。此計畫以 Meta 的 Llama 模型為基礎，透過加入大量的繁體中文語料進行訓練，開發出不同規模的模型。

TAIDE 模型具備多項特色，使其在處理繁體中文和台灣相關議題時更具優勢。首先，它擴充了大量中文字元和字詞，強化了模型處理繁體中文的能力。其次，TAIDE 嚴格把關模型的訓練資料，以提升模型生成資料的可信任性和適用性。此外，TAIDE 也針對辦公室常用任務，例如自動摘要、寫信、寫文章、中翻英、英翻中等進行加強。更重要的是，TAIDE 注重台灣在地文化、用語、國情等知識的學習，使其更能理解和回應與台灣相關的提問。TAIDE 的應用相當廣泛，例如可應用於公部門行政，提供自動例稿生成等功能，提高公文撰寫效率；也可應用於教育領域，例如自動審查參賽報告，確保符合學術標準。透過產學研的合作，TAIDE 模型正持續在各領域開花結果，例如中興大學開發的農業知識檢索系統「神農 TAIDE」，便利用 TAIDE 模型提供更準確、更容易理解的農業資訊。

TAIDE Model - HuggingFace

4.4 開源模型的選擇與應用

4.4.1 模型選擇標準

選擇合適的開源模型至關重要，需要綜合評估以下關鍵因素：

- **語言支援能力**：針對繁體中文應用，模型的語言理解和生成能力是首要考量。應評估模型在繁體中文文本上的表現，包括斷詞、語法分析、語義理解和文本生成等方面的準確性和流暢度。除了基本的語言能力，也應考量模型是否針對特定領域的繁體中文進行優化，例如法律、醫學或新聞等。

- **模型規模與效能**：模型參數規模直接影響其效能和部署成本。大型模型通常具有更強的表達能力和泛化能力，但也需要更多的計算資源和儲存空間。小型模型則更輕巧，適合資源受限的環境。應根據實際應用需求和硬體條件，權衡模型規模和效能。

- **社群活躍度與支援**：活躍的社群意味著更快的錯誤修復、更頻繁的功能更新和更豐富的技術支援。應關注模型的開發者社群、使用者社群和相關論壇，評估其活躍程度和支援品質。
- **授權條款**：開源模型通常採用不同的授權條款，例如 MIT、Apache 2.0 或 GPL 等。應仔細研究授權條款，確保使用方式符合規定，避免潛在的法律風險。
- **可擴展性與客製化**：模型的架構和程式碼是否易於理解和修改，決定了其可擴展性和客製化程度。如果需要針對特定任務進行模型微調或優化，則需要選擇具有良好可擴展性的模型。
- **評估指標與基準測試**：參考相關的評估指標和基準測試結果，可以更客觀地比較不同模型的效能。例如，可以使用 BLEU、ROUGE 或 METEOR 等指標評估文本生成模型的品質。

4.4.2 部署與整合方法

成功部署和整合模型是將其應用於實際場景的關鍵。以下是一些常用的方法：

- **容器化部署**：使用 Docker 或者 Kubernetes 等容器化技術，搭配相關工具，如 VLLM、Ollama 等工具，可以簡化部署流程，提高部署效率和可移植性。容器化可以將模型及其依賴項封裝在一個獨立的環境中，避免環境差異導致的問題。
- **雲端服務部署**：利用雲端平台提供的機器學習服務，可以快速部署和擴展模型。雲端服務通常提供預先構建的環境和工具，簡化了部署和管理的複雜性。
- **API 整合**：將模型封裝成 API，可以方便地將其整合到現有系統中。API 提供了標準化的介面，使得不同系統可以透過網路進行通信和資料交換。

- **模型壓縮與優化**：針對資源受限的環境，可以採用模型壓縮和優化技術，例如 gguf 格式，在模型做轉換之時，就可以協助將模型進行壓縮與優化，讓硬體資源不足的環境下，也能夠使用到相關的模型。
- **硬體加速**：利用 GPU 等硬體加速器，可以顯著提高模型的運行速度。

4.5 開源模型的未來發展

開源模型的未來發展呈現出多元化的趨勢。在分工方面，我們看到了更細緻的任務劃分，小型模型專注於特定任務的精確處理，而大型模型則負責複雜的綜合性任務。這種分工使得資源利用更加高效，同時也提高了整體系統的可靠性。

多模態技術的發展正在改變模型的應用範疇。越來越多的開源模型開始支援圖像理解、語音處理等多種模態，這大大拓展了應用場景。程式碼生成等新興技術的發展，也為軟體開發領域帶來了革新。

在硬體整合方面，台灣的半導體產業優勢為開源模型的發展提供了重要支撐。邊緣計算的發展使得模型可以更好地在終端設備上運行，為機器人等智慧設備提供更高效的決策支援。

最後，由於 DeepSeek 的出現，讓產業界開始更關注透過大型語言模型進行知識蒸餾（Model Distillation）的技術，將大型模型的能力轉移至較小模型，不僅能顯著縮小模型尺寸，還能在保持一定性能的前提下，大幅降低 Fine-Tuning 的成本與時間。這項技術有助於企業朝向自有模型的方向發展，加速落地應用並提升模型部署的彈性與效益。

4.6 本章小結

本章首先介紹了開源模型的崛起背景與優勢，說明其在人工智慧領域的關鍵地位及對技術民主化的影響。接著，逐一探討了多款主流開源模型，包括 Meta 的 Llama、Google Gemma、Mistral AI 的 Mistral、微軟研究院的 Phi 系列和最新的 DeepSeek 模型，以及專為繁體中文優化的 TAME、Breeze 與 TAIDE 等。這些模型不僅展現了多元的技術特色與應用潛力，也因其開放特性而催生出更寬廣的研究與發展空間。

在模型選擇與應用方面，本章提出了多項關鍵考量，包括語言支援能力、模型規模與效能、社群活躍度與支援、授權條款、可擴展性與客製化，以及適切的評估指標與基準測試。就部署與整合層面而言，涵蓋容器化、雲端服務、API 整合、模型壓縮與優化，以及硬體加速等多種方式，協助開發者在不同環境中順利導入模型。

最後，開源模型的未來發展趨勢聚焦於跨模型的分工、多模態技術的運用，以及與硬體結合的深度整合。這些發展方向不僅將持續拓展開源模型的應用範疇，也將為人工智慧的發展帶來更多創新與突破。透過本章的介紹，讀者可以對當前主流開源模型的特色、選擇準則、導入方法與未來展望有更全面的理解。

Note

第三部分

模型服務上線

第五章

模型選擇與評估模型能力

| 第三部分 | 模型服務上線

在此章節，你將會獲得：

學習重點	說明
模型選擇的重要性與策略	理解模型如何影響專案的效能、成本與維護，並學習根據需求平衡準確度、資源和靈活性的選擇方法。
Benchmark 資料集的應用與侷限	掌握 Benchmark 資料集的作用，了解常見資料集特性及如何結合實際測試，提升模型評估的準確性。
開源與閉源模型的比較與評估	熟悉開源與閉源模型的優劣勢，並學習如何根據專案資源與需求選擇合適的方案，確保長期效益與穩定性。

5.1 模型選擇的重要性

5.1.1 為什麼模型選擇是成功的關鍵

在各類型的資料科學與機器學習專案中，模型的選擇往往會深刻影響整個專案的成敗。無論是用於預測銷售成長、分類客戶屬性或從大量影像中辨識目標，模型選擇都不僅僅是單純地決定演算法名稱，更牽涉到專案預算、效能需求與長期維護策略等多重因素。選擇一款適合的模型，就像為一支登山隊伍挑選最佳裝備，必須從高度、氣候、隊員狀態到物資補給各方面進行評估，而後綜合考量作出最有利於達成目標的決策。

當企業或研究團隊在評估模型時，除了衡量準確度等指標，更需要關注模型對整體系統的影響範圍。有些模型在訓練階段可能耗費大量資源，卻能在推理階段提供極快的回應；也有一些模型能夠迅速開發並快速上線，但在面臨大型資料或複雜應用時，可能無法維持穩定的效能。因此，模型的選擇需從專案初期便納入規劃，以避免後續在迭代或擴充時承受過高的調整成本。

5.1.2 模型選擇的影響範疇

模型的選擇並不只影響一時的開發過程，更會對後續的開發效率、系統推理效能與長期維護策略造成深遠影響。對於研發團隊而言，一款能夠快速開發並讓成員間容易協作的模型，可以大大提升專案推動的速度。特別是在初創階段，若能選擇一個熟悉、調參容易且社群資源充足的模型，便能使研發人員花更多時間在實際的功能開發與驗證上，而非花費過多力氣摸索陌生的工具或深陷於技術細節中。這種種選擇都直接影響到專案進度與團隊士氣，讓開發效率成為模型評估時不可忽視的重要面向。

在推理效能與用戶體驗方面，模型的選擇同樣扮演著決定性的角色。如果一個電商平台想提供及時的推薦功能，那麼推理延遲越低，使用者體驗就越好。但

若選擇的模型過於龐大，或者在不對的專案上，使用了需耗費許久才能回覆結果的模型，導致推理時間過長，使用者就可能在等待回應的過程中流失，造成整體營收的下降。相對地，如果系統能用較少的運算時間產生可靠的預測結果，就有更大機會贏得用戶信賴並增加互動黏著度。由此可見，模型的推理效率與效能，常常與用戶體驗和最終商業價值緊密相連。

最後，模型選擇也會影響到後續的維護與可擴展性。一旦模型進入生產環境，面對的不只是日常的維運，而是隨著資料成長、應用需求轉變或技術演進而來的持續更新。若模型的複雜度過高，或依賴過多難以維護的工具或套件，團隊就需要投入大量人力進行升級與調整，進而降低開發效率，甚至影響系統穩定度。反之，一款具有較好通用性的模型能隨時整合新功能並快速應對市場變化，使專案能在長期發展中保持彈性與競爭力，真正達到技術與商業價值的雙贏局面。

5.2 常用的基準資料集介紹

在評估大型語言模型或深度學習系統時，資料集的選擇往往是決定結果品質的關鍵。它們不僅為研究人員與開發者提供了量化比較的依據，也在無形中塑造了模型的設計方向與優化策略。本節將探討 Benchmark 在模型開發流程中的重要性，以及當前主要常見的 Benchmark 資料集所具備的特色與應用範疇。

5.2.1 Benchmarks 的用途與局限性

Benchmark 資料集在許多 AI 研究領域裡扮演著客觀評估模型能力的角色。它們通常包含精心設計或篩選過的測試樣本，從而盡量排除雜訊與不必要的干擾，讓開發者能專注於觀察模型在特定維度（如語言理解、推理或程式碼生成）上的表現。然而，這種「人工」或「實驗室」式的測試環境，往往與實際應用場景存在距離。真實世界的資料多半存在更高的複雜度與不可預期性，像是噪音、缺失資料、使用者行為多變等因素，這些都可能使模型在實際應用時的表現與 Benchmark 測試結果產生落差。

在實際部署模型時，開發者常常會發現，模型在 Benchmark 中取得成績，卻在真實場域中遇到許多挑戰，如錯誤率上升、執行速度變慢或無法有效處理長尾問題。這並不代表 Benchmark 完全失去意義，而是提示我們要謹慎理解各種測試集的設計原則與範疇，並且評估其與實際應用需求之間的匹配程度。若能搭配多元的 Benchmark 資料集並在真實場域中進行小規模實驗，往往可以取得更為全面的評估結果，也較能夠協助開發者在模型部署前預先識別潛在風險。

5.2.2 主要的 Benchmark 資料集分類與特點

常見的 Benchmark 資料集會根據不同目標與領域進行分類，其中又以知識與推理、程式碼撰寫能力、數學運算以及問答能力等方向最為普遍。各類 Benchmark 都針對不同的應用情境，提供了具有代表性的測試題目與案例，讓開發者能夠聚焦於特定功能或弱點進行評估與優化，以下是整理過後的比較表格：

測試目標	資料集名稱	主要特性與應用說明
知識與推理	– MMLU 系列 – TMMLU / TMMLU plus – JMMLU / KMMLU	– **MMLU 系列**：涵蓋多學科與多語言題目，檢測常識及專業知識廣度與深度。 – **TMMLU/TMMLU plus**：針對繁體中文語境進行優化，強化在地知識與推理能力。 – **JMMLU/KMMLU**：根據日文與韓文語言特性及文化背景調整題目，提升相關語系的測試準確性。
程式碼撰寫能力	Natural2Code	著重於程式碼生成、錯誤修正與程式邏輯理解，適用於自動化程式碼撰寫、優化與除錯作業。
數學運算與符號推理	MATH	包含從基礎算術與代數到複雜符號推理及幾何解題，挑戰多步驟邏輯處理，適用於高精度金融及科學計算等場景。
問答能力	GPQA	測試問題理解、知識檢索及資訊整合能力，重點在於提供即時且準確的回答，適合客服、醫療諮詢及學習輔導等應用。

在知識與推理方面，MMLU 系列被廣泛運用。由於它涵蓋了多種學科與語言的測試題目，這些題目可能涉及常識、生物、物理甚至歷史等領域，因而能夠有效檢驗模型對於世界知識的掌握程度與推理表現。實務上，如果專案需要模型同時具備廣博的常識與某些專業領域的專精，MMLU 的測試結果往往能透露模型在多元知識上是否有明顯的缺口。

由於語言特性的不同，在各個國家的開源專案針對 MMLU 進行了語言上的修正，製作出適應不同語言和文化背景的 MMLU 資料集。例如，TMMLU 和 TMMLU plus 就特別針對繁體中文進行了優化，以更貼近中文語境中的知識與推理需求。而 JMMLU 和 KMMLU 則分別針對日文與韓文進行了處理，讓它們在測試模型時，能更貼近這些語言的特性和使用情境。這些語言版本的資料集進一步拓展了 MMLU 的適用範圍，使其能更全面地檢驗模型在多語言環境中的表現。

另一個被關注的資料集是測試程式碼撰寫能力，代表性 Benchmark 為 Natural2Code。它著重在程式碼生成、錯誤修正與程式邏輯的理解。如果產品或專案需要藉由語言模型自動撰寫或改寫程式碼，則使用 Natural2Code 進行測評能提供寶貴的資料。透過觀察模型在特定程式語言與問題場景下的失誤與表現，也能協助開發團隊為模型進行額外的調整，例如增添 Prompt Engineering 範例或進一步針對程式碼語言進行資料 Fine-Tuning，以提升最終程式碼的可讀性與正確度。

在數學能力測試中，MATH 資料集扮演了關鍵角色。它不僅包含基本算術與代數，更包含較為複雜的符號推理與幾何解題。若模型在這類測試中表現不佳，往往代表對於符號邏輯或多步驟推理還不夠成熟，可能會在需要高準確度的技術應用中遭遇瓶頸。特別是金融或科學計算等對正確性要求甚高的場合，更需要透過這類高難度的測試來評估模型的極限表現。

最後，問答能力在當前大型語言模型的應用中也相當重要，GPQA 即是為了測驗模型的知識檢索與問題理解能力而設計。現實情況下，許多系統需要依賴模

型提供即時且準確的答案,如客戶客服、醫療諮詢或學習輔導等場景。GPQA 不僅考驗模型對於問題語意的理解,也同時測試其能否在資料庫或文件集中迅速擷取並整合正確資訊,以產生高品質的回答。

5.2.3 如何選擇適合的 Benchmark 測試模型

由於每個 Benchmark 都專注於不同的面向,開發者在選擇測試模型時,首要考量便是自身應用場景的需求。如果專案著重在語言推理與專業知識的整合,就可多參考 MMLU 的成績;若開發團隊計畫推出自動程式碼生成功能,則應優先使用 Natural2Code 來檢驗模型對程式語言的掌握度。同時,若系統所需功能涉及多方面能力,如需要問答、程式碼生成以及高精度數學運算,就必須綜合多個 Benchmark 的結果,評估模型在不同維度的強項與弱點。

然而,每個 Benchmark 得出的評分都只能當作參考,真正能讓開發者充滿信心的方式,仍然是將模型放到實際運作環境中進行試驗或小規模的 A/B 測試。透過反覆檢驗、模型微調與修正,開發者才能真正了解模型在真實世界中能否勝任預期的任務。當透過這種「Benchmark + 實務測試」的雙軌策略,便能更全面且深度地認識模型的優勢與限制,從而在部署階段有效降低潛在風險,讓模型在實際應用中發揮更高的穩定性與效能。

5.3 自行準備的資料及評估方式

在深度學習與自然語言處理領域中,模型的發展常仰賴評估機制來衡量其效能與品質。當研究者或開發者為特殊領域設計語言生成系統時,若缺少公有資料集或標準參考集,便需自行蒐集或整理資料,並結合適當的評估方式,才能獲得更具信服力的成果。透過下列不同方式的評估方法,讀者將能更全面地理解如何量化與比較模型在各種應用上的表現。

5.3.1 手動評估方法

人工作為評估模型輸出的重要關鍵,往往能補足自動化指標無法量化的部分,尤其在語意完整度、上下文流暢度或文本創意度等方面,人工評估所能帶來的洞察遠勝於單純的數值指標。當開發者需要評估一個生成模型的文本品質,最直觀的做法便是招募擁有相關背景知識或經驗的專家,請他們根據實際情境來審視生成結果是否符合該領域的標準與需求。

在手動評估過程中,專家往往會根據自身的專業判斷,檢視模型文本是否邏輯清晰、用字遣詞是否得體,以及是否能滿足應用情境下的任務需求。例如,在法律文本生成領域中,專家需要確保生成內容的合規性與精準度;在創意寫作應用中,則需確保文本流暢度與可讀性,使讀者能夠被吸引並理解其意涵。這些評估過程除了能提供定性意見,也可藉由專家間的互相校對來增加評估結果的一致性。

5.3.2 自動化評估方法

由於人工評估耗費大量時間與人力,因此在許多任務中,研究者會利用自動化指標快速衡量模型效能。這些指標可以提供資料上的評分,並讓開發者在調整模型參數或架構時,迅速觀察其性能變化。

在社群上可以看到,由 Twinkle 社群與 APMIC 合作開發的自動化開源測試工具 Twinkle Eval,主要是在提升大型推理模型(Large Reasoning Model, LRM)的測試效率和準確性。該工具透過並行處理測試樣本、多輪測試以及隨機排列選項等功能,實現約 15 倍的測試速度提升,並全面檢驗模型的穩健性。例如,在 tmmlu+ 測試中,傳統工具可能需要半天時間,而 Twinkle Eval 能顯著縮短所需時間。然而,自動化指標在語言生成領域並非萬靈丹,每種度量方法都各有其適用範疇與限制,唯有正確了解這些指標的評分原理與不足之處,才能為模型帶來真正具備參考價值的結論。

Twinkle Eval 工具

在衡量機器翻譯結果時，BLEU（Bilingual Evaluation Understudy）一直是廣為人知的指標。它透過計算生成文本與參考文本之間在 n-gram 層級上的匹配程度，來量化翻譯準確度。對於結構相對嚴謹且用詞較為固定的機器翻譯任務，BLEU 能提供相對可靠的分數，因為在此場景下，字詞或詞組的直接匹配率是檢驗翻譯精準度的重要依據。然而，若文本涉及創意寫作或需要呈現多樣性與同義詞的情境，BLEU 便會顯現其局限性，因為它往往忽略了同義詞的可替代性，也難以評估文本在風格或語意上的變化。

對於摘要生成任務，ROUGE（Recall-Oriented Understudy for Gisting Evaluation）擁有相當高的使用率。它著眼於生成摘要對原文或參考摘要的涵蓋程度，利用重疊字詞來評估生成結果是否保留了關鍵資訊。透過這樣的設計，ROUGE 能在確保核心內容完整性上發揮作用。然而，ROUGE 對句子結構或深層語意的分析力較弱，僅能粗略地比較詞彙重疊率，並無法細膩辨識句子間的邏輯關係或潛在意涵。於是，在需要較多精準解讀的應用情境下，ROUGE 可能不足以提供全面的評估結果。

為了補強 BLEU 在同義詞識別和詞形變化上的缺點，METEOR（Metric for Evaluation of Translation with Explicit ORdering）在計算過程中，納入了詞形變化與語意相似度的考量，使其在英語環境中對翻譯或相近任務提供更有深度的評估。不過，當涉及更複雜的語境或必須考慮句子間脈絡時，METEOR 仍難以掌握文本全貌，尤其在多義詞與跨句關係的判定上，仍需搭配更細緻的人工評估或其他輔助指標。

5.3.3 使用大模型評估小模型能力值

隨著大型語言模型（Large Language Model, LLM）的快速興起，開始有研究者利用大模型的理解與推理能力，來協助評估較小模型的輸出品質。例如，在對話生成或文章撰寫的任務中，開發者可能將小模型的輸出，連同評估指引（如評估標準或維度）一併餵給大模型，請它針對文本的一致性、可讀性與邏輯性等要素進行點評。由於大模型在語意理解上表現相對成熟，這種方法能帶來新的評估方式，更自動化地產生有價值的質性回饋。

然而，使用大模型作為「評審員」也並非毫無挑戰。首先，若該大模型本身並未接受足夠的領域專業訓練，其對特定領域的文本品質與正確性可能缺乏準確判斷。再者，大模型的回應通常是基於機率分布，這意味著評估結果可能存在波動性，必須透過多次評估或引導式提示（prompting）來提高結果的穩定度。最後，如何將大模型的定性意見轉化為可度量的評分，或進一步整合到調參與模型開發流程中，仍需要更深入的探索與實踐。

5.4 閉源模型和開源模型怎麼選

在人工智慧領域中，大型語言模型（LLM）的應用日益普及，開發者面臨著一個重要的選擇：究竟應該採用閉源模型還是開源模型？這兩種模型在特性、優缺點和應用情境上，有明顯的差異；因此，根據專案的實際需求，做出明智的

選擇非常重要。本章節將深入探討閉源模型與開源模型的特性，並提供選擇上的策略建議，協助讀者在專案規劃初期做出最佳決策。

5.4.1 閉源模型的優勢與限制

閉源模型，顧名思義，其原始碼並未公開，使用者只能透過應用程式介面（API）來存取其功能。這類模型通常由大型科技公司或研究機構開發和維護，例如 Google 的 Gemini 系列模型或者 OpenAI 的 GPT 系列模型。閉源模型的主要優勢在於其高度優化的性能。由於開發團隊擁有充足的資源和專業知識，他們能夠投入大量的時間和精力來優化模型的效能，使其在各種任務上表現出色。此外，閉源模型通常伴隨著完整的支援與穩定的服務。開發商會提供完善的文件、工具和技術支援，確保使用者能夠順利地使用模型，並在遇到問題時獲得及時的協助。這對於不具備深厚技術背景的團隊來說，是一大優勢，也因此，若是在初步做 POC 或者在初期使用量沒有那麼大的狀況下，其實閉源模型足夠應付這些狀況。

然而，閉源模型也存在一些限制。首先，其成本較高。使用者需要根據 API 的使用量付費，這對於需要大量使用模型的專案來說，可能是一筆不小的開銷。

舉例來說，根據 Meta 所提供的資料，如果你在自己的 GPU Server 上架設 Llama 4 Maverick，每百萬 token 輸入和輸出的費最多會花費約 0.49 美元，而 OpenAI GPT-4o 每百萬 token 輸入和輸出，則是會花費 4.38 美元，這也印證 Nvidia 執行長所說：「GPU Server 買得越多，省得越多的言論。」

Llama 4 Maverick instruction-tuned benchmarks

Category Benchmark	Llama 4 Maverick	Gemini 2.0 Flash	DeepSeek v3.1	GPT-4o
Inference Cost Cost per 1M input & output tokens (3:1 blended)	$0.19-$0.49[1]	$0.17	$0.48	$4.38
Image Reasoning MMMU	73.4	71.7	No multimodal support	69.1
MathVista	73.7	73.1		63.8
Image Understanding ChartQA	90.0	88.3		85.7
DocVQA (test)	94.4	—		92.8
Coding LiveCodeBench (10/01/2024-02/01/2025)	43.4	34.5	45.8/49.2[3]	32.3[5]
Reasoning & Knowledge MMLU Pro	80.5	77.6	81.2	—
GPQA Diamond	69.8	60.1	68.4	53.6
Multilingual Multilingual MMLU	84.6	—	—	81.5
Long Context MTOB (half book) eng → kgv/kgv → eng	54.0/46.4	48.4/39.8[d]	Context window is 128K	Context window is 128K
MTOB (full book) eng → kgv/kgv → eng	50.8/46.7	45.5/39.6[e]		

Llama 4 評估資訊

（圖片來源：Meta）

其次，閉源模型具有能力與功能的黑箱性。由於整個資料、模型、參數、全中和程式碼不公開，使用者無法深入了解模型的內部運作機制，這使得除錯和客製化變得困難。最後，使用者無法完全自定義模型。他們只能使用開發商提供的功能，無法根據自身需求進行修改或擴展。舉例來說，若專案需要模型具備特定的領域知識，使用者就只能仰賴開發商是否提供相關的模型微調或客製化選項，而無法自行進行調整。

5.4.2 開源模型的優勢與挑戰

與閉源模型相反，通常在開源模型的專案中，模型的權重是公開的，而使用者可以自由地存取和修改。這類模型通常由研究與教育機構、社群或營利單位進行開發和維護，例如 Meta Llama 或 Google Gemma 模型。開源模型最大的

優勢在於自由部署與調整。使用者可以將模型部署在自己地端的伺服器上，無須持續支付 API 費用，就可以透過自己建設好的環境 API 來進行使用，這對於長期且大量使用模型的人，或者需要大量運算的專案來說，可以節省大量的成本。此外，開源模型具有透明的架構與可自定義性。使用者可以深入了解模型的內部運作機制，根據自身需求進行修改、擴展或模型微調，以達到最佳的效能。例如，使用者可以針對特定的任務或領域，使用自己的資料集來模型微調，使其更符合專案的需求。

然而，開源模型也面臨一些挑戰。首先，其**技術門檻較高**。使用者需要具備一定的技術能力，才能有效地使用和維護模型。例如，他們需要熟悉模型部署、訓練、優化和維運管理的相關技術。其次，開源模型對於**訓練與推理資源需求大**。執行大型語言模型需要大量的計算資源，這對於資源有限的團隊來說，可能是一個障礙。以訓練一個大型語言模型為例，可能需要多張高階 GPU 進行數週運算。

為了更清楚地比較開源與閉源模型之間的差異，下表彙整了常見考量因素：

比較項目	開源語言模型	閉源語言模型
可定制性	可自由存取與修改模型架構與權重，方便針對特定應用深入調整	無法存取或修改內部參數，需依賴廠商提供既有介面與功能
硬體需求	訓練與部署需要強大的運算資源，一般需配置 GPU 叢集或雲端計算服務	使用者僅需透過 API，即可利用企業後台的運算資源，無須自行負擔龐大硬體
部署速度	需自行整合、測試與維護，導入期可能較長	可即時使用，廠商提供標準化的 API 或 SaaS 方案，導入期短
長期成本	初始投入較低，但需要長期維護與專業技術人員，成本取決於團隊策略	依功能與流量收費，若使用量大，長期支出可能較高
資料安全	資料可完全掌控在內部，但需要自行確保安全性與合規	資料在廠商雲端處理，可能面臨隱私與合規挑戰

可見，開源與閉源的選擇往往取決於技術資源、專案目標以及商業模式等多重考量。若組織具有資深的 AI 團隊並能投資硬體資源，開源模型通常能帶來更大的彈性與長期優勢；反之，若是尋求立即落地、對語言生成服務有明確需求且願意支付雲端費用，閉源模型則可能是更為穩妥的解決方案。

5.4.3 選擇策略

在選擇閉源模型或開源模型時，最重要的是**根據專案需求**進行評估。以下提供一些考量因素：

- **資源**：若專案預算和時間資源有限，且團隊不具備深厚的技術背景，則閉源模型可能是較佳的選擇，因為你可以根據閉源模型強大的能力來進行專案上的製作。反之，若專案擁有足夠資源，且團隊內有足夠的人力來處理模型的大小事情，或者模型需要高度的客製化和控制權，則開源模型可能會比閉源模型更適合專案。

- **靈活性**：若專案需要快速迭代和調整，且對於模型的功能和效能有高度的要求，則開源模型可能更具優勢。反之，若專案的需求相對穩定，且對於模型的內部運作機制沒有特別的要求，則閉源模型可能更為方便。

此外，**短期與長期規劃**也是重要的考量因素。短期來看，閉源模型可能更具成本效益，因為它們提供了即用型的解決方案，無須投入大量的開發和維護成本。然而，長期來看，開源模型可能更具優勢，因為它們可以節省 API 使用費用，並提供更大的彈性和控制權。因此，在做出選擇之前，務必仔細評估專案的短期和長期需求，以做出最明智的決策。

5.5 如何找出閉源模型適合的專案

想要準確評估閉源模型的能力，往往需要多管齊下的策略，包括仔細研讀官方文件、實際測試並觀察模型在關鍵場景中的表現，以及參考各種公開 Benchmark 進行比較。由於閉源模型無法直接取得核心模型和程式碼邏輯，開發者與技術管理者在選擇此類模型時，必須透過外部可取得的資訊與測試結果，才能較為全面地判斷模型是否真能滿足專案的實際需求。

5.5.1 閉源模型的官方文件與能力描述

在了解一款閉源模型的過程中，官方文件與 API 說明是最初且重要的資訊來源。多數廠商會在官方文件中闡述該模型的適用範疇、主要功能以及使用限制，同時提供相對完整的參數設定說明與錯誤處理規範。閱讀這些說明能幫助團隊確認模型在功能上是否符合專案需求，並能提前預期可能發生的錯誤情況。除了文字說明外，有些閉源模型也會透過公開程式範例或官方範例來展示實際使用情況。這些範例不僅能協助開發者快速掌握 API 呼叫模式與回傳結構，更能提供初步的性能觀察，例如在特定類型輸入下的輸出品質、語言理解能力或推理精確度等。透過閱讀與測試官方範例，團隊能更有效地判斷模型是否具備專案所需的語意處理、文本生成或其他專業功能。

5.5.2 透過測試資料評估閉源模型

然而，官方文件與範例多半聚焦於較理想或典型的使用情境，無法完全反映專案的獨特需求。為了更全面地驗證閉源模型的實際效能，必須建立一組具有代表性的小型測試資料，稱之為 Golden Testing Dataset，並將其中包含的輸入類型或情境儘可能貼近專案預期。透過觀察模型在這些測試資料上的表現，能直接評估在專案關鍵場景下的可行性與穩定度。若專案存在高風險或複雜度較高的任務，如需要處理極端輸入或特殊語言格式，則更應該將這些邊緣案例

（Edge Cases）納入測試，並密切關注模型在此類情況下的輸出是否足夠精確與穩定。例如，如果模型需要能即時地判斷系統狀況或進行錯誤診斷，就必須測試其在資料不完整或含有干擾訊號時的回應能力，從而及早識別出可能的故障風險或瓶頸。

5.5.3 依賴 Benchmark 評估閉源模型

若想要進一步驗證閉源模型的整體實力，可以參考其在各種公開 Benchmark 上的比較結果。這些 Benchmark 通常由產學界共同建立，透過特定的測試資料集與指標，評估模型在自然語言理解、文本生成或語音辨識等不同任務上的表現。若該閉源模型在主流 Benchmark 中取得高分，通常表示它具有相當的通用能力或特定領域的專業優勢。然而，在實際解讀這些分數時，需要特別留意廠商所採用的測試條件、超參數設定，以及是否對外公開所有測試過程與細節。由於不同閉源模型的設計理念與優化方式不盡相同，廠商也可能選擇對其最有利的測試結果進行展示，因此在不同模型之間進行 Benchmark 對比時，必須保有客觀與審慎的態度。只有透過多面向的比較和驗證，團隊才能更全面地掌握閉源模型的真實實力。

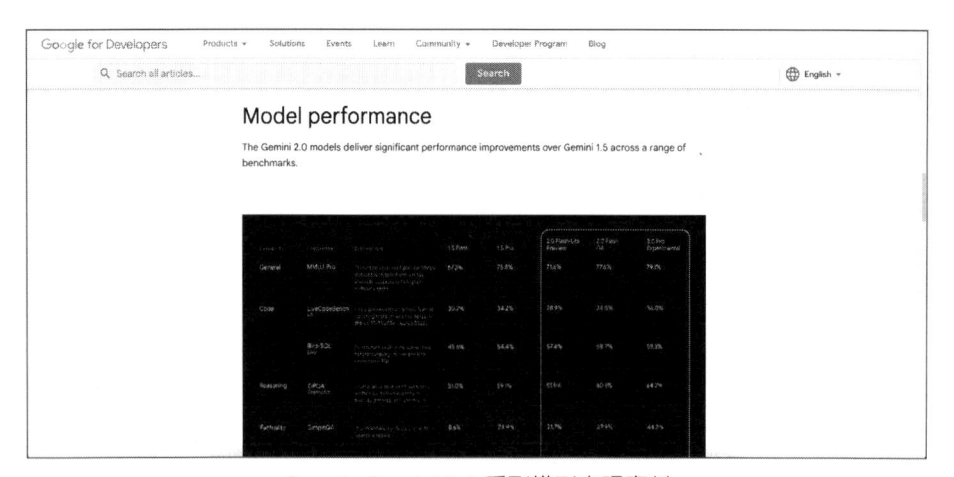

Google Gemini 2.0 系列模型表現資料

5.6 開源模型怎麼評估

相對於閉源模型，開源模型由於模型公開的資訊較為透明，開發者可更深入地瞭解模型內部機制，並進行模型微調的客製化調整。然而，開源模型的多樣選擇也意味著需要耗費更多精力來測試與比對，以選擇最適合專案的版本。此外，在考慮整合開源模型時，必須同時衡量其效能指標、可解釋性、可維護性以及對資源的需求，確保最終的部署與使用都能有穩定且可預期的效果。

5.6.1 模型評估的關鍵指標

在對開源模型進行評估時，首先會關注準確率或精確度等基本指標，藉此判斷它的核心能力是否符合專案需求。當模型需要即時或大規模運算支援時，推理速度與資源需求也變得相當重要，因為如果選擇的模型太大，而機器本身的運算能力無法負荷需求時，可能會導致運行成本大幅增加，或是使用者體驗變得很差。有些專案對於模型的可解釋性與適用範圍有更嚴格的要求，特別是涉及到醫療、金融或公共服務等領域時，監管機構往往需要更詳細的模型決策依據。若開源模型在設計上就具備良好的可解釋機制或可視化工具，便更容易贏得使用者的信任，同時減少日後維運或審查時的困難度。

5.6.2 開源模型的測試方法

為了更精準地檢測開源模型在實際應用情境下的表現，團隊需要特別準備一套能反映專案需求的測試資料集，並結合公開 Benchmark 資料進行客觀的性能驗證。若企業內部擁有標註完整且多元的資料，就能更直接地評估模型預測結果的可行性。在測試流程上，往往會先進行基線性能測試（Baseline Testing），以瞭解模型在預設狀態（如官方參數設定或預訓練權重）的表現，再逐步透過調整超參數或進行模型微調（Fine-tuning），觀察效能是否有所提升。若測試發

現模型對於特定資料類型或語言結構並不敏感，則可能需要引入其他技巧，例如增量學習、少量標註或使用自訂 Tokenization 策略，以在不大幅增加訓練成本的前提下，補足模型在該領域的不足。

5.6.3 評估工具與框架

在執行開源模型的評估時，應善用已有的工具和框架，以提高團隊的工作效率並減少人為錯誤。HuggingFace Evaluation Python 套件庫 提供了即拿即用的評估模組與多樣化的測試資料集，能協助團隊快速驗證模型在不同指標上的表現，也可利用該套件直接比對多款模型或多種調參結果。MLflow 則能協助管理與追蹤模型的版本與測試過程，從輸入資料、參數設定到輸出指標，都可在同一系統中集中管理，確保團隊成員隨時可以回溯或對照過去的實驗記錄。若需要大規模進行自動化測試或跨模型比對，也能搭配自動化測試框架，批量執行不同版本的模型，以快速收集並比對結果，找出在各指標上表現最優異的解決方案。

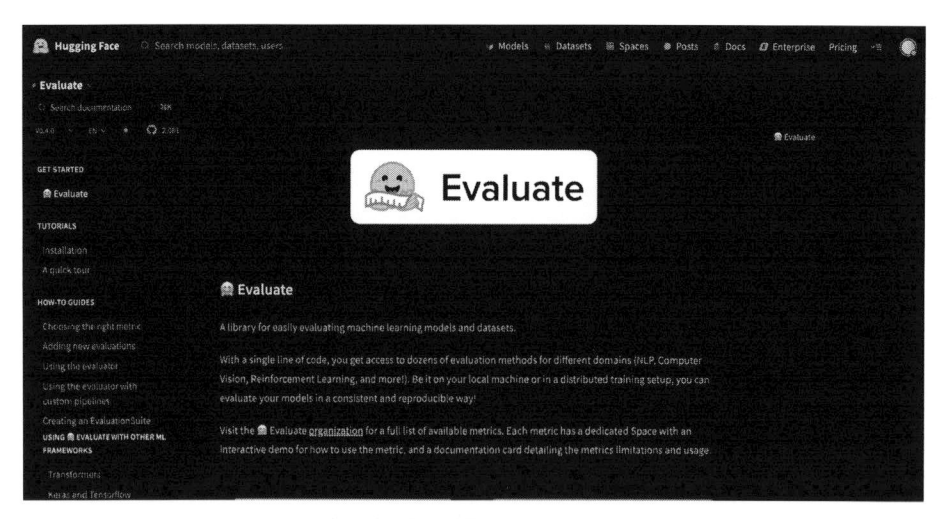

HuggingFace Evaluate Library

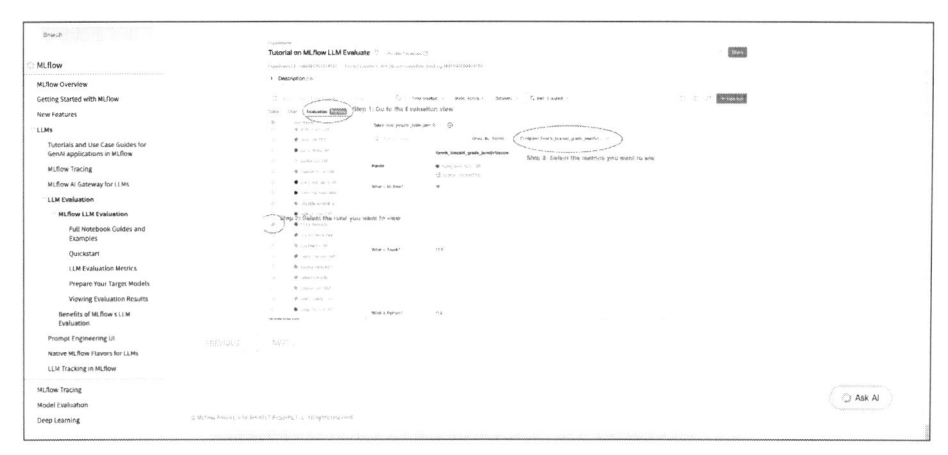

MLflow - Tracking LLM Model Evaluation

（資料來源：MLFlow 官方文件）

5.6.4 特殊場景的開源模型測試

開源模型在多語言處理與嵌入式應用等特殊場景時，往往必須做更深入的調整與測試。多語言任務不僅要求模型的詞彙覆蓋範圍廣，更需注重各語言在語序、文法或文化脈絡上的差異。若模型在多語言情境下的準確度或流暢度不足，便可能需要考慮進一步蒐集跨語言資料，或採用能整合詞彙對齊與上下文語義的特化模型。至於對於需要在邊緣裝置或低資源環境部署的應用場景，檢測模型的推理速度與記憶體使用情況更是首要之務。若模型參數量過大且無法有效進行壓縮，就可能造成部署困難或無法即時回應的問題。此時，常見的解決方案包括模型剪枝、量化與知識蒸餾等技術，用以在不犧牲過多性能的情況下，顯著降低模型的運行開銷。透過這些策略，開發者能夠在功能與資源之間取得平衡，滿足多樣化的專案需求。

5.7 本章小結

本章從不同層面探討了模型選擇的重要性、Benchmark 資料集的應用與侷限，以及自行準備資料與評估方式，最後也針對閉源與開源模型的特色及評估方法進行了比較。總結來說，模型的選擇對於專案的成功與長期維運影響深遠，開發者除了要關注準確度等常見指標外，也需要全面考量專案目標、資源成本和未來擴充性的需求。

在評估模型效能時，Benchmark 資料集雖提供了客觀指標與可量化比較，但真實場域通常更具多樣性與不確定因素，因此必須搭配小規模實驗或自行蒐集、整理的測試資料，才能獲得更準確的評估。另一方面，評估方式不僅侷限於自動化指標，人工評估與大模型協助評估也能彌補自動化度量在語意理解、文本創造力等方面的不足。

在面對閉源模型與開源模型的選擇時，須考量專案資源、時間、技術能力與長期維度等因素：

- 閉源模型通常擁有高優化的性能與完善的支援，但長期使用的成本偏高、客製化彈性較為不足。
- 開源模型則提供較大的可調整空間與長期成本優勢，唯部署與維護的技術門檻較高、運算資源需求較大。

不論選擇何種模型，都需要在部署前進行充分的測試與驗證，包含根據專案需求打造代表性的測試資料集、參考多種 Benchmark 分數並謹慎解讀，以確保所選模型在真實應用中能穩定運行、有效達成專案目標。藉由權衡短期導入成本與長期維運彈性，並落實評估、監測與不斷調整，才能讓模型真正發揮價值，帶動專案的持續成功與發展。

第六章

生成式人工智慧模型即服務的方法

在此章節，你將會獲得：

學習重點	說明
GenAI 模型即服務的概念與架構理解	你將深入了解 GenAI Model as a Service（GenAI MaaS）的核心理念，認識如何透過雲端或在地服務的形式，簡化生成式 AI 模型的部署與運行，並掌握其架構中的重要組件如模型推論引擎與資源管理層，如何協助動態分配運算資源以滿足各種需求。
GenAI MaaS 在應用與管理上的優勢與實踐策略	你將學習到如何運用 GenAI MaaS 提升企業的研發效率與靈活性，包括快速切換模型、降低長期運算成本以及在資料隱私與安全需求下部署模型的最佳實踐方式，並了解其如何促進企業創新應用的快速落地。
生成式 AI 的部署與安全維運要點	本章詳細說明生成式 AI 模型的部署流程與維運關鍵，包括硬體資源規劃、模型測試與優化，以及對抗樣本攻擊、資料加密與生成內容監控的安全性與隱私保護策略，幫助讀者建立對技術應用全生命周期的全面認識與管理能力。

6.1 生成式 AI 即服務（GenAI Model as a Service）介紹

6.1.1 生成式 AI 即服務定義與基本概念

生成式 AI 即服務（GenAI Model as a Service，以下簡稱 GenAI MaaS）是將生成式人工智慧模型部署至雲端或地端伺服器的服務方式，提供開發者、企業或一般使用者所需的模型推論能力。過去在部署人工智慧模型時，往往需要繁複的技術整合作業，包括環境配置、框架選擇、模型管理與更新等，讓許多開發者與企業在進行專案時不僅要考慮技術門檻，也要顧及佈署與維運成本。而 GenAI MaaS 的核心理念，即是透過將生成式模型部署在可擴充且彈性的服務架構上，讓使用者只需透過 API 和 UI 介面，便能輕鬆存取並執行模型運算作業。這種服務模式除了有效降低硬體與基礎架構的負擔，也能讓開發者在專案初期就快速試驗各種深度學習技術，更敏捷地將創新應用導入市場。

在閉源模型中，GenAI MaaS 的管理與維護多由服務提供者或專門團隊處理，像是 Google 或者 OpenAI 等服務單位，使用者即可專注在演算法設計、資料蒐集、應用開發與產品迭代等更具價值的環節。特別是在生成式 AI 模型的領域，使用者可透過這類服務快速接觸最新版本的語言模型、圖像生成模型或多模態模型，並在企業或研究中進行多元應用。在此同時，部分 GenAI MaaS 平台還會提供如模型訓練或模型微調的額外功能，讓使用者在既有的基礎上調整與增強模型的效果，而不必自行購置昂貴的運算資源或花費大量人力維運模型。這種模式在多數情境下能帶來極大的成本效益與研發靈活度。

6.1.2 生成式 AI 即服務架構

以下是生成式 AI 即服務的架構圖，裡面包含著模型服務與應用服務之間的互動方式。

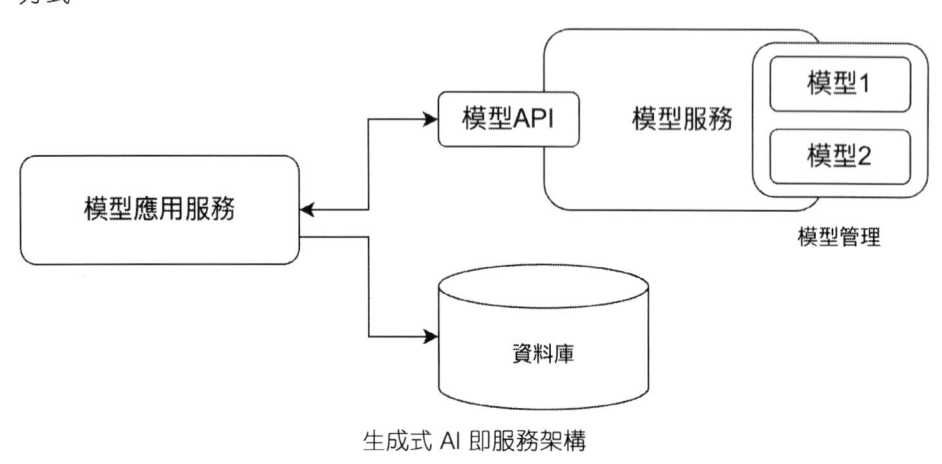

生成式 AI 即服務架構

在大多數的 GenAI MaaS 架構中，最核心的功能是模型服務，透過容器化或虛擬化技術進行封裝。使用者端的請求無論是來自模型應用介面（例如說：Web Browser, App）還是後端 API，最終都會傳遞到這個推論引擎，並根據指定的參數（例如人類提示 Prompt、環境參數或特殊規則）產生對應的輸出。這個推論引擎通常與一個資源管理層相結合，用來動態配置 GPU、TPU 或其他運算資源，以確保在高併發或高資料量的環境下也能維持穩定效能。資源管理層同時會負責監控系統負載、記錄使用者的模型請求狀況，並在必要時進行自動伸縮，讓整體服務得以因應尖峰使用量或多樣化應用需求。

在此架構中，資料儲存與模型管理是另一個重要環節。為了確保模型版本的正確性與一致性，通常會在資料庫或版本控制系統中妥善保存每個模型的權重、配置檔與元資料。當服務提供者需要更新模型或修正已知問題時，可以透過熱更新（Hot Swap）或版本切換等方式在不影響服務的情況下進行升級。同時，許多 GenAI MaaS 也會整合各種分析與監控機制，藉由蒐集使用者行為、模型輸出結果與運算資源使用狀況的相關資料，進一步優化模型效能與服務品質。

最終，這樣的架構能讓各種類型的使用者從中獲益，在有效降低研發門檻的同時，也讓人工智慧技術得以更大規模地落地應用。

6.2 讓 GenAI 模型服務化的好處

在企業或組織開始部署生成式 AI 技術時，最常見的疑惑在於該如何使用與管理這些模型，才能同時兼顧長期彈性與即時效益。將 GenAI 模型以服務（as a Service）的形式部署，便能大幅降低建置門檻，並且提供一個更具彈性與擴展性的環境。透過將模型服務化，企業不僅可以快速整合外部資源，也能在必要時自行打造與調整內部基礎設施，滿足特定領域的應用需求。

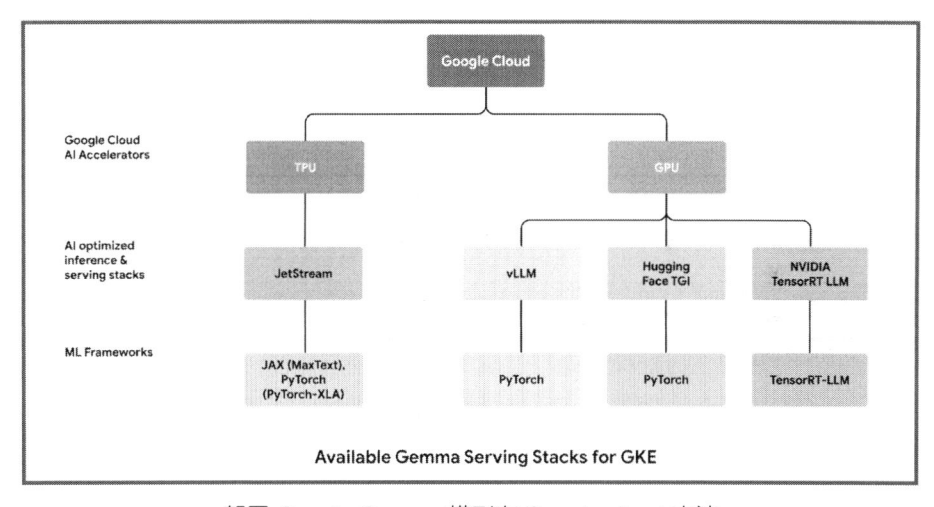

部署 Google Gemma 模型在 Google cloud 方法

（資料來源：Google）

實際上，GenAI 模型在各種場域都需要因應不同的資料類型、運算資源條件，以及策略性目標而有所調整。若僅憑一套單一模型或是侷限於固定的閉源服務，很可能限制了組織的發展空間。反之，將這些模型以服務形式進行標準化與抽象化，便能同時串接商業雲服務、內部自建運算環境，甚至自行開發附加

功能或演算法模組，最終打造更強大的整體數位生態系統。以下幾個面向，將說明此種服務化設計的各種好處與關鍵考量。

6.2.1 靈活選擇與替換生成式 AI 模型

在實際操作上，不同生成式 AI 模型通常具有不同的特色與限制。有些模型可能擅長處理較為複雜的文字生成工作，能生成行文流暢的文章；另一些模型則更適合專門的圖片合成或多模態應用。將這些模型以服務化的方式統一管理與提供，意義在於能隨時依據專案進度與任務需求，迅速切換或更換模型供應商。

若企業先採用成熟且功能完整的閉源模型，能迅速上手並取得有效成果，並在研發過程中積累對業務需求與模型表現的理解。待時機成熟後，企業也可導入開源模型來搭配既有資源或配合專門定製之硬體設備。如此一來，組織可在產業變動或技術革新時，減少因只能倚賴單一模型而造成的被動風險，更能及時掌握最新研究趨勢，確保解決方案能長期保持技術領先與適用性。

6.2.2 減少提供給模型廠商的資料量

在使用第三方生成式 AI 模型時，必然會面臨到企業內部資料被外部模型廠商存取的疑慮。尤其對於涉及高度機密或極具商業價值的資料，加密與權限控管雖然是必備措施，但終究仍存在被外流或被不當使用的潛在風險。藉由將模型服務化，企業可以在本地端或私有雲環境部署關鍵運算流程，並透過最小化資料輸出的方式來進行模型推論，進而顯著降低敏感資訊外流的可能性。

此外，對於許多講究資料隱私的產業（例如金融、醫療、政府機關），此種服務架構提供了一種在法規與合約上更有保障的選擇。企業可以保有核心資料的完整控制權，透過和模型服務的介面做嚴格區隔，把演算法需要的部分資訊以匿名化或加密的方式輸出，再由模型完成運算並將結果回傳給企業。這種做法不僅能符合隱私和法規遵循的需求，也能確保組織在更換或擴充供應商時，不必大幅修改資料儲存和保護策略。

6.2.3 長期成本效益：自建模型的優勢

初期導入生成式 AI 模型服務時，選用雲端方案或第三方服務，往往能大幅縮短部署時間，按需付費。然而，一旦組織開始依賴這些模型服務進行大規模運算或長期產品研發，雲端使用費用便持續攀升，在無形中加重成本負擔。若企業具備較長遠的技術規劃並且量能足以支撐，便可以考慮將部分模型在本地端自建或採用混合式部署，藉由攤提硬體設備與基礎設施的成本來取得長期效益。

更重要的是，自建模型能為企業提供更高的可控性。舉例來說，若企業擁有特別領域的專業資料，便可使用專業領域語料或訓練檔案，量身打造專屬的生成式 AI 模型，不僅在結果精度上更貼近業務需求，也能在資料安全性上掌握更高的主動權。透過本地端的自主管理、再訓練與模型微調，企業能確保所構建的系統更加符合自身產業環境的要求，並真正達到降本增效的目標。

6.2.4 提高彈性與擴展性

在多數真實商業情境中，生成式 AI 的使用量往往會隨著市場需求、行銷活動或產品發佈而呈現高峰與低谷的變化。若將 GenAI 模型服務化，便能透過動態調整運算資源、容器化部署等方式來應對高峰期的用量暴增，同時在需求較低時減少資源占用。這種自動調整能力，不僅在經營成本上更具彈性，也能防止在關鍵時刻因資源短缺而導致的服務中斷或效能下降。

同時，彈性與擴展性也體現在模型更新與新功能的導入。由於生成式 AI 領域的研究速度飛快，若部署方式無法及時因應新技術或新硬體的優勢，系統可能很快被市場淘汰。反之，利用服務化的架構，企業能夠持續觀察並評估各類新興技術，並以模組化或容器化的方式將其整合至既有平台，確保每次升級都能帶來相對穩定與有效的性能提升。長期而言，這種靈活性能協助企業在競爭激烈的市場環境中保持領先地位，也使得組織能更從容地進行數位轉型或跨領域的技術探索。

6.3 Ollama GenAI MaaS 工具介紹

6.3.1 介紹 Ollama 工具

Ollama 是一款針對生成式人工智慧模型所設計的工具，能夠將主流的生成式 AI 模型以更簡潔的方式部署與執行。它的開發目標在於讓使用者在地端的環境中更輕鬆地進行大語言模型、圖像生成模型等多元應用，尤其適合個人開發者與小規模專案。透過 Ollama，許多複雜的模型管理與整合工作被封裝在相對易於理解的流程中，使用者只需掌握基本的指令與設定，就能快速在本機端或伺服器端完成模型部署。這種易用性與彈性，也意味著在企業或研究團隊中，開發者能夠以更加敏捷的方式進行原型設計與實驗，並在確定可行後更順利地接軌至大型生產環境或雲端服務。

Ollama Website

除了通用的模型部署功能之外，Ollama 也針對客製化需求提供了某些擴充能力，使得使用者能在標準框架之上進行參數調整或模型微調。對於需要特殊資料處理流程或專案需求的情境，Ollama 讓開發者能藉由簡單的介面或指令來打造個性化的 AI 解決方案，不僅縮短開發時程，也提升整體維運效率。在當前競

爭激烈且多元的 AI 產業中，Ollama 以其易部署、易擴充與社群支援度高的特點，成為 GenAI MaaS 生態系裡值得留意的工具之一。

6.3.2 如何開始使用 Ollama

Ollama 提供一套簡化的命令列工具，讓使用者能夠在本機環境中快速部署與運行大型語言模型。以下步驟說明了從安裝到模型測試的全流程：

1. **下載與安裝**

   - 下載用戶安裝包：請至 Ollama 官方網站下載符合作業系統（macOS、Windows 或 Linux）的安裝包。

   - 安裝完成後，於終端機執行 ollama -v 確認版本資訊，確保軟體正確安裝。

2. **啟動本地服務**

   - 開啟終端機，執行以下指令以啟動 Ollama 服務：ollama serve。

   - 預設情況下，Ollama 會於本機 11434 端口啟動 API 服務。可在瀏覽器中輸入 http://localhost:11434 進行連線測試，確認服務已成功啟動。

3. **拉取與運行模型**

   - 使用 ollama run 指令下載並啟動所需模型。例如，要運行預設的 Gemma 3 模型，可執行：ollama run gemma3。

   - 第一次執行時，Ollama 會自動下載對應模型並初始化運行。完成後，可透過 ollama list 檢查目前已下載並可用的模型清單。

4. **客製化設定與參數調整**

   - 根據實際應用需求，可透過命令參數調整模型行為，例如設定上下文長度、最大 token 上限或溫度參數。

- 如需變更預設配置（例如指定模型存放路徑或調整服務綁定地址），可設定相應環境變數（如 OLLAMA_MODELS 與 OLLAMA_HOST），以符合企業部署規範。

5. 應用整合與快速原型驗證

    - 在模型測試成功後，可將 Ollama 提供的 API 介面整合到現有系統或開發新應用。此舉可大幅降低原型設計時間，並在初步驗證後迅速推展至生產環境或雲端服務。

透過上述步驟，企業與開發團隊能夠以敏捷且具成本效益的方式在本地環境中部署大語言模型，快速進行原型驗證並逐步過渡至更大規模的生產環境。

6.3.3 Ollama Embedding：可以將人類語言轉譯成機器語言

Ollama 不僅能夠進行文字生成或對話回應，也提供了嵌入（Embedding）功能，能將人類語言轉譯成向量形式的機器語言表示。這種表示方式能在資訊檢索、語意分析或推薦系統中發揮重要作用，因為透過將不同句子或單字映射到向量空間，可以直接計算它們之間的相似度，進而協助系統更加準確地理解與處理人類語言。這對許多自然語言處理工作來說意義重大，例如文件分類、內容搜尋或個人化推薦等，都能透過 Ollama Embedding 來進一步優化使用者體驗。

在實務操作中，開發者通常會先以 Ollama 指令呼叫預先訓練好的模型，並將輸入文本經由模型轉化為高維度向量。接著，這些向量可被儲存到資料庫或向量索引系統中，並在需要搜尋或相似度計算時進行即時比對。由於 Ollama 的嵌入過程對於多種語言與文本長度具有彈性與相容性，開發者得以在同一架構下整合各式內容，並以此進行更進階的文字分析、智慧客服、智慧回答系統等多元應用。透過 Ollama 提供的 Embedding 能力，GenAI MaaS 的應用場景得以大幅擴張，使得各種創新想法能更快速實踐並落地。

6.4 生成式 AI 模型的部署與維運

生成式 AI 模型的部署與後續維運必須在硬體資源、軟體平台、系統穩定性與可擴充性間取得平衡，面對參數規模持續擴大與應用情境日益多元的現況，缺乏完善的部署策略與維運機制將直接導致效能受限、資源浪費乃至意外停機。為此，從環境準備、模型載入與測試，到資料收集及優化，每一環節均需嚴謹規劃與執行，並在上線前對硬體資源進行充分評估，特別在不同規模大小的模型，GPU、CPU 與系統記憶體的合理配置至關重要。後續維運工作不僅在於確保模型持續產出預期結果，更要求隨時調整系統負載策略，透過持續優化與更新模型來維持各領域應用的高準確度，唯有在建立完整部署機制與系統性維運流程後，才能確保生成式 AI 模型長期運行的可用性與穩定性。

6.4.1 部署過程

在進行部署之前，首先需要審慎評估硬體資源是否足以支援模型正常運行。由於等模型的參數量級各不相同，若要在推論階段維持良好表現，GPU 記憶體的容量與運算效能便成為關鍵。例如，面對 70B 這類龐大模型時，單台 GPU 的記憶體往往無法滿足需要，必須採用多顆 GPUs 或分散式架構。若是在雲端平台部署，則可以考慮選擇擴充性較佳的虛擬伺服器，並以自動化工具動態調整 GPU、CPU 與網路資源，使其能對應即時需求。

接著，在完成硬體與平台配置後，便可進行模型載入與測試。此步驟的目的在於驗證模型在實際運行環境中的推論表現，同時也能測試系統穩定度。若在初步測試中發現推論速度不佳、結果錯誤率偏高或資源消耗過量，就需立即回頭調整參數設定或進行較適切的模型壓縮與優化策略。最後，在部署階段還應建立持續收集資料的機制，將使用者回饋或真實運行中的輸入輸出資料進行保存與整理，作為後續模型微調與功能擴充的重要依據。若未能長期追蹤與分析使用者行為，未來即使想要進行精準優化，可能也會受限於資料不足而無法達成。

6.4.2 持續維運的關鍵

完成部署後,模型的更新與調優是持續維運中不可或缺的一環。隨著業務需求變化以及新資料的產生,若僅依賴原本訓練好的模型,極可能出現推論效果逐漸下降的情況。此時,透過蒐集到的新資料進行模型微調,或根據真實案例進行模型裁剪與強化訓練,都能讓生成式 AI 模型保持在較佳的狀態。同時,如果模型持續學習到新領域知識,則能快速應對市場或應用場景的變動。此外,面對新科技與研究成果,企業也能考慮升級至更先進的模型架構,或搭配其他工具,讓整體系統維持競爭優勢。

在維運過程中,更需要時時監控系統的效能指標,包括 GPU 與 CPU 的負載比例、記憶體使用量以及推論延遲等。若發現伺服器資源無法應對使用量暴增,就需適時擴充硬體或切換至更高階的雲端方案,保證系統穩定度。反之,若長期處於過度閒置狀態,可能會導致營運成本過高,甚至影響服務收支平衡。此時就需進行成本效益分析,依照使用者的流量模式與業務需求調整資源配置,讓生成式 AI 模型的部署和維運更符合實際成本考量,也能確保在任何需求峰谷階段都擁有足夠且彈性的運算能力。

6.5 生成式 AI 模型即服務的安全性與隱私考量

在提供「模型即服務」的模式下,生成式 AI 不僅扮演技術支援的角色,同時也涉及大量的資料交換與用戶互動。由於服務供應商與使用者之間常常需要透過網路傳遞機密訊息或敏感資料,因此在安全性與隱私保護方面,務必建立一套嚴格且合規的防護措施。從避免模型被惡意利用,到防範機敏資料遭竊取,每一個環節都需有相對應的策略與執行方針。

除了基本的身份驗證與資料加密，模型生成的內容本身也可能引發潛在的道德與法律風險。若生成結果含有偏見、不當資訊或甚至侵害他人隱私，就可能為服務供應商帶來法規上的重大挑戰。因此，從安全防護機制到隱私保護，再到道德與法律規範，建立多層次且深度的防禦與管理體系，不僅是技術問題，更是使模型應用落地、合法且獲得信任的關鍵所在。

6.5.1 安全性問題

在生成式 AI 的服務化發展過程中，對抗樣本攻擊成為極具威脅性的安全議題。若攻擊者蓄意投入特定惡意資料，並藉此誘導模型產生錯誤或偏頗的回應，可能直接影響決策流程或導致內容失真。為了強化防禦，可考慮在模型訓練或推論管線中加入檢測對抗樣本的機制，或搭配額外的安全監控模組，及時攔截與分辨可疑輸入。

另一個常見的風險在於 API 訪問控制與身份驗證。由於生成式 AI 模型通常會以 API 形式對外提供服務，若缺乏嚴謹的驗證流程，惡意用戶可能進行過度或惡意調用。為防範此情形，可以採取帶有限流與憑證管理的方案，確保每一次訪問都能正確辨別用戶身分與需求，也能掌握服務的使用紀錄。一旦產生可疑行為，應有完善的機制立即停止該用戶的存取，並同時啟動進一步的安全調查。

6.5.2 隱私保護

在保護隱私方面，處理包含個人資訊或商業機密內容的資料時，往往需要考慮更多加密與匿名化的技術手段。若將關鍵欄位或高敏感度的部分加以動態遮罩，能在不影響訓練與推論效果的情況下，減少使用者資料外洩的風險。此外，透過同態加密或差分隱私等更先進的方式，還能在雲端或多方協作的環境中維持更高等級的保護，確保任何單一維度的資料都不易被逆向還原到個人身份。

除了在傳輸和儲存層進行強化防護，也應謹慎設計資料流轉的路徑與存取權限。例如，可以將原始資料與處理後的結果分離儲存，並在內部系統中進行嚴格的權限分級，確保只有特定角色或服務才能存取特定領域的資訊。如此一來，即便外部遭受惡意入侵，也能大幅降低資料洩露的範圍與影響。同時，必須定期檢視並更新隱私保護機制，跟上最新的法規要求與技術演進。

6.5.3 道德與法律風險

生成式 AI 在內容產生上具有極強的自由度，若未設定有效的篩選或監控機制，便可能無意間創造出不當或具偏見的敘述。舉例而言，若模型在微調時接觸到不平衡或偏頗的資料集，便可能在回答問題時帶有差別待遇、歧視或扭曲的價值觀。此類情況不僅對使用者造成誤導，更會引發公眾對於 AI 技術的質疑。為此，在建置生成式 AI 的服務前，先以合理的資料清理與標記機制進行管控，再於模型推論階段加入對內容的動態檢測，將不良資訊阻擋或加以提示，才能最大限度地降低此類風險。

另一方面，模型生成的內容若涉及版權、商業機密或個人隱私，服務供應商就需對相關責任歸屬做出明確界定，並遵循所在國家及目標市場的法律規範。若因內部管理鬆散而被指控侵害智慧財產權或違反隱私法規，後續不僅面臨高額的賠償或罰款，更可能影響企業的信譽與市場地位。因此，在導入生成式 AI 作為服務時，從合法的資料來源、嚴謹的合約條款到應用程序端的內容監管，都應做好全方位的風險控管措施，如此才能實現真正的安全合規與負責任的 AI 應用。

6.6 本章小結

本章深入探討了生成式 AI 模型即服務（GenAI MaaS）的概念、架構與應用價值，並強調其在降低部署門檻、提升彈性與降低長期成本上的多重優勢。透過將生成式模型標準化與服務化，企業能夠輕鬆接入最新的生成式 AI 技術，快速試驗創新應用，同時保持對敏感資料的安全控制。此外，GenAI MaaS 的靈活架構使得使用者能根據需求隨時切換模型、模型微調功能，並以高效的資源管理應對市場需求的變動。這種方式不僅簡化了生成式 AI 模型的使用流程，也為多樣化的業務場景創造了更多可能。

在具體的實踐與維運層面，從硬體資源評估到模型的更新與優化，本章提供了一套可參考的部署策略，並對安全性與隱私保護的重要性進行了闡述。隨著生成式 AI 應用的迅速普及，從模型訓練資料的清理、生成內容的監控到法律合規的規範，都成為確保技術合法落地的關鍵。透過落實多層次的防護與管理機制，企業不僅能提高生成式 AI 的應用效能，還能有效應對潛在的技術與商業風險，進一步鞏固其市場競爭力。

Note

第四部分

透過 DevOps 進行生成式 AI 專案的流程再造

第七章

DevOps 與 MLOps 簡介

| 第四部分 | 透過 DevOps 進行生成式 AI 專案的流程再造

在此章節,你將會獲得:

學習重點	說明
DevOps 與 MLOps 的核心理念與價值	瞭解 DevOps 與 MLOps 的起源、發展背景,以及如何在現代軟體與機器學習專案中,透過自動化與跨團隊協作加速交付過程並提升品質。
MLOps 的特點與挑戰	深入學習 MLOps 的工作流程,包含資料工程、特徵工程與模型訓練、模型部署與監控等階段,並認識資料版本管理、重新訓練模型與資料漂移等實踐過程中的關鍵挑戰。
實現 MLOps 的工具與框架選擇	掌握如 Kubeflow、MLflow 等主流框架在資料治理、工作流自動化及模型管理中的應用,並了解如何根據專案需求選擇最適合的技術解決方案。

7.1 DevOps 與 MLOps 介紹

在軟體工程領域中，如何快速且高品質地交付產品一直是極具挑戰性的重要課題。隨著企業對數位化轉型的需求日益提升，軟體開發的範疇與應用範圍也不斷擴大，進而催生了各種方法論與工具。DevOps 與 MLOps 正是在此背景下應運而生，並在近年來成為備受業界關注的實踐模式。前者是由敏捷方法論演化而來，強調軟體開發與維運的整合與協作；後者則是在機器學習的脈絡中，進一步將資料與模型的全生命週期管理納入考量，為 AI 專案的成功提供支援。本節將先探討 DevOps 的起源與核心概念，接著介紹 MLOps 如何以 DevOps 為基礎，強化人工智慧與機器學習專案的可持續與高效交付。

7.1.1 DevOps 簡述

DevOps 的概念最初源自於敏捷（Agile）開發方法論，也就是強調跨功能團隊緊密協作並採用快速迭代的開發模式。在此基礎上，開發者與維運人員進一步發現，自動化的流程與即時的溝通能顯著縮短軟體上線時間，並有效降低出錯風險。這使得 DevOps 逐漸成為一套全面的實踐框架，強調從程式碼撰寫、版本控制到部署與維運的緊密整合。伴隨著雲端服務與容器技術的成熟，許多企業開始在專案開發流程中落實 DevOps，以因應快速變動的市場需求。

在核心概念方面，持續整合（Continuous Integration, CI）與持續交付（Continuous Delivery, CD）是最為人所熟知的兩大支柱。持續整合意味著在開發過程中，程式碼應頻繁地合併到主分支，並經由自動化測試立即驗證其正確性。如此一來，團隊能夠及時發現程式碼衝突，並透過快速修正維持專案的高品質。而在持續整合的基礎上，持續交付進一步將軟體自動部署到不同測試或生產環境中，確保整個交付流程能快速且可控地進行，最終達成快速回應使用者需求的目標。

透過落實上述核心概念，DevOps 能有效縮短軟體開發周期、提高產品品質並加快交付速度。運用自動化工具與流程，開發者能專注在功能的實作與優化，同時也能及早發現並解決系統潛在缺陷。團隊不僅能以更高效的方式協同作業，也能更具彈性地因應市場與用戶需求的變化。對任何希望在當代軟體工程領域脫穎而出的團隊而言，DevOps 都是一個值得深入研究與落實的重要實踐方向。

7.1.2 MLOps 簡述

在機器學習與深度學習應用日趨普及的今日，如何有效管理從資料收集到模型部署的整個流程，已成為企業與研究機構共同面臨的挑戰。MLOps（Machine Learning Operations）即是針對此需求所衍生的實踐模式，其核心精神在於將機器學習的開發與部署流程，融入類似 DevOps 的方法論與工具之中。它強調自動化、協作以及對整個專案生命週期的深度掌控，讓資料工程師、資料科學家與開發人員能在同一個框架下高效協同作業。

MLOps 的實踐涵蓋了許多層面。首先，在資料管理部分，團隊需要確保資料的完整性與品質，並透過版本控制與流水線機制來追蹤和管理資料集。其次，模型開發過程中，需將模型版本與所使用的參數進行一致的版本控制，以便重現和比對不同版本的模型表現。從模型訓練到評估、挑選與最終部署，每個階段都應落實自動化與標準化的流程，讓研發團隊能更便捷地針對新需求或新資料迭代模型。當模型正式部署到生產環境後，也必須持續監控其效能，包括精度、召回率或其他指標，並在偵測到概念漂移（Concept Drift）時，及時更新或重新訓練模型，以確保系統持續運作在最佳狀態。

藉由上述方法，MLOps 能夠讓機器學習專案在效率和可靠性上獲得長足進步。自動化的機制大幅減少了繁複的手動配置與測試，使得團隊可以將更多精力集中在演算法優化與業務價值提升上。此外，統一的管理框架也有助於在跨部門協作中維持資訊流通與作業規範，進而加速專案的交付速度與品質。然而，

MLOps 仍面臨諸多挑戰，例如工具與平台的高度多樣化、對軟體工程與資料科學的跨領域知識要求，以及生產環境中動態變動的情況等。因此，在導入 MLOps 之前，團隊需要完整評估現有的技術堆疊與人員配置，以規劃合適的整合方案與落地策略。

綜觀而言，MLOps 作為機器學習專案的全方位整合實踐，從資料處理、模型開發到生產監控的每個環節，都提供了一套可重複、可擴展且可維護的流程。對組織而言，這樣的架構能顯著提升開發效率並確保模型的準確度與穩定度，特別是面對大規模生產級應用時更具關鍵性。在接下來的內容中，我們將延伸至 LLMOps 的討論，說明如何在生成式 AI 的脈絡中，進一步運用 MLOps 的核心概念來強化專案管理與營運成果。這將為那些希望在生成式 AI 領域取得成功的團隊，提供更加全面且具操作性的實踐指引。

7.2 DevOps 的核心理念與流程

在現代軟體開發環境中，持續整合（Continuous Integration, CI）與持續交付（Continuous Delivery, CD）已成為不可或缺的核心流程。這兩個概念所組成的整體自動化管道，不僅能讓團隊以高速率導入新功能與修正錯誤，也能降低發布到生產環境時可能面臨的風險與複雜度。由於軟體開發的迭代週期愈來愈短，如何在最短時間內完成構建、測試與部署便成為能否快速回應市場需求的關鍵。以下將分別探討持續整合與持續交付的核心原則、實踐方式以及常見工具，協助讀者建立對 DevOps 流程的整體理解。

7.2.1 持續整合（CI）

持續整合強調開發者應經常性地將功能程式碼合併至主線倉庫，並在每次提交後自動執行測試與構建。這樣的做法能避免開發者各自維護過多分支而產生難以解決的合併衝突，同時也能及早發現程式碼之間的相依問題。當代團隊往往

利用版本控制系統（例如 Git）來集中管理程式碼，並透過自動化構建與測試確保每次提交都能穩定運行。

在實務操作中，頻繁提交是促進 CI 成功落實的關鍵。開發者若能在完成小功能或修正後就馬上合併至主線，便能迅速透過自動化測試檢驗程式碼品質，並在出現錯誤時第一時間獲得回饋。由於大多數自動化測試系統都會生成測試報告，開發者可以透過這些報告精準定位並修正問題。此外，持續整合也能避免在專案後期才發現程式碼嚴重衝突，導致不得不花費大量人力將不同功能分支進行合併的風險。

7.2.2 持續交付（CD）

經過 CI 的多重測試後，開發團隊通常會希望能夠自動將功能或修正部署到生產環境，而這正是持續交付（CD）發揮作用的時刻。CD 的目標在於確保每一個透過 CI 檢驗後的版本，皆可以隨時快速地發布。也就是說，從程式碼提交到最終上線，所有步驟都被整合到一條自動化管道中，確保在最短時間內完成部署，同時避免手動操作可能帶來的人為失誤。

為了落實持續交付，團隊首先會建立一個自動化部署流程，讓通過測試驗證的應用程式能夠自動發布到目標環境（可能是測試環境、預備環境或生產環境）。在此階段，確保測試環境與生產環境的配置一致相當重要，因為任何細微的環境差異都可能在部署後產生意料之外的錯誤。若部署的版本在真實運行情況下出現重大問題，團隊也需要具備能即時復原的機制，讓系統能恢復到先前穩定的狀態。

持續交付為團隊帶來的效益，不僅包括縮短軟體上線時間，也使得整個交付流程變得透明且具備可追蹤性。每個步驟都自動化，開發者能清楚掌握軟體當前所處的階段，並對潛在風險做出迅速反應。從商業角度來看，快速回應市場需求意味著企業能更靈活地嘗試新功能、測試新想法，並將使用者回饋快速導入後續迭代，形成一個持續優化的良性循環。

7.3 MLOps 的特點與挑戰

隨著機器學習與深度學習技術在各行各業的應用日益普及，如何有效地管理從資料處理到模型部署的整體流程，已成為眾多企業與組織在實踐 AI 專案時不可忽視的重要課題。MLOps 正是為了解決這些需求而誕生的一套方法論與工具體系。在先前章節，我們已探討過 DevOps 如何協助軟體開發團隊自動化構建、測試與部署管線；而 MLOps 則可被視為在此基礎上的進一步拓展，將焦點放在人工智慧專案所特有的資料處理、特徵工程與模型維運上。本節將深入探討 MLOps 的主要目標、實踐重要性，以及在落地過程中常見的挑戰與應對思路。

7.3.1 MLOps 的目標與重要性

MLOps 的核心價值在於確保機器學習模型能夠在生產環境中穩定且可擴展地運行，並能持續透過自動化機制來因應資料與業務需求的變動。與傳統軟體系統相比，機器學習專案除了需要管理應用程式與程式碼版本，也必須處理因模型訓練所產生的大量資料，並兼顧模型的準確性與可靠度。以下內容將說明為何 MLOps 能在組織的 AI 推廣中扮演關鍵角色。

首先，MLOps 的首要目標是為模型建立穩健的生產環境。由於機器學習模型須在動態、真實的應用場景下提供即時預測，其可靠度直接影響使用者體驗與商業價值。MLOps 強調透過資料品質監管與模型正確性的持續驗證，來達到應用軟體級別的穩定度。舉例來說，若團隊能在模型部署前後持續追蹤輸入資料的分布與模型表現，即可及早發現並解決模型偏移或過時的問題，避免在使用者端造成誤判或錯誤建議。

其次，MLOps 注重可擴展性，確保當資料量持續增長、應用場景變化或需要新增功能時，既有的系統能順利支援這些改動。在某些情況下，團隊可能需要對模型進行多次參數微調和訓練更多次模型，或者同時部署多個模型，以因應

不同地區或業務面的需求。藉由將模型容器化、使用微服務架構以及制訂清楚的資料與特徵管理策略，團隊能在可控的情況下進行垂直或水平擴充。此外，MLOps 還強調同步化與對齊化，讓資料工程、開發與維運人員維持密切合作，並使用一致的版本管理與測試流程，避免在分散環境中失去對模型的掌控。

另一方面，MLOps 也透過自動化整個機器學習訓練流程來提升開發速度與可信度，包含資料收集、資料清理、特徵工程、模型訓練與部署等關鍵環節。若這些環節能藉由自動化流程來減少人工作業的干預，不僅能降低錯誤風險，也能大幅縮短模型上線所需的時間。比方說，若自動化訓練流程能在偵測到新資料時立即完成清理並擷取適當特徵，接著根據預先定義好的訓練參數與環境完成模型訓練，最後再自動將模型部署到生產環境，整個迭代周期將能顯著縮短。

綜言之，MLOps 具有清晰明確的目標：讓模型在生產環境下穩定運作，並在面對成長與變動時保持彈性，同時藉由自動化技術確保開發與維運流程的效率和一致性。對任何期望在 AI 領域取得持續競爭優勢的組織來說，MLOps 不僅是一種工程實踐，更代表了一種高效協作、快速迭代與資料驅動的團隊文化。

7.3.2 MLOps 的關鍵挑戰

雖然 MLOps 的理念與工具對提升機器學習專案的成功率至關重要，但在實際落地過程中，團隊往往需要面對多重挑戰。這些挑戰可能同時牽涉到技術、流程與組織文化層面，因此若未能及時解決，將導致整個機器學習體系無法發揮預期價值。以下將著重闡述三大常見難點：模型與資料的版本管理、持續訓練與持續部署，以及資料漂移（Data Drift）。

● 版本管理

首先，模型與資料的版本管理是一大考驗。相比於傳統的軟體版本控制，機器學習專案需要同步追蹤模型與對應的資料集版本，才能確保開發者在回溯時能夠完整重現模型行為。若團隊缺乏完善的版本管理機制，就可能難以追蹤不同

模型在超參數、訓練資料或程式碼層面的差異,也無法在問題發生後快速切換到特定版本進行比對與修補。為解決此問題,常見的做法是結合 Git 與專門的資料版本控制工具(例如 DVC[1])協作,並在每個模型更新時仔細記錄參數設定、資料集來源以及訓練環境設定,確保再現性(Reproducibility)。

◎ 持續訓練與持續部署

接著,如何實現持續訓練(Continuous Training, CT)與持續訓練也是一大挑戰。機器學習專案常因業務需求或資料分布的改變而需要重新訓練模型;然而,若每次都由工程師手動介入,不僅效率低下,也可能發生部署版本與訓練版本不一致的情況。為此,團隊通常會建構自動化的資料處理與重新訓練模型的流程,根據預先訂好的策略(如定期檢查模型效能或當監控指標嚴重下滑時),自動觸發重新訓練並將更新後的模型部署到生產環境。此時,能否有效監控模型運行狀態並在必要時快速復原,也是影響生產系統穩定性的重要因素。

◎ 資料漂移(Data Drift)

最後,資料漂移(Data Drift)是導致模型性能隨時間下降的主要原因之一。由於使用者行為、環境條件或市場趨勢往往不是靜態不變的,原本收集與標註的資料在面對新狀況時可能不再具備代表性。為了盡早察覺資料分布的變化,團隊需要利用統計檢測方法或專門工具(例如 Evidently AI)進行漂移檢測,一旦發現輸入特徵或標籤的分布出現顯著偏離,便可透過重新收集或清理資料、更新特徵工程流程與重新訓練模型等方式,確保整體系統仍能維持預期的準確度與可靠度。若忽視這些警訊,模型的預測結果可能很快就會失準,進而影響業務決策或使用者體驗。

---

[1] DVC 是一個可以進行資料管理和版本化的工具,能協助處理圖像、影音和文字檔案,並將機器學習模型建置過程組織成可重複的工作流程。

● 模型漂移（Model Drift）

除了資料漂移（Data Drift）外，模型漂移（Model Drift）同樣是影響機器學習系統性能的關鍵挑戰之一。模型漂移主要指模型本身隨時間推移不再能有效捕捉目標任務的內在模式，通常是由於資料分布變化、模型過時或應用場景的演變所致。即使輸入資料的分布看似穩定，業務需求、使用情境或外部環境的改變仍可能使模型的預測能力下降。例如，電商推薦系統可能因為節慶活動、新產品上架或消費者偏好的轉變，導致原本訓練的模型不再準確。

總結而言，MLOps 在機器學習系統的維運過程中，既能帶來自動化與品質保證的效益，也面臨版本管理、重新訓練模型與資料漂移等多方挑戰。要想真正落實 MLOps，團隊除了要熟悉相關技術與工具外，更需要在組織協作與流程規劃上投入心力。唯有在技術層面與文化層面同步進行優化，才能建立具有高度彈性、強壯且可持續發展的機器學習營運框架，並為企業在 AI 競賽中贏得長期優勢。

7.4 DevOps 與 MLOps 的差異性比較

現今軟體開發與機器學習專案在協作模式與技術工具上都有長足的進展，DevOps 與 MLOps 分別成為兩大備受推崇的維運框架。兩者的核心理念都在於透過標準化流程和自動化工具，縮短交付週期、提高產品品質。然而，DevOps 主要聚焦於應用程式的開發與維運，而 MLOps 則側重在機器學習模型的全生命週期管理。以下表格，將會從相似點和不同點兩方面進行更深入的探討。

項目	相似點	不同點
CI/CD 流程	- CI/CD 流程為核心，透過自動化管道構建、測試與部署程式碼或模型 - 縮短開發週期、快速迭代、高效上線 - 明確定義的流水線減少人工干預與出錯率	- DevOps 聚焦於功能開發與後端維運整合，目標是穩定且高效的應用程式運行環境 - MLOps 核心在於模型準確度與可用性，影響使用者體驗與商業決策
自動化與監控	- 強調自動化與監控，提供即時回饋與品質控管 - DevOps 使用自動化腳本與容器化技術，管理基礎設施 - MLOps 使用工具處理資料清理、模型訓練與部署	- DevOps 側重基礎設施與應用服務運行 - MLOps 涉及資料清理、重新訓練模型與監控，並需應對資料分布變化，處理資料工程等更多維度
生命週期管理	- 均需考量系統的整體運行狀況	- MLOps 生命週期更複雜，包括資料分布偏移、重新訓練模型及特徵工程的考量 - 若資料變動可能導致模型失效，需要重新收集資料、重新訓練等，這在 DevOps 情境中較少見
測試工作	- 都需進行功能、性能與整合測試	- DevOps 主要聚焦應用功能、性能與整合測試 - MLOps 加入模型性能測試，如不同資料分布與使用場景的準確性評估 - 檢驗資料符合性、追蹤模型效能需更高技術門檻與研發成本
應用場域差異	- 共享快速交付理念與 CI/CD 管線重視	- DevOps 關注軟體穩定性與效能 - MLOps 強調資料與模型治理，應用場域包含資料與模型管理，面向更立體且複雜

DevOps 與 MLOps 都以自動化和快速交付為核心理念，並共享 CI/CD 流程與監控機制的重要性。然而，兩者在產出物和應用場域上存在顯著差異：DevOps 聚焦於應用程式的穩定運行與效能，而 MLOps 則更強調資料與模型的治理，需應對資料變化和模型性能的挑戰。理解並善用兩者的異同，能有效提升專案的產品品質和維運效益。

7.5 MLOps 工作流的主要階段

在深入認識了 DevOps 與 MLOps 的概念後，接下來將探討 MLOps 工作流中三個主要階段的實務流程。這些階段貫穿了機器學習專案從「資料準備」到「模型部署」的完整生命週期，也代表了團隊在實踐 MLOps 時必須高度關注與投入的面向。

7.5.1 資料工程（Data Engineering）

資料工程階段堪稱 MLOps 流程的基石，因為機器學習的性能優劣極度仰賴底層資料的品質與正確性。當團隊蒐集來自不同來源的資料（如內部系統、開放資料平台或第三方供應商）時，往往需要先對這些原始資料進行清洗與標準化，以去除錯誤值、重複值或不合理樣本。在此過程中，若能善用大數據工具（如 Apache Spark）或常見的資料分析函式庫（如 pandas），便能顯著提高處理效率。

在資料版本管理上，MLOps 重視針對資料進行嚴謹且可追蹤的操作，因為模型在不同資料版本下的表現可能截然不同。採用 DVC（Data Version Control）等專門工具，能夠幫助團隊同時管理程式碼與資料的版本，並在需要回溯或進行結果比對時快速切換至特定版本。這不僅提高再現性，也降低了因資料更新或錯誤而導致的模型性能下滑風險。

7.5.2 特徵工程（Feature Engineering）與模型訓練（Model Training）

若將資料比喻為模型的「燃料」，那麼特徵工程與模型訓練便是將這些燃料加以提煉、注入引擎的關鍵步驟。特徵工程過程中，團隊需要將原始資料轉化為能讓模型更易學習的表現形式，例如在圖像應用中提取視覺特徵，在文本分析中建立文字向量，或在結構化資料中運用統計量與經驗特徵。透過特徵選擇技術，還能避免無效資訊擾亂模型判斷，或造成不必要的計算負擔。

在模型訓練階段，若想快速迭代並找出最佳解法，自動化的流程與工具不可或缺。AutoML 平台（如 Google AutoML、H2O.ai）可協助團隊進行超參數優化、模型比較與性能評估，讓開發者更專注於實驗設計或商業策略。另一方面，若需要自行組建更具彈性或自定義的流程，便可考慮使用 Kubeflow Pipelines 或 MLflow 等框架，協助團隊建立可重複且易管理的訓練管道，並有效追蹤每次實驗的參數組合與結果。

7.5.3 模型部署（Model Deployment）與監控（Model Monitoring）

在模型部署階段，團隊的焦點從開發環境轉移到生產環境，考慮如何將所訓練的模型穩定且安全地提供給最終使用者或下游系統。為了避免手動部署可能帶來的風險，團隊通常會將模型打包成容器映像檔（Docker），然後透過 Kubernetes 進行彈性部署。也可在後端採用 TensorFlow Serving、TorchServe 或以 FastAPI、Flask 建立 API，讓其他服務能夠輕鬆呼叫模型推論功能。

最終，一旦模型上線後，監控就成為繼續提升模型效益的重要手段。若能及時偵測到資料飄移（Data Drift）或模型效能下降現象，團隊即可盡快介入進行修正與強化。於是像 Prometheus、Grafana 這類通用監控系統，或結合 A/B 測試策略與模型再訓練機制，就能讓組織在不斷變動的市場環境中，持續維持模型的精準度與穩定度。

7.6 MLOps 工具與框架

實現 MLOps 的過程並非一蹴可幾，往往需要組織根據自身需求評估並導入合適的工具或框架。這些工具可協助團隊在資料治理、特徵工程、模型訓練、部署與監控等多個階段進行自動化或最佳化。以下將介紹幾個在業界較為常見且成熟度較高的 MLOps 工具與框架。

7.6.1 Kubeflow

Kubeflow 是一個以 Kubernetes 為基礎的開源框架，致力於大幅提升機器學習工作流的自動化與易用性。透過 Kubeflow，開發者能在 Kubernetes 叢集上部署並管理各種機器學習組件，如資料預處理、模型訓練、超參數調整與模型服務等。這代表著從資料準備到模型上線，全都能在統一環境中協同運行並且有機整合。

Kubeflow 的優勢在於整合 Kubernetes 所提供的可擴充與容器化特性，使用者可視專案需要自由定義或擴展工作流，同時輕鬆管理運算資源。針對模型與資料的記錄與追蹤，Kubeflow 也提供完善的解決方案，確保使用者可以回溯整個實驗過程並進行結果比對。這對於大型機器學習專案或需要高可用環境的團隊而言，往往極具吸引力。

7.6.2 MLflow

MLflow 是另一個相當受歡迎的開源解決方案，強調簡化機器學習實驗與模型管理。它的關鍵功能包含實驗追蹤（Experiment Tracking）、模型註冊庫（Model Registry）和成果共享（Artifact Sharing），讓開發者能夠更容易地管理、比較並部署不同版本的模型。

在實驗追蹤層面，MLflow 會為每一次訓練紀錄下相關的參數設定、指標結果與運行環境資訊。當團隊需要回溯或複現實驗成果時，便可透過 MLflow 的介面或 API 快速查閱並載入特定版本的配置。而在模型註冊庫方面，MLflow 提供了集中化的管理方式，使團隊能夠更輕鬆地跟蹤模型版本、分配階段（例如「測試」、「生產」）並指定對應的部署策略。最後，MLflow 的成果共享功能，也便利了跨團隊與跨系統的協作，能將實驗產出和模型檔案以更規範的方式儲存或傳遞。

7.7 本章小結

本章介紹了 DevOps 和 MLOps 的核心理念、實踐特點與應用工具，讓我們對現代軟體開發和機器學習專案的最佳實踐有了更深刻的認識。DevOps 起源於敏捷開發方法，強調跨部門協作與流程自動化，以實現快速、高品質的軟體交付。核心概念如持續整合（CI）與持續交付（CD），透過自動化測試與部署縮短開發週期，並提高系統的穩定性與效能。同時，MLOps 作為機器學習領域的延伸實踐，進一步涵蓋了資料版本管理、重新訓練模型與資料漂移等專案挑戰，致力於提升機器學習專案在生產環境中的穩定性與效率。

此外，本章深入探討了 **MLOps 的實現工具與框架**，如 Kubeflow 和 MLflow 等，展示了如何透過這些解決方案來加速機器學習全生命週期管理。無論是資料工程、特徵工程與模型訓練，還是模型部署與監控，這些工具都為團隊提供了可重複且高效的工作流。同時，本章也比較了 DevOps 與 MLOps 的異同，凸顯了兩者在應用場景與產出物上的差異性，幫助我們更了解如何根據需求選擇合適的實踐方式。這些內容為我們接下來進一步探討生成式 AI 的管理實踐奠定了良好的基礎。

Note

第八章

LLMOps - LLM for DevOps 方法與流程

| 第四部分 | 透過 DevOps 進行生成式 AI 專案的流程再造

在此章節，你將會獲得：

學習重點	說明
LLMOps 的定義與核心構成	了解 LLMOps 是針對大型語言模型的管理、部署與維護的專業框架，並深入探討其核心構成，包括模型管理、資料管線、基礎設施整合與安全監控等關鍵環節，從而掌握如何有效管理 LLM 的全生命週期。
LLMOps 與 MLOps 的比較與補充	透析 LLMOps 如何在 MLOps 基礎上進一步強化針對 LLM 的資源調配、自動化流程與效能優化，並分析兩者在模型規模、資料需求、部署策略與監控機制上的差異，從而理解為何 LLMOps 是 LLM 成功應用的關鍵。
LLMOps 的實務操作與最佳實踐	學習如何落實 LLMOps，包括資料品質保障、訓練監控、自適應部署與全方位監控等實務操作，並結合具體案例與技術策略，為開發與部署 LLM 提供清晰的路徑與操作指南，確保模型的穩定性、效能與合規性。

8.1 什麼是 LLMOps？

LLMOps 是專為管理、部署與維護大型語言模型（LLM）而生的作業框架與實踐方法。當我們談論 LLM 時，往往會聚焦在模型本身的生成能力、理解能力與多語言支援，而較少注意到背後的開發流程與運作管理環節。然而，隨著模型的規模與功能性不斷提升，若缺乏完善的管理機制，模型在現實情境中的穩定度與安全性可能無法得到足夠的保障。在此背景下，LLMOps 便扮演關鍵角色，透過整合多種技術與流程，讓 LLM 從建置、測試到部署與持續優化的各階段都能有效落地，真正滿足業務需求。

在實際操作過程中，LLMOps 不僅要因應模型大規模訓練所需的巨量運算資源，還需要協助開發者或資料科學家精準掌握模型狀態、訓練資料品質與運行效率。因此，LLMOps 涵蓋了多方面的管理機制，包括資料管線的建立與維護、模型版本控制、效能監測與調校，以及隱私與法規風險的控管。換句話說，LLMOps 透過一系列協同化作業策略，協助團隊以更具體、更精細的方式掌握 LLM 的全生命週期，並確保在實務應用中能提供高度的可用性和可靠性。

8.1.1 LLMOps 的核心構成

LLMOps 可以被視為在傳統 MLOps 基礎上，專門為「大型語言模型」量身打造的升級版作業流程。若要深入理解其核心構成，可從模型管理與基礎設施兩個面向進行探討。首先，在模型管理方面，LLMOps 需要因應 LLM 的複雜度與龐大參數量，建立彈性的訓練與模型微調策略，同時也需考量如何收集與整理高品質的文字或程式碼資料，並在模型推理過程中保證運行效率與準確度。其次，在基礎設施層面，LLMOps 需確保分散式運算與儲存資源的有效整合，並透過自動化管線優化大規模訓練與部署。舉例來說，在資料中心或雲端運行 LLM 時，LLMOps 框架會協助團隊自動分配 GPU、TPU 或其他運算資源，以便在大幅縮短訓練時間的同時，兼顧成本與效能的平衡。

在這樣的雙重面向之下，LLMOps 也會將監控機制與安全防護嵌入整個開發與運作週期。當模型於推理階段服務海量用戶時，或在突發性需求下需要快速擴充資源時，LLMOps 能透過即時監測技術及自動化管線完成動態調度，並在發現異常行為或潛在安全威脅時迅速反應。透過一整套細緻的作業方法，LLMOps 所帶來的，不只是單純的模型管理，更是一種保障模型在真實情境中永續運行的長期承諾。

8.1.2 LLMOps 的實務操作要點

要在組織內部落實 LLMOps，團隊往往需要結合多種技術技能與協作模式。在訓練階段，工程師必須熟悉大規模分散式訓練環境，並善用各種深度學習框架或雲端服務來處理動輒數百 GB 甚至 TB 級別的文本資料。接著，在部署階段，為了確保模型在整合既有系統或服務平台時具備足夠的伸縮性與穩定性，LLMOps 需要提供自動化與容器化的部署流程，讓模型能輕鬆整合到微服務架構或企業內部應用中。

當模型開始實際提供服務後，來自使用者或外部系統的即時互動便成為關鍵環節。LLMOps 透過監測與紀錄模型回應時間、回答品質以及系統負載等多維度指標，協助團隊更快速地發現瓶頸並進行優化。例如，在實務操作中，若 LLM 在特定語言或領域的回答品質無法達到預期，LLMOps 可以引導工程師對此領域的資料進行針對性模型微調或增量訓練，並隨時關注新版本模型的績效表現。此外，當有新法規要求或隱私疑慮時，LLMOps 也能為模型設定嚴格的存取控制機制，確保在合規與安全層面維持最高標準。

8.2 為什麼需要 LLMOps？

隨著大型語言模型的運用逐漸成為企業與研究機構競爭的新利器，對模型的高效管理、穩定運作與迅速調整能力就愈顯得不可或缺。傳統的 MLOps 已經在

許多應用場景中證明其價值，但面對 LLM 帶來的龐大參數量與複雜度，仍存在諸多挑戰。LLMOps 正是為了克服這些技術與管理上的鴻溝而生，讓組織能在競爭激烈的市場中保持敏捷與創新。

在實際落地時，LLMOps 的重要性首先體現在效能與可擴展性上。當模型面臨不同語種、領域的使用者需求，或在高流量時需要同時處理大量查詢，LLMOps 能透過自動化的管線與彈性的資源調配，確保每一次查詢都能快速且準確地得到回應。這種高效能的背後，不僅需要對雲端或資料中心的運算資源進行彈性部署，也需在軟體層面實施適當的快取策略與模型壓縮技術，以維持成本效益與服務品質之間的平衡。

另一方面，LLMOps 也致力於降低操作風險與維持合規性。大規模的語言模型在學習文本資料時，可能涉及使用者敏感資訊或商業機密，因此在訓練、測試與推理等各階段都必須嚴格遵守企業內部的安全策略與法規要求。LLMOps 提供的監控機制可以及時發現任何潛在的資訊洩露風險，並協助團隊修復模型或回溯不適當的訓練資料，從而將風險降到最低。更進一步地，LLMOps 在面對不同市場或國家法規時，能夠因地制宜地制定合規策略，確保模型運行在合法合規的環境中。

在全球市場快速變動的情境下，LLMOps 亦能為組織提供更大的彈性與敏捷度。例如，當某公司利用 LLM 實現客服自動化時，若需要因應季節性高峰流量或因產品更新引發的大量諮詢，LLMOps 所提供的可伸縮管線與監控平台能確保模型在高負載下仍能平穩運行。若碰上突發性網路攻擊或故障，LLMOps 也能迅速進行故障切換或異常排查，讓整體服務的停擺風險降到最低。

綜觀而論，LLMOps 不只是針對 LLM 的單純管理工具，更是一種系統化的思維方式，將各種深度學習技術、運算資源與合規性策略有機整合，最終為組織帶來穩定而高效的模型運行能力。面對未來更具挑戰性的應用場景，LLMOps 將持續演進，並成為大型語言模型成功落地與實現價值的關鍵推手。

8.3 LLMOps 的核心組成

深度學習時代的來臨，使得大規模語言模型（LLM）在各種應用場景中扮演越來越重要的角色。然而，若只有精巧的模型架構卻缺乏成熟的操作流程，將難以確保模型在實務環境中持續發揮應有的價值。因此，LLMOps 的意義在於讓整個模型生命週期不僅止於建立與部署，更包括如何高效率地管理資料、持續監控模型效能，以及符合合規與安全性等多種需求。在下列各個小節中，我們將深入探討 LLMOps 的關鍵環節，並融入具體實務案例與技術策略，協助讀者理解並實踐 LLMOps 在各行各業中的應用。

8.3.1 資料收集與準備

對於任何形式的深度學習專案，資料皆是關鍵基石，而在 LLM 的世界中更是如此。LLM 通常需要透過龐大的文本或多種型態（如語音、影像轉文本）的資料進行訓練，才能展現對語言的深度理解與多元應用能力。在收集階段，除了要考量資料量的多寡，亦必須重視資料的品質與正確性。若要打造一個專門提供醫學建議的語音助理模型，便需要彙整足夠且權威的醫學知識來源，包括專業醫學期刊、醫院內部文獻以及經過專業醫師驗證的資料；如此才能減少模型在訓練後產生誤導性回答的風險。

然而，資料收集只是一個開端。為了讓 LLM 能順利學習並持續保持精準度，資料清洗的過程同樣不容忽視。資料中常見的雜訊，例如錯別字、重複文本或不相關內容，都會影響模型在模型微調階段的學習成效。若要強化模型在醫學領域的回答精準度，就必須先將醫學資料進行格式化與清洗，移除或修正不正確的診斷描述，並處理不同醫療機構之間可能存在的資料格式不一致問題。透過這些嚴謹的資料處理，才能使後續的模型訓練更具效率與準確度，並同時奠定 LLM 成功的第一步。

8.3.2 模型訓練與模型微調

完成資料的收集與清理後，進入訓練階段時需要面對的挑戰反而更多。在模型訓練初期，研究團隊通常會先選擇合適的演算法與框架，例如採用 Transformer 架構下的各種變體，並針對模型的超參數進行反覆試驗。以學習率、批量大小和疊代次數（epochs）這些核心參數為例，稍有不慎就可能造成模型訓練不收斂或過度擬合。為了確保模型能穩定訓練，同時兼顧效能與成本，團隊常需要仔細評估硬體資源與訓練時間，並透過自動化的參數搜尋工具（如網格搜尋或貝葉斯優化）進行多輪的試驗。

在實務應用中，模型微調（fine-tuning）更扮演了關鍵角色。一個通用的 LLM 雖具備多樣的語言理解能力，但並不一定能直接滿足特定產業或業務需求。若一家保險公司想開發一套保單諮詢系統，就必須進行產險、壽險、健康險等主題的模型微調，使模型能理解與輸出更精準的理賠條件。此時，除了要調整超參數與資料分佈，也需考量增量學習的策略：以循序餵入最新資料或特定領域的更新資訊，減少每次模型微調都要從頭開始訓練的時間成本，最終在有效縮短訓練週期的同時持續提升模型的實用性與準確度。

8.3.3 模型部署與優化

當 LLM 成功訓練後，如何將其無縫部署到實際場景便成了下一道難題。部署環境的選擇往往取決於業務需求和預算限制，有些企業選擇公有雲進行部署以達到快速擴充的目標；另一些對資料隱私或網路延遲較為敏感的組織，則偏好將 LLM 置於本地伺服器或邊緣設備。以一間跨國企業的內部翻譯系統為例，若該企業經常需要處理高度機密的合約文件，就可能選擇在內部機房部署 LLM，避免資料外流的風險。

然而，部署只是開始，隨之而來的優化工作也不可或缺。為了使模型在服務過程中能持續達到高效與穩定的狀態，往往需要結合 A/B 測試或滾動式更新的策略。若在實際使用中發現模型對某些特定語言或用詞的翻譯不準確，即可利用

監控系統迅速收集使用者回饋，再配合即時的模型微調或權重修正來改善譯文品質。如此，LLM 在部署後不僅能即刻發揮功能，也能逐步透過優化過程展現更佳的效能與適應度。

8.3.4 持續監控與管理

在 LLM 離開實驗室並正式上線後，對其運行狀況的持續監控成為 LLMOps 中的核心工作之一。透過對關鍵指標（例如模型回應延遲、準確率、資源使用率）的觀察，可以及早發現潛在問題並作出相應調整。想像一個提供金融即時分析的聊天機器人，一旦延遲過高或誤判率偏高，將直接影響交易決策與使用者體驗。因此，許多企業會在伺服器端導入實時監控工具，或是透過日誌與雲端分析平台持續追蹤模型表現，以便在模型輸出偏差逐漸累積前就能快速介入。

管理層面則更多著眼於預算與資源的配置。若某段時期使用量激增且雲端資源也隨之飆升時，企業需要評估是否該擴充硬體或調整服務架構，以確保模型不因資源不足而導致效能下降。同時，面對模型可能的概念漂移（concept drift），也需適時地重新訓練或模型微調，使其理解最新的語言動態與市場趨勢。例如，若金融市場突然出現新的產品或標的，模型若未即時接收相關資訊，恐怕難以持續提供精準的建議。這些監控與管理措施的目標，正是要確保 LLM 的生命週期不僅在剛上線時表現良好，也能在長期運作中維持穩定且高品質的輸出。

8.3.5 安全性與法規遵循

隨著深度學習及 AI 技術的迅速普及，各式各樣的法規與安全議題也開始浮出檯面。LLMOps 中極為關鍵的一部分，就是如何確保模型及資料的合規性。若 LLM 處理的資料涉及個人隱私，團隊便必須了解並遵守所在國家或地區的個資保護法規。例如，歐盟的 GDPR 要求對個人敏感資訊必須進行匿名化與非可逆性處理，否則即便在模型推論階段洩露，也可能面臨高額罰款與法律風險。

因此,在訓練資料進行清洗與標註階段,就應該預先將可識別個人資訊的欄位(Field)予以遮蔽或移除,並確保後續模型不會在回答時暴露任何敏感資料。

而安全性層面則包含了對內對外的風險控管。對內,需要防範開發團隊或維運人員不當存取機密資料;對外,則需防範駭客或惡意攻擊者試圖從模型的輸出端推論或逆向工程出機敏訊息。有些企業會定期進行安全稽核,模擬最壞情況下的資料外洩或模型遭竄改的情境,並演練如何於最短時間內偵測與回應。這些合規與安全措施並非一勞永逸,而是需要與時俱進並持續優化。最終目標是讓 LLM 不僅能在功能層面滿足業務需求,更能在法規與風險管理上堅守原則,為企業與使用者建立一個值得信賴的 AI 生態系統。

綜觀上述各個環節,LLMOps 強調的並不僅僅是技術操作,而是一整套自動化且可持續的流程管理機制。唯有透過縝密的資料準備、正確的模型訓練策略、有效率的部署方式,加上嚴格的持續監控與安全合規,才能發揮 LLM 在真實世界裡的強大潛力。同時,LLMOps 也讓更多組織與開發者意識到:打造一個能夠真正落地、具商業價值的大規模語言模型,絕不僅僅是一道程式碼或一個演算法的問題,而是需要協同各種資源與專業知識,才能在競爭激烈的產業環境中脫穎而出。

8.4 LLMOps 與 MLOps 的關係

LLMOps 與 MLOps 之間存在著非常緊密的互補關係。廣義而言,MLOps 是所有機器學習生命週期管理的基礎,它將資料蒐集、特徵工程、模型訓練、部署與監控等階段串連成一條完善且高效率的生產管線。LLMOps 則是在此基礎上,針對大型語言模型(Large Language Model, LLM)的龐大參數規模與高複雜度,進一步設計專業化流程與最佳化技術。由於 LLM 涉及巨量語料與大規模分散式運算資源,任何細節的疏忽都可能造成訓練失敗、成本高昂或結果不穩定,因此 LLMOps 通常更強調在資料管理與硬體資源配置上的嚴謹性。

從組織層面來看，傳統的 MLOps 已經足以應付一般機器學習模型的開發與維運。然而，LLM 所需的訓練成本與模型複雜度遠高於傳統應用，往往必須考量到叢集管理、容錯機制與自動化調度策略的優化。也就是說，LLMOps 在流程設計與工具選型上更精細，並且在每個階段都加入專為 LLM 設計的監控與最佳化機制，確保整個模型生命週期在可控的範圍內穩定運行。以下表格將更進一步比較兩者的特點，展示 LLMOps 相對於 MLOps 在大規模深度學習領域中的不同側重與考量。

比較項目	MLOps	LLMOps
模型規模	一般機器學習模型的參數量相對較小，運算需求可藉由單台伺服器或少量 GPU 完成。	LLM 往往擁有數十億至數千億參數，常需要大型 GPU 叢集或高效能運算平台來進行訓練及推論，對硬體資源管理與調度提出極高要求。
資料需求	訓練資料規模通常取決於應用場景，透過適當的資料前處理與標註即可滿足模型開發需求。	LLM 需要來自多元領域的巨量語料，資料清洗、去重與過濾流程複雜且昂貴，甚至需考量資料隱私與合規性，資料治理策略更加完善與嚴謹。
部署與推論	以容器或虛擬機為主流，利用基本的自動化工具與 CI/CD 流程部署，推論資源負載相對可控。	推論階段需要高速網路互連和多節點協同運作，以因應龐大的參數與高記憶體需求，部署流程往往包含 GPU 記憶體分割、模型分片或量化技術。
監控與評估	監控重點在於準確率、召回率等傳統指標，透過自動化測試與版本控制來確保模型可用性與效能穩定。	監控需要更細緻的紀錄，包括分散式訓練中各節點的運行狀態、GPU 利用率，以及參數更新過程中的收斂情況，同時需關注 LLM 在不同語境下的生成品質。

第八章・LLMOps - LLM for DevOps 方法與流程

比較項目	MLOps	LLMOps
生命週期	從資料準備、模型訓練到部署一般有固定流程與版本管理，開發者可輕鬆回溯任何一版的訓練狀態與結果。	由於 LLM 往往需要不斷進行模型微調與迭代，以擴充模型對不同領域的理解和表達能力，其生命週期更多樣化，同時注重快速切換與持續優化的軌跡管理。
成本與效率	模型開發與維運成本相對可控，硬體與訓練時間可透過常規方法優化。	巨量參數與龐大運算需求導致成本極高，往往需要利用雲端或自建大型叢集，而 LLMOps 的重點之一即在於分散式架構的高效率調配、動態伸縮與自動化故障處理。

在實際應用層面，MLOps 與 LLMOps 各自承擔不同的角色與挑戰。MLOps 在企業導入機器學習時，能提供全自動化的開發測試環境，以及專業的版本管控機制，使傳統模型的開發與運行更加可靠。而 LLMOps 則是針對 LLM 的特殊需求，強調大規模計算資源的整合與協同，以及高品質、多樣化的語言資料準備流程。當企業想利用深度語言模型進行精細語意分析、對話式服務或內容生成時，LLMOps 能帶來更高階且細緻的技術支援，也能從硬體設計到模型管理提供整合式的解決方案。

總體而言，LLMOps 是建立在 MLOps 之上的專業化產物。它所引入的流程、工具與策略，有助於應對 LLM 在訓練、推論與優化過程中的龐大資源需求與複雜度。對於想要在語言應用領域保持競爭優勢的企業或研究團隊而言，懂得如何在 MLOps 中有效植入 LLMOps 的思想與實踐，是開發與管理高品質 LLM 不可或缺的關鍵。

8.5 LLMOps 的優勢

LLMOps 不僅為大型語言模型量身打造專業化工具與流程，更在整個開發與維運週期中創造了顯著的價值。針對複雜度與成本日漸攀升的 LLM 專案，LLMOps 能透過多層次的方法加速開發、穩定部署，並持續監控與優化。這些優勢不只關係到技術層面的表現，也深刻影響到企業投資回報、產品競爭力以及未來的研發方向。

8.5.1 提升效能

在面對日益增長的參數量時，模型的訓練速度與推論時間常常成為瓶頸。LLMOps 借助分散式叢集管理與先進的運算框架，能更有效地利用 GPU 叢集或雲端資源，將模型的平行化訓練效率提升到更高的水準。這種技術優化不僅是單純地堆砌硬體資源，還包括針對深度學習框架本身的特化，例如混合精度訓練、參數切分策略以及各種量化技術的融入，使得模型在推論階段得以保有相對平衡的準確性與速度。

除了硬體與演算法層面的改良，LLMOps 同時強調資料前處理與特徵選擇的自動化流程，藉由高品質語料的建立和管理，模型在早期訓練階段就能更快收斂，也更能避免因資料雜訊或品質參差不齊所導致的效能下降。這些協同手段一起構成了 LLMOps 在效能提升上的核心能力，使 LLM 在面對大規模多語言、多任務場景時，依舊能以相對穩定的速度完成訓練並達到令人滿意的準確度。

8.5.2 提高效率

在沒有 LLMOps 的情況下，大型語言模型專案通常需要投入大量的人力物力在環境配置、資源調度與監控上，開發周期也容易因為臨時問題或不斷加碼的需

求而被拖延。LLMOps 則利用多層次的自動化工具以及標準化流程，將這些繁瑣步驟有系統地整合，從而有效降低整體的開發與部署成本。

以部署為例，LLMOps 能夠將整個推論流程封裝成容器化模組，並在多節點叢集環境中自動安排 GPU 資源分配與模型權重分片，使得開發者只需關注應用本身的功能邏輯，而不必鑽研繁複的叢集設定與資源排程。這種效率上的提升也反映在迭代速度上：任何針對模型參數或訓練資料的調整，都能在自動化管線中迅速完成部署與測試，讓團隊能更快進行 A/B 測試或實驗性功能上線。在動態變動的市場環境中，效率正是帶動創新與增加競爭力的重要推手，而 LLMOps 正是讓大型語言模型專案在時間與成本上取得優勢的關鍵所在。

8.5.3 增強穩定性與安全性

LLM 在實際運作和使用時，面臨的不僅是技術挑戰，也包含了對資料隱私與合規的種種需求。隨著模型應用範圍拓展到對話式系統、文本生成甚至決策支援，使用者對其安全性與可靠性也有了更高的期待。LLMOps 在這方面的貢獻主要體現在兩個層面：一是深度監控與故障管理，二是多層次的安全策略與合規管理。

深度監控意味著不再只看簡單的訓練或推論準確度，而是同時追蹤叢集健康度、GPU 溫度與利用率、網路流量以及模型生成的語意品質。針對 LLM 的特性，LLMOps 也會記錄生成文本在不同語言或不同領域場景下的錯誤率與偏差傾向，以便快速掌握模型失誤的上下文脈絡。透過這樣的機制，團隊可以在早期就發現潛在的系統異常或資源壅塞情況，並進行即時調度或參數調整，避免造成大規模的服務中斷。

在安全與合規層面，LLMOps 會針對資料源頭進行嚴格控管，確保敏感資料經過去識別化或匿名化處理後再餵給模型。同時，在模型的推論階段也會設立防範機制，如關鍵詞過濾或生成內容檢查，防止模型回傳不適當或不合法的內容。這些安全策略兼顧了使用者體驗與企業風險控管，使 LLM 在金融、醫療或

其他高風險領域的落地應用更加穩固。對於長期的運作來說，可靠且安全的服務不僅能減少潛在的違規風險與訴訟成本，更能幫助企業與開發者在市場中累積信任度，奠定長久的競爭優勢。

透過上述三方面的優勢，LLMOps 已經成為大型語言模型生態系中不可或缺的支柱。它在效能、效率以及穩定性與安全性上所做的優化與管控，為 LLM 的持續發展奠定了堅實基礎，也讓企業在日益激烈的 AI 市場中佔據先機。隨著 LLM 技術的持續演進，LLMOps 必然也將繼續發展出更成熟的自動化工具和更精準的監控手段，並在不斷累積的應用實例中，持續引導產業邁向更高階的智慧化之路。

8.6 LLMOps 的最佳實踐

LLMOps 的核心價值在於以系統化、可持續且高效率的方式，管理大型語言模型在實務環境中的整個生命週期。要善用其優勢，除了技術本身的設計與選型，也必須關注資料品質、訓練過程、部署彈性以及全方位的監控策略。唯有從源頭到部署、從運行到優化，皆能兼顧效率與穩定，才足以確保 LLM 在不斷變動的應用場景中持續發揮價值。以下各節將從資料、訓練、部署與全面監控四個面向，深入探討如何將 LLMOps 的最佳實踐落地，並輔以具體操作策略與案例，讓讀者更全面地掌握相關方法。

8.6.1 確保資料品質

任何深度學習專案都高度依賴資料的完整度與正確性，而 LLM 更是如此。由於大型語言模型在建構過程中往往需要同時面對來自多個領域、不同格式或甚至跨語言的海量文本，若資料來源不具權威性或缺乏整理與篩選，便可能導致模型在日後推論階段出現顯著偏誤。為了確保模型在真實應用場景中能提供準確且可靠的回應，務必在專案初期就投入資源進行嚴謹的資料審核、清洗與後處理。

在實務操作中，可考慮與領域專家或資料科學家合作，由他們協助審閱資料內容，判斷其在語意與領域知識上的完整性。例如，一家專精於財務分析的公司若想利用 LLM 實現自動化的報表撰寫，就需要先彙整並標準化各種財務指標、專有名詞與行業術語。若資料中包含錯誤的財務資訊或過時的報告內容，模型最終可能會產生錯誤率高且影響決策的建議。此外，為避免模型學習到不當偏見或不正確的論述，還需特別留意原始文本中的敏感議題，並在必要時進行篩除或抽換，以保護使用者體驗與企業聲譽。這些資料處理工作雖然繁瑣，卻是發揮 LLM 全面潛能的先決條件。

8.6.2 監控訓練進度

在 LLM 的訓練階段，模型的參數量級往往大到足以使一般機器學習團隊感到壓力。如果沒有完善的訓練監控機制，一旦在訓練中途出現效能下降、梯度爆炸或資源枯竭等問題，可能會造成時間與成本的巨大浪費。LLMOps 著重於透過可視化儀表板和自動化告警系統，隨時關注模型在每個疊代次數（epoch）或每批次（batch）上的表現，並將關鍵參數（例如學習率、損失值、資源使用率）完整記錄，方便在出現異常時能即刻反應。

實際操作時，工程師或研究人員會先建立一套監控介面，如基於開源的 TensorBoard 或其他雲端服務進行即時視覺化，觀察模型的收斂速度和各種效能指標的變化趨勢。若監測到在特定疊代次數後損失值不降反升，便能立刻排查是否超參數設定不當，或是資料異常導致模型過度擬合。另外，針對大型叢集訓練環境的 GPU 或 TPU 分配狀態，也需及時收集與分析。若偵測到某些運算節點頻繁當機或資源利用率長期低落，應盡速調整叢集資源，避免浪費訓練時間。藉由這類完善的監控機制，可有效降低訓練風險與開發成本，並大幅提升團隊的研究速度與品質。

8.6.3 選擇適合的部署環境

完成訓練後,如何為 LLM 找到最合適的部署環境,常常直接影響到後續應用的可行性與使用體驗。在雲端環境中部署可帶來極大的資源彈性,尤其是面臨瞬間高峰查詢量時,能快速透過自動擴容機制穩定維持服務品質。但若企業對資料隱私或網路延遲具有高度要求,也可考慮在內部機房建立專屬叢集,或在邊緣設備上進行小型化部署。此類部署策略的選擇,通常與組織特性和預算規模息息相關。

以具備多國業務的跨國企業為例,可能需要將相同模型的不同實例部署於多個地區的資料中心,並根據地區的網路狀況與法規限制進行調整。這其中需要評估 GPU(或 TPU)與網路基礎設施的可用性,以及當地的資料主權法規。若遇到資料不能離開該國境的合規要求,便必須在該區域設定足以支撐 LLM 推論的運算節點。同時,也要思考如何透過 CDN(Content Delivery Network)或快取機制來減少跨境資料交換量。只有在充分衡量服務範圍、合規需求與成本效益的情況下,才能找到最適切的部署策略,讓模型在真實應用中維持良好的延遲與可用性。

8.6.4 實施全面監控

當 LLM 正式服務於海量用戶或內部員工時,系統層面與模型層面的持續監控同樣不容鬆懈。LLMOps 中的監控不僅聚焦於運算資源或推論時間,也包括對生成文本品質與使用者互動的即時分析。若模型在特定主題上經常出現錯誤回答或邏輯跳脫現象,勢必需要先從監控資料找出問題根源,再決定是否要進行模型微調或增量訓練。

除此之外,必須在系統架構中設計自動化告警機制,一旦偵測到某些異常行為,如高延遲、記憶體不足或模型輸出與過往差異過大的情況,能及早發送通知,並協助工程師迅速進行調度或除錯。若企業的 LLM 涉及金融、醫療等高風

險應用，則尤其需要跨部門的合作來設定合乎法規的監控標準，例如對敏感資訊進行多層加密或遮蔽，並透過稽核紀錄（audit log）來確保每次模型推論皆有憑可查。唯有透過多維度的監控體系，才能讓 LLM 在長期運作中保持穩定且安全，並持續為組織創造價值。

8.7 小結

本章深入剖析了 LLMOps 在大型語言模型開發與維運環節中的關鍵地位，並從資料品質、訓練監控、部署環境與全面監控四大面向探討其最佳實踐。由於 LLM 具有龐大的參數規模與對運算資源的高需求，單靠傳統的 MLOps 流程往往難以兼顧效率與可靠性。LLMOps 的出現，正是為了彌補這些不足，透過專為 LLM 設計的管理機制與自動化工具，確保模型在真實世界場景中能穩定而準確地發揮應用價值。

隨著大型語言模型技術的進一步成熟，LLMOps 也將持續演進，並從不同維度提供更為細緻與彈性的支援。從資料治理到多區部署策略、從即時監控到動態模型微調，每個環節的更新都將為企業及研究團隊帶來效率與競爭力的提升。若能在組織內部成功導入 LLMOps 思維與技術，並與更全面的 AI 架構或雲端生態系統整合，勢必能為大型語言模型的發展帶來深遠的影響，也為未來的各式創新應用奠定堅實基礎。

Note

第五部分

檢索增強生成（RAG）與模型微調（Fine-Tuning）

第九章

檢索增強生成與模型微調介紹

| 第五部分 | 檢索增強生成（RAG）與模型微調（Fine-Tuning）

在此章節，你將會獲得：

學習重點	說明
檢索增強生成（RAG）與模型微調（Fine-Tuning）的基礎概念與應用場景解析	理解 RAG 如何結合資訊檢索與生成模型的優勢，實現即時且動態的高效回應；同時掌握 Fine-Tuning 如何透過專業資料進一步訓練模型，以實現高準確性和一致性的專業應用。
RAG 與 Fine-Tuning 之間的比較與策略選擇框架	深入了解兩者在資料需求、系統導入、回應品質、客製化程度及適用場景上的優勢與限制，並學習如何根據專案需求選擇單一技術或混合應用策略以平衡專業深度與動態靈活性。
實務應用流程設計與風險管理要點	掌握 RAG 和 Fine-Tuning 在資料收集、模型訓練、維運優化及風險合規方面的實踐策略，特別是如何在資料安全、隱私保護與法規要求下打造穩健且可靠的生成式 AI 系統，確保技術應用的長期價值。

9.1 檢索增強生成和模型微調

在當今人工智慧領域，檢索增強生成（Retrieval-Augmented Generation, RAG）與模型微調（Fine-Tuning）是兩項關鍵技術，常用於提升語言模型的性能與適應性。RAG 透過結合資訊擷取技術，能夠從龐大的資料庫中提取相關資訊，進而輔助生成更為準確與具體的回應。這種方法不僅擴展了模型的知識範圍，還提升了其在專業領域中的應用能力。另一方面，模型微調則是針對特定任務或資料集，對預訓練模型進行進一步的訓練，使其更能貼近特定應用場景的需求。透過模型微調，模型能夠更有效地捕捉目標領域的細微差異，從而在專業應用中表現出更高的精確度與可靠性。

RAG 與模型微調各自擁有獨特的優勢，但在實際應用中，兩者往往可以相輔相成。RAG 透過即時擷取相關資料，能夠在模型生成回應時提供即時的資訊支援，特別適用於需要最新資訊或專業知識的場景，例如醫療診斷或法律諮詢。而模型微調則在模型的整體表現上提供了更深層次的優化，使其在特定任務上達到更高的準確性與效率。結合 RAG 與模型微調，開發者可以打造出具備豐富知識基礎，又能針對特定需求進行精細調整的智慧系統，從而在各種複雜的應用場景中發揮更大的效能。

9.1.1 RAG 介紹

在傳統的語言模型，必須依賴預先訓練的知識庫，這使得其在面對新興資訊或特定領域的專業知識時，可能顯得力不從心。

而檢索增強生成是一種融合了資訊擷取與生成模型的方法，透過在生成過程中即時擷取相關資料，能夠動態地補充模型的知識庫，從而生成更為精確且具體的回應。例如，在處理癌症醫療相關查詢時，RAG 可以即時擷取與查詢相關的

的癌症醫學研究或病例資料,提供使用者最新且可靠的資訊,提升回應的可信度與實用性。這種技術的應用,極大地擴展了語言模型在專業領域中的應用範圍,並提升了其在動態資訊環境中的適應能力。

RAG 的運作過程通常包括兩個主要步驟:資訊擷取與生成。首先,當使用者提出問題時,系統會透過關鍵詞或語義分析,從大型資料庫中擷取相關的文本片段或文件。接著,這些擷取到的資訊會被輸入到生成模型中,作為輔助資料來生成最終的回應。這種結構使得 RAG 能夠結合相關資訊擷取的靈活性與生成模型的語言表達能力,從而在各種應用場景中展現出卓越的性能。例如,在法律諮詢中,RAG 可以快速擷取相關的法律條文或判例,幫助生成更具法律依據的建議,顯著提升回應的專業性與準確性。

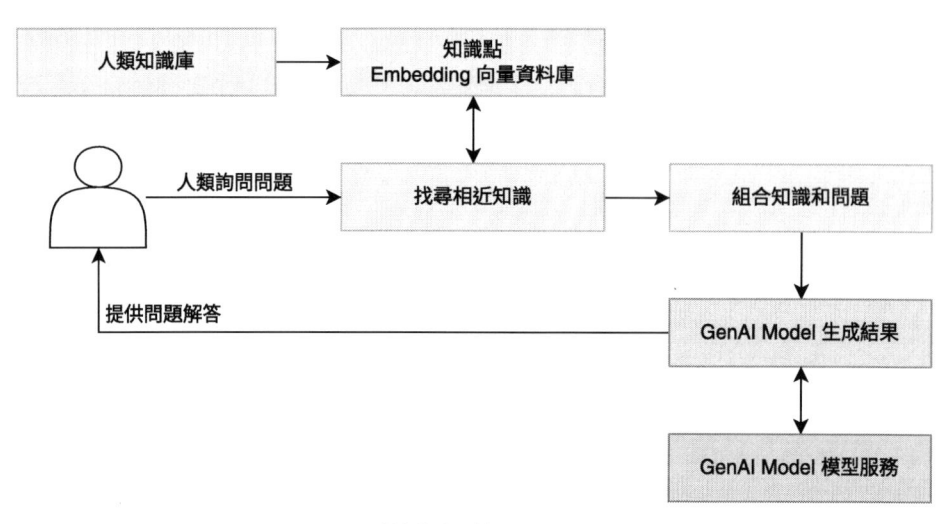

RAG Architecture

9.1.2 Fine-Tuning 介紹

模型微調(Fine-Tuning)是指在預訓練模型的基礎上,針對特定任務或資料集進行進一步訓練,以提升模型在該特定領域的表現。預訓練模型通常是在大規模的通用資料上訓練而成,具備多元的語言理解能力,但在面對特定任務時可

能無法達到最佳效果。透過模型微調，模型可以學習到更多與特定任務相關的細節與模式，從而在專業應用中展現出更高的準確度與效率。例如，針對法律文件的自動摘要任務，模型微調後的模型能夠更好地理解法律專業術語與文件結構，生成更為精確與易於理解的摘要內容。

模型微調的過程通常涉及在特定領域的標註資料上對模型進行再訓練，以調整其參數，使其更適應目標任務的需求。這一過程需要精心設計的資料集，以及適當的訓練策略，以避免過度擬合或資料偏差的問題。隨著技術的進步，模型微調的方法也不斷演化，例如透過少量標註資料進行高效模型微調，或結合遷移學習技術，進一步提升模型在特定領域的表現。藉由模型微調，開發者能夠將通用的語言模型轉化為特定領域的專家系統，以滿足各種複雜應用場景中的特定需求，進而實現更高階的人工智慧應用。

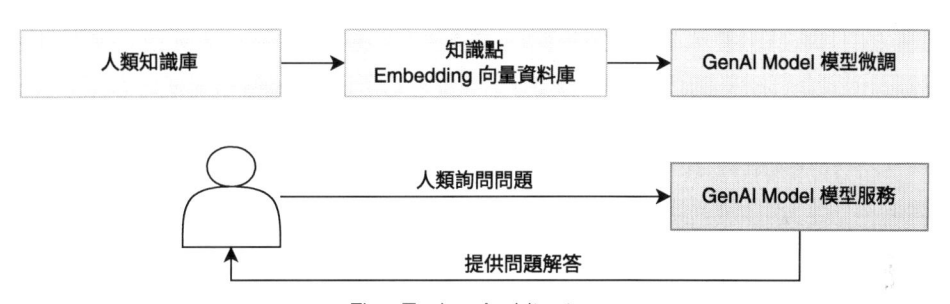

Fine-Tuning Architecture

9.1.3 RAG 和 Fine-Tuning 之間的比較表

下表整理了 RAG 與 Fine-Tuning 在幾項主要面向的比較，幫助讀者快速了解兩者在實務運用上的差異。實際選擇時，仍須根據專案特性、資源配置以及即時性或專業深度的需求進行綜合評估。

■ RAG 和 Fine-Tuning 的比較表格

面向	RAG（檢索增強生成）	Fine-Tuning（模型微調）
資料需求與標註	相對較低，主要依賴外部知識庫與高品質的檢索機制，不須大量標註資料	相對較高，需要針對特定任務或領域準備充足且高品質的標註資料，方能獲得最佳成效
系統導入與維運	導入速度快，更新知識庫即可即時獲得新資訊，但依賴檢索系統和知識庫品質	初期導入成本高，需要經過多階段訓練與測試，且後續更新也需重新模型微調
回應品質與一致性	對動態資訊具有靈活引用能力，若外部知識庫品質高，則能維持較優的回應準確度，但穩定度易受外部影響	可在特定領域達成高度一致的回應品質，但需要大量標註資料與反覆訓練，更新效率相對較慢
客製化程度	主要透過檢索策略與資料庫內容進行客製化，對對話風格或細節掌控相對有限	能深度塑形模型風格與專業度，適合高度垂直領域或嚴謹的商業場域
適用場景與限制	適用於需即時查詢與快速整合外部資訊的情境，如新聞查詢、法規更新、技術文件檢索等	適用於需要高度精準、深度專業，以及嚴謹定義對話風格的場域，例如醫療、法律、金融等

綜觀上述比較，不論選擇 RAG 還是 Fine-Tuning，都需要緊扣專案的目標與需求做出權衡。當外部資訊更新頻繁、標註資源有限，且需要快速導入系統時，RAG 往往是更直接且有效的策略；若專案著重專業知識的嚴謹性與一致性，而開發團隊也能投入充分的訓練與標註資源，那麼 Fine-Tuning 或許能為系統帶來更深度的價值。實務中，亦有開發者會嘗試將兩者結合，如先透過 RAG 取得動態資料，再利用 Fine-Tuning 的模型進行精加工，兼顧及時性與專業度。唯有在理解兩者特性後，靈活採用最適合的方案，才能在生成式 AI 的專案中脫穎而出，實現兼具效率與品質的成果。

9.2 決策因素：何時使用 RAG？何時使用 Fine-Tuning？

在生成式人工智慧專案中，選擇應用 RAG 或 Fine-Tuning 是至關重要且需謹慎考量的決策。此選擇將會因為專案需求、資源配置及資料特性影響，若能在專案初期清楚理解各種情境的差異與應用價值，有助於確保專案順利推進並達到最佳成果。接下來的章節將深入解析 RAG 與 Fine-Tuning 的核心特性及其優勢，並探討在不同環境下何者更為適合，旨在為讀者提供一套全面的決策框架。

9.2.1 RAG 的適用情境

檢索增強生成（RAG）的核心優勢在於結合資訊檢索與文本生成，實現動態且依據外部知識的回應。這意味著模型無須調整原有模型參數，即可即時從外部文件或資料庫中提取新知識，並將其與預訓練模型的語言能力相結合，生成高品質的回應。這種「即時擷取，動態生成」的機制，對於需要高度靈活性與即時更新的專案尤其重要。

當專案所處的環境充斥著大量動態變化的資料，如新聞平台、法規查詢系統或需持續更新的新產品資訊，RAG 能夠確保系統即時引用最新內容，而無須重新訓練或模型微調。此外，若專案缺乏充足且高品質的標註資料，或因法律與資安規範無法公開大規模內部資料，RAG 能在不增加過多資料處理負擔的前提下，透過高效的檢索機制實現高度客製化且可信的回應。

更進一步，當系統對外部文件庫的依賴程度極高，特別是在學術研究或企業內部文件整合應用的場景中，RAG 同樣展現出卓越的表現。模型在生成回應時，可同時調用龐大的外部資料庫，確保特定領域知識的準確引用與深度應用。更重要的是，RAG 的設計允許在整個專案實施過程中，無須大幅調整模型的內部

權重，而是透過優化檢索機制來保持輸出品質的穩定性與資訊來源的可信度，這對於注重模型穩定性與一致性的應用場景尤為關鍵。

9.2.2 Fine-Tuning 的適用情境

Fine-Tuning 的主要優勢在於能夠針對特定任務或領域進行學習，從而精確匹配專案需求。當擁有充足且高品質的領域資料時，可以透過這些收集到的資料進行模型微調，塑造出具備專業知識、特定對話風格以及符合企業或組織品牌語調的模型特性。這種方法特別適用於資料相對穩定且專業領域高度集中的情境，例如醫療診斷系統、法律文件分析或垂直研究平台。

在專案規劃階段，若確定需要嚴格定義對話風格，或系統需輸出特定格式且具備高精確度，Fine-Tuning 能提供更精細的控制。例如，企業若希望打造具備品牌識別度的客服聊天機器人，通常希望機器人的回覆語氣與企業文化完美契合。在此情況下，投入大量時間與資源進行資料蒐集、整理與標註，並進行深入的模型微調，將使最終輸出具備鮮明且獨特的風格。

此外，對於能承擔較高成本與時間投入的組織，如大型企業或研究機構，Fine-Tuning 能在模型的準確性與一致性方面帶來顯著提升。經過模型微調後的模型能更好地理解專案目標與預期輸出格式，從而減少實際運作中因理解錯誤或語義偏差所引發的失誤。若專案團隊在硬體設備、人力資源及資料標註能力上均有充足投入，Fine-Tuning 所帶來的成效將遠超過一般的預訓練模型或僅輔以 RAG 的簡單方案。

9.2.3 單獨與混合策略

在實務應用中，開發者常根據專案目標與資料特性，選擇單獨採用 RAG 或 Fine-Tuning，甚至結合兩者形成混合策略，以平衡專業深度與動態擴展性。若專案涉及領域內容龐雜且頻繁變動，RAG 能在快速導入的同時，降低維護成本並提升資料的即時可用性。相反地，若專案目標是輸出高度一致且具嚴謹邏輯性的結果，

Fine-Tuning 無疑在穩定性與專業度上表現更佳。混合策略則結合兩者的優勢，使系統既能透過深度模型微調建立堅實的基礎能力，又能透過檢索機制引入最新或動態的外部資訊，為複雜且高要求的應用場景提供更靈活的解決方案。

9.3 RAG 和 Fine-Tuning 流程設計與實務建議

成功整合 RAG 或 Fine-Tuning，不僅需要對演算法特性與模型調整有充分瞭解，也仰賴整體流程設計的完整度。從資料收集與處理，到模型訓練與檢索機制的部署，每個環節都對最終成果有關鍵影響。下列段落將從 RAG、Fine-Tuning 以及兩者結合的角度出發，闡述各自的流程重點與實務建議。

9.3.1 RAG 專案整合流程

RAG 的整體流程設計主要圍繞著檢索系統與外部文件庫的有效管理。一旦外部知識庫未能及時更新或資料品質不佳，最終生成的回應就可能出現偏差，也難以維持一貫的可信度。為此，若希望在新聞產業中運用 RAG，管理團隊通常會採用自動化的資料收集管道，每天定時更新文件並進行基礎品質檢查。如此一來，系統在回應用戶時，才能引用最新的報導內容，並保持一定水準的準確度。

另一方面，將外部文件轉換為向量形式的過程與索引策略，同樣是成敗的關鍵。若在醫學領域使用 RAG，系統就必須依賴精心挑選的 Embedding 模型來處理專業術語，並在索引過程中做好分布式架構的設計，以因應龐大的文件量。這些措施能保證檢索效率與查詢準確度，同時也確保搜尋結果能對應到複雜的醫學概念。最後，縱使已設計好優質的檢索機制，也不能忽略外部文件品質的定期檢視與修訂。若內容涉及法規或合約，一旦外部資料出現過期或錯誤資訊，便會連帶影響生成內容的正確性或合規性，因此定期校對與維護外部資料絕不可省略。

9.3.2 Fine-Tuning 專案整合流程

Fine-Tuning 在流程設計上更強調資料準備與模型微調的嚴謹度。由於模型微調的目標在於讓模型深度理解某個特定領域或任務，前期資料的標註品質對最終成果至關重要。當系統需要處理法律條文或金融合約時，開發者往往會組建專業人員團隊，先針對文字內容進行結構化處理與人工校正。如此一來，模型在學習過程中才能獲得一致且高品質的輸入，減少因語意模糊或標籤不準確所造成的偏差。

在模型訓練的階段，也必須規劃清晰的迭代與驗證機制。若金融機構要開發一套評估信貸風險的生成式 AI，就需要多輪的訓練與測試來反覆調整模型參數，以確保輸出結果能準確反映真實風險水準。此外，預算與硬體資源也需要納入考量，因為 Fine-Tuning 通常需要較高的運算能力與大量的時間投入，特別是在資料量龐大或模型規模較大時。當專案正式上線後，定期再訓練亦是不可忽視的環節。假如新法令或市場條件出現改變，模型能否即時更新知識便成了維持系統正確性與競爭力的關鍵，因此每隔一段時間便檢驗並再訓練模型，才能使整個專案持續對應現實情境的需求。

9.3.3 RAG + Fine-Tuning 混合方案流程

若想同時兼顧深度專業化與動態更新所帶來的彈性，混合方案可說是完美的折衷。此流程的第一步通常是對生成模型進行基礎模型微調，賦予它在目標領域的理解能力。例如，對於專門針對教育輔導而設計的聊天機器人，開發者可收集大量教科書、教案以及學習筆記，從而在模型中建立穩固的教學知識基礎。當模型微調完成後，便能進一步整合 RAG 檢索機制，將最新的課程資訊或學術研究即時引入系統。如此一來，無論是學校端更動課程進度，還是有新的教育理論產生，系統都能透過 RAG 機制及時獲得對應資料。

在混合流程的運作過程中，監控與評估指標的設計至關重要。除了要評估模型生成的語意合理性，還需要確保檢索效率、更新的即時性，以及用戶的滿意

度。若在醫學領域中應用混合策略，可以定期檢查臨床診斷準確度，並同時監控已納入的新期刊或病例報告是否有幫助模型產生更精準、更多元的建議。若評估結果顯示需要再次優化專業知識，也可再度啟動一輪 Fine-Tuning，透過新增的領域資料進一步強化模型理解能力。這種「先固定基礎、再動態擴充」的作法，不僅能使系統的整體效能持續攀升，也確保了面對龐大且不斷演化的資訊時，模型依舊能保持專業且可靠。

9.4 RAG 和 Fine-Tuning 在專案時程與維運上的考量思考

RAG 與 Fine-Tuning 雖然都是強化生成式 AI 的有效策略，但在專案實施過程中，雙方所需投入的資源、開發時間與後續維運方式皆有不同。了解這些差異並在專案初期制訂明確的導入與維運計畫，能有效降低風險並提高專案成功率。以下章節將分別探討成本衡量、時程規劃以及維運策略的思考要點，並引入真實場域的應用場景，協助讀者更全面地評估與規劃。

9.4.1 成本衡量

在 RAG 系統中，主要的成本往往集中在維護高品質的外部資料庫與檢索基礎設施。若企業想為線上新聞平台提供即時且多元的內容，除了需考量取得合法授權的來源之外，也要投資足夠的運算資源來維護大量文本的索引與檢索效率。若外部資料來自全球不同地區，還需因應語言多樣性與不同法規要求，進一步提升整體成本。然而，由於 RAG 不需進行大規模的模型再訓練，其在計算資源上相對較為節省，更多的預算會投入於資料搜集、權限管理與分布式索引機制的優化上。

對於 Fine-Tuning 而言，最顯著的成本在於高品質經過標註資料的建置與模型訓練的運算消耗。若金融機構希望開發自動風險評估模型，就必須蒐集包括歷

年交易資料、信用評分與違約案例等大量內部機密資料，並請具備專業背景的團隊進行精細的標註。這些資料處理與標註工作在前期投入龐大的時間與人力，並且需要對資料隱私與安全作出嚴格控管。此外，Fine-Tuning 的計算成本也不可忽視，若企業選擇在雲端架構下進行大規模模型微調，GPU 叢集的租用與維運費用同樣是一筆可觀的預算。唯有在確保高品質的標註資料與充足的運算資源後，Fine-Tuning 才能真正發揮其深度專業化的優勢。

9.4.2 時程規劃

Fine-Tuning 在時程上往往較為冗長，從資料蒐集、標註、模型訓練到反覆測試、迭代，每個階段都需要多輪修訂與檢驗。例如，想要開發一款能夠自動生成法律合約摘要的系統，便必須先收集並整理大量合約判決，再由法律專家進行標註，以確保模型能理解合約的結構與專業用語。這些工作耗時且需要多方協作，在模型正式上線之前，開發團隊通常要經歷多次模型版本的優化，才能兼顧生成內容的完整性與法律合規性。

至於 RAG，則是透過預先建立的檢索機制來回答客戶需求，因此在初期導入技術上相對快速。若以電子商務平台為例，開發者只要先建立好產品資料庫並設計適合的向量索引流程，系統就能根據使用者查詢，及時從外部資料庫提取相關資訊，加以生成對應的回應。然而，雖然 RAG 在前期搭建時間上較短，但若資料維護或索引規模持續擴增，後續仍需要長期的優化與調整，才能持續保證檢索精準度與回應品質。

9.4.3 維運策略

RAG 在上線後的維運重點主要在於定期審閱外部資料庫與檢索品質。若新聞平台的資料來源更新速度極快，則需設定自動化流程，每日或每小時抓取新文章並進行清理與品質檢查。一旦索引效率或檢索準確度開始下滑，就要及時調整向量化模型或分布式系統架構，以確保回應在時效性與準確度上能滿足使用者

需求。對於涉及醫療或金融等高敏感性的應用場合，也需增加權限控管，避免未經授權的人員查閱或竄改檔案內容。

Fine-Tuning 的維運策略則在於模型效能的長期監測與再訓練。隨著外部環境或法規變化，原有的模型可能漸漸無法應對新的使用情境。例如，當金融監管規範出現重大調整，或新出現的詐騙手法不斷演進，模型若未能透過再次模型微調來及時更新知識，就容易發生判斷失準或違規行為。透過週期性的精準評估與適度的再訓練，Fine-Tuning 模型才能在資訊快速變動的現實世界中持續發揮高水準的專業表現。

9.5 本章小結

本章闡述了 RAG 與 Fine-Tuning 在專案時程與維運等層面的多重考量。RAG 雖能以較快的速度進行上線部署，也能動態整合新資訊，但需要付出維護外部知識庫與檢索基礎設施的長期成本。Fine-Tuning 則能在深度任務上展現更高的專業性與一致性，然而前期的資料準備與後續模型再訓練的需求，也使得其在資金與時間配置上更為嚴謹。

不論採用 RAG、Fine-Tuning 或兩者結合的方案，資料安全與法規符合都至關重要。唯有在兼顧資訊隱私保護、遵守產業監管規範的前提下，才能讓生成式 AI 在企業與組織的實際應用中真正發揮價值。當開發者能將技術考量、合規需求與管理策略相互整合，便能使 AI 系統在快速演進的環境中保持穩定、可靠與持續成長。

Note

第十章

嵌入向量
Embedding Vector

| 第五部分 | 檢索增強生成（RAG）與模型微調（Fine-Tuning）

在此章節，你將會獲得：

學習重點	說明
嵌入向量（Embedding Vector）的基礎概念與應用價值	理解 Embedding Vector 如何將高維度且抽象的資料壓縮至低維度向量空間，以保留語義或特徵核心並提升計算效率。探索其在處理高維與稀疏資料方面的優勢，及在自然語言處理、計算機視覺等領域的實際應用。
嵌入技術的基礎與生成方式	掌握向量空間、距離衡量方法（如歐幾里得距離與餘弦相似度）及維度縮減技術（如 PCA 與 SVD）。了解從詞袋模型到深度學習（如 Word2Vec、BERT）的嵌入生成技術演進，以及各自適用的應用場景。
嵌入效果的評估方法與工具使用	學習如何透過聚類分析、降維可視化（如 t-SNE、UMAP）等定量方法及語義檢測等定性方法，全面評估嵌入向量的質量與效能。同時熟悉 Scikit-learn、TensorFlow、PyTorch 等工具，提升嵌入分析與視覺化的效率與實踐能力。

10.1 什麼是 Embedding？

在上一章節提到有關 RAG 和 Fine-Tuning 的過程中，可以理解到 Embedding 對於機器理解人類知識時，很重要的一個方法。它能協助我們將各式各樣的資料，如文字、影像或使用者行為記錄，轉化為便於運算與分析的向量形式。這種轉化之所以重要，是因為大多數模型與演算法都基於數值運算來進行推論或預測，若能以適當的方式將抽象的資訊壓縮至可被處理的向量或矩陣表示，我們便能更有效率且更具彈性地進行資料分析與模型訓練。Embedding 技術能在保留核心語義或特徵的同時，大幅降低維度，從而減少計算複雜度，並為後續的機器學習與深度學習流程奠定堅實基礎。

10.1.1 定義與概念

當我們談到 Embedding，其核心思想在於「以一種可被演算法理解與操作的方式，將資料中的抽象概念映射到向量空間」。在自然語言處理領域，若將文字轉換成機器讀得懂的數學表示向量，那我們可以說此向量為詞向量（Word Vector），而將人類語言轉換成數學向量的這個轉換器，我們就可視作是一個詞嵌入（Word Embedding），透過將每個單詞轉化為維度相對較低的向量，模型便能以更易於理解的方式來比較不同字詞間的語義距離。Embedding 轉換技術不僅應用於文字分析，同樣可擴展至影像、音訊及推薦系統等多元場景。凡是涉及高維、稀疏或難以直接量化的資料類型，皆可透過 Embedding 轉化為便於計算與建模的形式，進而發揮其運算與分析效益。

從實務角度來看，Embedding 之所以受到重視，主要是因為現實世界中的資料往往具有「高維度」與「稀疏性」兩大挑戰。舉例而言，若我們想要利用常見的 One-Hot Encoding 將字詞轉化為向量，可能會面臨數十萬維度以上的空

間,既難以儲存,也難以訓練,還會造成計算效率下降。Embedding 技術能將相似或具關聯性的資料點「拉近」至向量空間中的鄰近位置,使得模型在進行分類、回歸或檢索時更有效率。同時,Embedding 也能透過數學形式,讓我們進一步理解資料與資料之間的潛在結構與關聯。

10.1.2 Embedding Vector 的核心特性

Embedding Vector 的第一項關鍵特性在於低維度的向量表示。這意味著,無論輸入資料原本有多少的字,只要在模型上線範圍內,透過適當的學習與壓縮方式,皆能在一個相對小且可控的向量空間中表徵其最具代表性的資訊。這種壓縮不僅能減少運算量,還能讓我們的模型有更高的泛化能力,因為在一個更低維的空間中,模型較能聚焦於資料的關鍵模式,而不會受到過多噪音或不相干特徵的干擾。

其次,Embedding Vector 的語義相似性概念也是其突出的價值所在。對於文字而言,若兩個詞在向量空間中十分接近,我們通常能推論出它們的意涵也比較相近,反之亦然。因此在很多自然語言處理的應用中,如情感分析、文本分類或關鍵字搜尋,我們都能利用 Embedding Vector 來快速量化詞與詞、句子與句子之間的關聯度。在其他領域,例如推薦系統,Embedding Vector 也可以將使用者與物品映射到同一個向量空間,以便衡量使用者對於物品的偏好相似度。這樣的表示不僅易於可視化與解釋,也能顯著加速檢索和比對的過程。

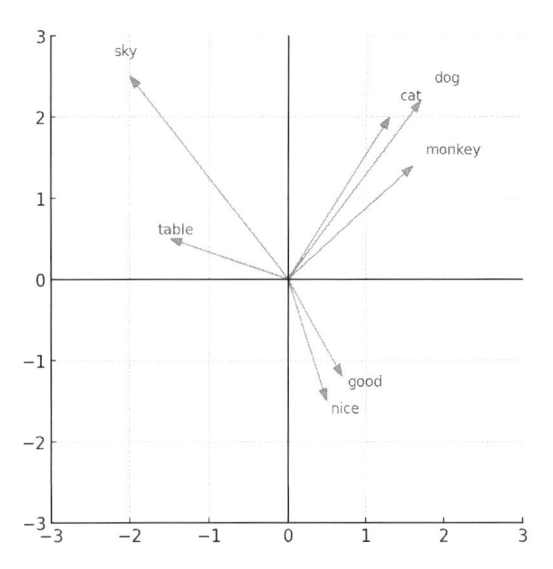

Embedding 相似度範例 - 二維圖示表示（非正式距離）

最後，高效性與可解釋性同樣是 Embedding Vector 受歡迎的原因。適當地設計與訓練，能讓模型在處理龐大資料時仍能保持運算的可行性，並在某些情況下具備一定程度的可解釋性。例如，若我們觀察詞向量中的維度與語義對應關係（如某些維度可能反映了「動物」或「植物」的傾向），即能在一定程度上了解 Embedding Modlel 如何捕捉這些語言特徵。這樣的特性使得 Embedding 能為後續的各類機器學習與深度學習應用提供具有語義意義的輸入，進而提高系統的整體效能與可讀性。

10.2 Embedding 的數學基礎

深入探討 Embedding 的原理，離不開線性代數和矩陣計算等基礎數學知識。從向量空間的定義到距離函數的選擇，每個環節都會直接影響 Embedding 的應用成效。透過適度的維度縮減，我們能讓 Embedding 既有效率又能保留原始資料的精髓。這些技術的核心理論，主要都建構在向量運算與矩陣分解等方法之上。

10.2.1 向量空間與線性代數回顧

在 Embedding 的世界裡，最基礎的概念莫過於向量、矩陣與內積。向量可以視為一組有序的數值集合，通常用來表徵各種特徵或測量值。當我們將資料嵌入一個向量空間後，就能利用代數運算進行距離計算、相似度分析以及各種線性變換。舉例來說，若我們想要比較兩個詞向量之間的相似度，可以透過計算它們的內積或夾角；若我們想要去除資料中的某些雜訊或冗餘維度，便能透過矩陣分解技術來壓縮向量空間的維度。

而「空間」與「距離」的概念也顯得格外重要。所謂「空間」代表了資料所處的多維度座標系統，在 Embedding 的脈絡下，我們期望每個資料點在此空間中都能被合理位置化。若兩個資料點具有高度相似的語義或特徵，則它們在空間中應該相距較近；若它們本質差異明顯，則應該相距較遠。這種將抽象特徵具體化的作法，正是 Embedding Vector 在處理複雜資料時的強大之處。

10.2.2 距離衡量方法

為了評估兩個資料點在向量空間中的相似度或差異度，距離衡量方法扮演了重要角色。最直覺的方式是歐幾里得距離（Euclidean Distance），它計算了兩個向量在坐標上的差值平方和，能以幾何的方式呈現出它們在空間中實際的「物理距離」。在很多場合下，若資料具有相對平滑的空間結構，歐幾里得距離通常能提供簡單且可靠的衡量結果。

然而，在高維空間或一些特殊應用情境中，餘弦相似度（Cosine Similarity）就可能更為適合。與歐幾里得距離不同，餘弦相似度主要關注向量間的夾角，而非它們在座標軸上的絕對距離。這種方法在文字 Embedding 中尤其常見，因為詞向量的大小（或長度）不一定具有絕對意義，反而是向量間的方向更能反映它們的語義關聯度。至於曼哈頓距離（Manhattan Distance），則透過累計維度間的「絕對差值」來定義距離，在某些離散型特徵的場景下能更符合實際需

求。根據不同的資料型態與分析目的，我們會選擇最能凸顯資料特質的距離衡量方法，以保證 Embedding 的使用價值。

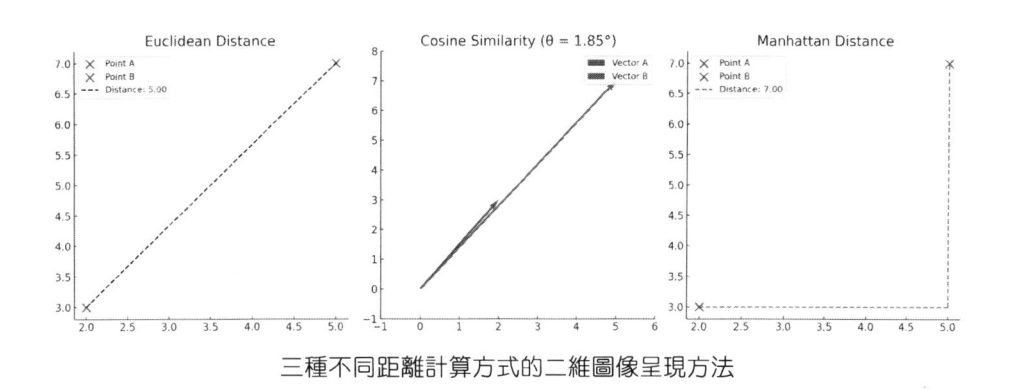

三種不同距離計算方式的二維圖像呈現方法

10.2.3 維度縮減的技術

當資料的維度過高時，我們往往會面臨資料稀疏與計算量暴增等問題，這時候維度縮減技術便能發揮重要功能。主成分分析（PCA）是最具代表性的線性維度縮減方法之一，它透過找出資料中方差最大的方向，將這些方向作為新座標軸，進而濃縮資料在少數幾個主成分上的變異度。這種方法簡潔且有效，常被用於初步的資料探索與可視化，以便快速觀察資料在低維空間中的結構，或在後續的機器學習任務中作為輸入特徵。

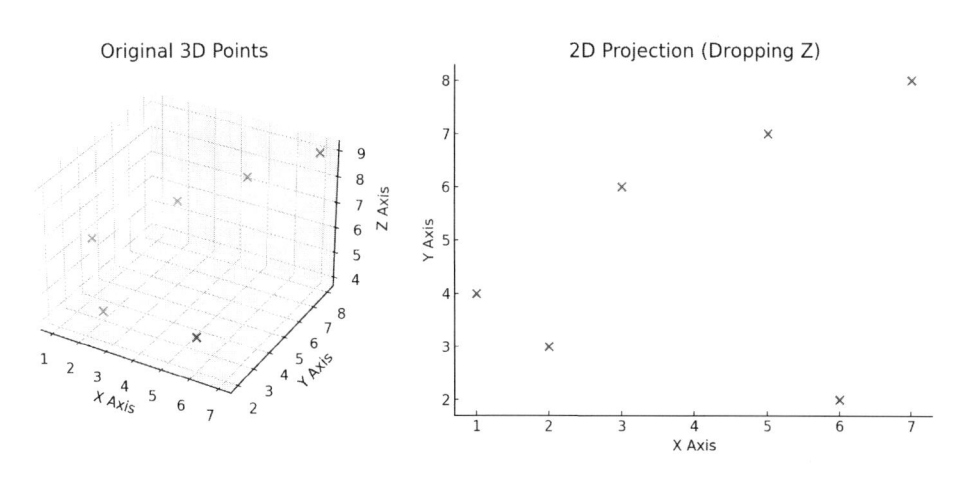

高維度透過 PCA 投射到二維度的表示方法

另一項常見的維度縮減方法則是奇異值分解（SVD），它普遍應用於訊號處理、影像壓縮以及文本分析等領域。SVD 能將矩陣拆分為數個正交向量與對角矩陣的乘積，以此找出資料的重要結構或模式。在文本 Embedding 中，當我們需要將詞 - 文件矩陣或詞 - 上下文矩陣轉化為低維空間時，SVD 往往能提供高效率的壓縮與泛化能力。透過這些維度縮減方法，我們不僅能降低系統的運算與儲存成本，還能在保留重要語義的前提下，使後續的分析與預測更為精準。這些理論與實踐策略，也恰恰展現了數學在 Embedding 設計與應用中的關鍵地位。

綜觀以上內容，Embedding 的威力在於它能以簡化且易於計算的方式，捕捉資料中最有意義的模式與語義結構。從向量空間的基本概念到距離度量與維度縮減技術，我們能清楚看出數學理論既是 Embedding 的基礎，也是其能夠在眾多應用場景中大放異彩的根本原因。唯有同時掌握概念與細節，才能有效發揮 Embedding 的力量，在面對龐大而複雜的資料時，運用更精巧且更具解釋性的方式揭示其潛在價值。

10.3 Embedding 的應用場景

在瞭解了 Embedding 的數學基礎與核心概念後，我們可以進一步探討它在各個領域的實際應用。透過將高維資料映射到向量空間，Embedding 能協助我們在理解、比較與搜尋層面上都更加靈活，甚至能夠發掘資料之間隱藏的結構與語義關係。無論是面對自然語言處理、計算機視覺，亦或是其他更為專業的領域，Embedding 在各種應用場合都展現了不可或缺的優勢。

10.3.1 自然語言處理（NLP）

在自然語言處理領域，Embedding 幾乎已成為基礎的技術核心。最早受到廣泛關注的應用形式便是詞嵌入（Word Embeddings），這些方法能將抽象的詞彙

轉化成可操作的向量，進而使演算法得以利用內積或距離函數來比較詞與詞之間的語義關係。當我們對句子或文件進行檢索與比對時，如果能有效運用詞嵌入，便可透過向量間的相似度快速辨別語意上相近或相關的詞彙，同時降低相似字詞或同義詞造成的混淆。

除了單字層級的 Embedding，句子或段落的嵌入（Sentence Embeddings）也越來越受到重視。語義搜尋正是其中一個具代表性的應用，透過將整個句子或文件映射至向量空間，我們便能快速比較不同句子之間的語意距離。在文本分類的任務中，句嵌入也可以讓模型更精確地掌握段落的語氣、主題或情感傾向，進而提高整體分類的準確度。更進階的應用如機器翻譯和聊天機器人，也仰賴高品質的文字表示，使模型得以捕捉上下文脈絡，並適切生成或回應人類語言的複雜含義，這些功能都直接或間接地建基於各式各樣的 Embedding 模型之上。

10.3.2 計算機視覺（CV）

在計算機視覺中，Embedding 也扮演了舉足輕重的角色。典型的影像嵌入方式是透過卷積神經網路（CNN）將圖像轉化為一組特徵向量，使其在保留圖像視覺特徵的同時，縮減了維度並濾除了雜訊。在影像檢索系統中，我們可以利用圖像嵌入來比對不同圖片之間的相似程度。如果兩張圖片的向量表示非常接近，我們便能推斷它們的視覺內容具有較高的相似度，如同在自然語言處理領域中，我們利用詞向量來判斷詞彙間的語義關係一樣。

進一步來看，影像嵌入不僅能用於搜尋與檢索，也能為許多下游任務提供更穩定且具有普遍性的特徵基礎。舉例來說，在物體辨識任務中，如果能事先訓練一個可靠的影像嵌入模型，我們便能將影像資料壓縮至較低維度的特徵向量空間，再透過更精簡的分類器完成準確且快速的辨識過程。此外，若在設計推薦系統或其他多媒體整合應用時，圖像嵌入也能與文字嵌入結合，使得系統能夠多面向地理解使用者的偏好與意圖。

10.3.3 其他應用領域

除了自然語言處理與計算機視覺，Embedding 在其他領域同樣展現了高度的可行性與彈性。推薦系統便是其中的一大領域，透過將使用者與物品皆表示為向量，我們能在相同的向量空間中衡量兩者的相似度，並進而預測使用者對於特定物品的偏好程度。例如在串流音樂或電子商務平台，使用者與歌曲或商品的向量若彼此接近，系統便能推斷使用者更可能對該商品感興趣。

另類的場景如圖資料分析，也能依賴 Graph Embeddings 來處理節點與節點之間的複雜關係。傳統上，圖結構資料常以鄰接矩陣或連結清單的形式呈現，但若能將節點嵌入到向量空間，就可使用常見的距離衡量或叢集分析方法來了解圖中群集與群集之間的關係。在生物資訊領域，基因序列分析同樣能利用類似的概念，將一段蛋白質或 DNA 序列轉化為具有生物意義的向量表示，並以此為基礎進行疾病分析或藥物研發。由此可見，Embedding 不僅能適用於文本與影像，也能為其他多元資料型態提供強大且高效的表示能力。

10.4 嵌入技術的生成方式

以下幾種方式各有優勢與局限，能在不同場景下提供有效的向量表示方案：

10.4.1 基於詞袋模型（Bag of Words）

最為基礎也歷史最悠久的文字表示方法之一，便是詞袋模型。它的核心概念在於將文本中所出現的詞彙計算出詞頻，並將其視為一個維度空間下的向量表示。此方法操作簡單，也容易理解，其在某些初階應用或需要快速原型開發的場景中仍具實用價值。然而詞袋模型往往忽略了詞彙之間的順序與上下文資訊，也無法有效處理同義詞或多義詞等複雜語言現象，因此在捕捉語意方面存在一定限制。

在實務操作中，常會搭配 TF-IDF（Term Frequency-Inverse Document Frequency）作為加權機制，以凸顯在單一文件中出現頻率高，但在整體語料庫中不常見的重要詞彙。這種加權方式雖然能在一定程度上改善詞袋模型對罕見且關鍵詞彙的辨識能力，但仍然無法解決上下文資訊不足的結構性問題，因此在追求更高階的文本理解時，多會再搭配更強大的 Embedding 技術。

10.4.2 Word2Vec 與 GloVe

當詞袋模型與 TF-IDF 開始顯露其語意不足的侷限，Word2Vec 與 GloVe 等新一代方法便逐漸成為主流。以 Word2Vec 為例，其基於神經網路所實作的核心思路主要分為 CBOW 與 Skip-Gram 兩種模式。CBOW 透過上下文預測目標詞，而 Skip-Gram 則是使用目標詞預測上下文。這種具備上下文學習能力的框架能捕捉詞與詞之間更豐富的語義關係，並透過不斷迭代更新的方式，逐漸將語言隱含的結構嵌入到向量表示之中。

GloVe 則提供了另一種思路，藉由統計詞彙在整體語料庫中的同時出現機率，進而學習可同時兼顧局部與整體資訊的向量表示。與 Word2Vec 相比，GloVe 尤其重視詞與詞之間的共現行為，以一種較為全局的方式來理解語言。無論是透過 CBOW、Skip-Gram 或 GloVe，最終產生的詞向量都能在高維語料的壓縮中保留豐富的語意資訊，從而在文本分析、文件檢索或機器翻譯等多種應用中展現出色的表現。

10.4.3 深度學習與新一代 Embedding 模型

在語言模型與深度學習技術快速演進的浪潮下，Embedding 的生成方式也取得了相當大的突破。從 FastText 開始，研究者嘗試將字詞拆分為更細微的子詞或字母 n-grams，如此一來便能更好地處理未登入詞（out-of-vocabulary）與字型變化帶來的挑戰。

接著，Transformer 架構的興起更是改寫了自然語言處理的既有格局。BERT 與 GPT 系列模型採用了多頭自注意力機制（Multi-Head Attention），能在同一時間捕捉不同序列位置之間的關聯性，從而精細地建構上下文語境。在這些新穎的語言模型中，Embedding 不再僅僅是前端的詞向量，還包括深層神經網路在多層 Transformer Block 中所學到的中介表示。這些模型在語意理解上更加精準，也更能應對多種下游任務，包括文本生成、問題回答和對話系統等。由於其在多種公開基準測試上的優異表現，BERT 與 GPT 系列的嵌入技術已成為業界與學術界競相追逐的目標。

10.4.4 Word Embedding 與 Sentence Embedding

隨著模型規模與複雜度的提升，我們不再僅止於探討單字或詞彙的向量表示，而是更關注整個句子甚至段落與文件的嵌入方式。早期的方法或許能將句子看作若干詞彙向量的簡單平均，但這種處理方式往往缺乏上下文的層次關係。深度學習模型則能透過多層注意力機制與循環結構，將句子中前後文之間的關係加以綜合，進而產生更具語意性的句嵌入（Sentence Embedding）。

句嵌入在文本檢索、情感分析與問答系統等任務中表現尤其顯著。比方說，若我們希望建立一個智慧型客服系統，藉由將使用者輸入的整句對話嵌入到向量空間，我們就能快速比對並找出最相似的回應樣本或知識庫條目。這種高階的向量表示不僅改善了語意匹配的精準度，也縮短了系統回應的時間，讓整個互動過程更為流暢。最終，在多層次的 Embedding 機制之下，模型得以更全面地理解並生成語言，進一步推動各種智慧應用的蓬勃發展。

Embedding 技術的多元生成方法展現了它在不同場景與資料型態中所能發揮的威力。從最初的詞袋模型到深度學習時代的多層注意力機制，每一個階段的演進都在回應語言與資料結構的複雜性。唯有透過全面且深入的理解，我們才能在面對龐大而多樣化的資料時，選擇最適合的方式來萃取資料的核心價值，並將其轉化為能助力各種應用領域的強大向量表示。

10.5 如何衡量與評估 Embedding 的效果？

在各式應用中,嵌入向量的品質直接影響檢索、分類、問答等下游任務的效能。尤其針對繁體中文資料,如何確保模型能夠捕捉到細微的語義差異,變得更為重要。以下將會說明,要如何去衡量和評估 Embedding Vector 表現狀況。

10.5.1 平均倒數排名（MRR）的基本定義

平均倒數排名（MRR）是一個廣泛應用於評估檢索系統、問答系統與推薦系統中排序結果品質的指標。其基本原理是:針對每一個查詢,找出回傳結果中第一個正確答案的位置,並取其倒數,最後對所有查詢取平均。公式如下:

平均倒數排名（MRR）是一個度量資訊檢索與推薦系統中排序結果品質的指標。當使用者輸入某個查詢後,取出回答或正確答案的排名,並取其倒數,然後對所有查詢做平均。

公式如下:

$$\mathrm{MRR} = \frac{1}{N} \sum_{i=1}^{N} \frac{1}{\mathrm{rank}_i}$$

其中:

- N 為查詢總數。
- $rank_i$ 表示第 i 個查詢中正確答案首次出現的位階（排名位置）。若當前查詢沒有正確答案則該值為 0。

上述說明揭示了系統在回答管道最早找到答案的重要性,因為倒數取值會讓最前面排的答案對 MRR 的貢獻最顯著。

10.5.2 直觀理解 MRR 與實際意義

在檢索或問答系統的應用中,用戶通常只關注最前端的結果,因此系統的早期準確性至關重要。MRR(Mean Reciprocal Rank,平均倒數排名)指標專注於第一個正確答案的位置,能夠直觀反映系統在「命中率」上的表現。如果正確答案位於第一名,則該查詢的貢獻值為 1;若出現在第二名,則貢獻值為 1/2;依此類推。這種計算方式強調了系統是否能夠迅速提供正確資訊,以滿足用戶需求。

此外,MRR 的計算方式具有平滑加權的效果,因為倒數函數是單調遞減的。如果系統將正確答案排在較後的位置,其對 MRR 的貢獻將大幅降低。例如,若正確答案出現在第 10 名,其貢獻值僅為 1/10。這顯示出在實際應用場景中,若系統無法在前幾個結果中提供正確答案,用戶體驗將受到嚴重影響。因此,為了提升檢索與問答系統的效能,優化前幾名結果的準確性是至關重要的目標。

10.5.3 MRR 的計算範例

假設我們針對 5 個查詢進行評估,其第一個正確答案的排名分別為 1、2、3、(無正確答案)以及 4。則可依照下列方式計算 MRR:

$$\text{MRR} = \frac{1}{5}\left(1 + \frac{1}{2} + \frac{1}{3} + 0 + \frac{1}{4}\right)$$

計算結果為:

$$\text{MRR} \approx \frac{1}{5} \times (1 + 0.5 + 0.333 + 0 + 0.25) \approx \frac{1}{5} \times 2.083 \approx 0.4166$$

這個值意味著平均而言,系統回傳正確答案的位置處於較前的位置,但仍有改進空間。

10.5.4 MRR 的優缺點

在現代檢索與問答系統中，評估回傳結果的排序品質扮演著極為重要的角色。MRR，即平均倒數排名，因其計算方法直覺簡單而受到廣泛應用。這種指標讓使用者能夠輕易理解為何排名越靠前的答案對最終評分的貢獻最大。對於大部分檢索與問答應用來說，最關鍵的需求在於能否在前幾個位置內回傳正確答案，而 MRR 正是針對這一點進行設計與評估，能夠精準地反映出這種應用場景下的實際需求。

然而，MRR 在設計上也存在著一些不足之處。由於其評估僅僅聚焦於查詢結果中的第一個正確答案，當查詢可能擁有多個正確答案時，MRR 便無法全面展現整體排序的品質。此外，當面臨無正確答案的查詢時，系統往往將其倒數排名定義為 0，這種處理方式容易對部分查詢的表現產生過度懲罰的效果。與那些同時考慮所有回傳結果排序的指標相比，如 MAP 或 NDCG，MRR 的評估視角顯得相對單一，無法在所有情境下充分反映排序結果的全面表現。綜上所述，儘管 MRR 因其簡潔直覺和計算方便而具備明顯優勢，但在處理更為複雜的搜尋情境和多重正確答案時，它的限制也不容忽視

10.6 本章小結

本章深入探討了 Embedding 的核心概念與技術細節，從基本定義出發，闡述了如何將各式各樣的資料（包括文字、影像與使用者行為記錄）轉換為低維且具代表性的向量表示。透過介紹向量空間、線性代數、距離衡量方法與維度縮減技術，本章揭示了 Embedding 如何在保留資料核心語義與特徵的同時，有效降低計算複雜度，為後續機器學習與深度學習模型的構建奠定堅實的數學基礎。

此外，本章也詳細說明了 Embedding 在自然語言處理、計算機視覺及其他多元應用領域中的實際運用，並比較了從傳統詞袋模型、Word2Vec 與 GloVe 到現今深度學習方法如 Transformer 架構下生成的多層次向量表示。針對 Embedding 的評估部分，本章以平均倒數排名（MRR）為例，剖析了如何從數學和實務角度衡量模型的檢索與排序效能，強調了在面對龐大且複雜資料時，精準捕捉語義結構與提升系統回應效率的重要性。

第六部分

建置 RAG 知識庫服務系統流程

第十一章

文章字塊切分 Chunking

在此章節，你將會獲得：

學習重點	說明
Chunking 的核心概念與實務價值	了解 Chunking 如何透過切割文本為具有語意完整性的單元，提升自然語言處理系統的效率與精準度，並解釋其在模型訓練、語意檢索等應用中的重要性。
多樣化的 Chunking 策略與應用場景	掌握從固定長度、語意單位到分層式 Chunking 方法的特點與應用，並探討各方法在處理龐大文本、多語言資料及特殊格式時的優劣與挑戰。
Chunking 與上下游流程的整合效益	深入了解 Chunking 在嵌入表示、檢索索引和動態文本更新中的應用，及其如何平衡效率與語意一致性，助力於構建強健、高效的文本處理系統。

11.1 Chunking 的基本概念與重要性

在自然語言處理領域中，如何有效地對文本內容進行切分與組織，一直是影響系統效能與可讀性的重要課題。所謂的「Chunking」，便是透過一種明確而系統化的方式，將原本連綿不斷的文字切割成較小且具有意義的單位，使得後續的資訊檢索、理解與分析能以更高的效率與精準度完成。由於文本資料的多樣性與複雜度日益攀升，Chunking 在各式文本處理應用中皆扮演不可或缺的角色，其影響範圍從最早期的關鍵字檢索，一路延伸到近年大型語言模型架構所驅動的語意理解。

Chunking 的價值不僅在於將文本切分，也在於為後續應用提供可操作的基礎。對於多數的語言模型或搜尋演算法而言，若沒有合理的分割策略，系統可能面臨雜訊過高、難以聚焦以及運算效率低落等問題。透過 Chunking，可以在適當的粒度下將文本進行劃分，既能保留段落的完整意義，也能避免處理過多無關內容。因此，在文本分析的流程中，Chunking 幾乎是所有後續技術步驟的起點，它既奠定了有效搜尋與分析的基石，也與各種語言模型的特性相互結合，協同提升各種自然語言處理任務的表現。

11.1.1 Chunking 的核心概念

Chunking 最核心的概念在於找出文本中具有明確意義或功能的單位，例如將段落分割成可獨立處理的字串，或者從句子層級中抽取詞組與短語。其定義著重於「可讀性」與「可分析性」，能將長篇文字化整為零，進一步輔助後續模組進行分析與推理。在執行 Chunking 時，往往會依賴各種規則或模型，例如根據標點符號、語法結構，或是藉助統計學與機器學習的方法，將文本切分成專門對應特定應用情境的區塊。

由於 Chunking 在文本處理中扮演「基礎功能模組」的角色，其運作方式不僅影響切分出來的單位，也間接影響到整體系統的精準度與效率。在以往的搜

尋引擎中，如果 Chunking 取得的粒度過於粗糙，容易導致下游應用面臨關鍵詞與語意失配問題；但若粒度太細，則有可能造成系統承擔過多無用資訊。在深度學習興起之後，包含 RNN、CNN 乃至於 Transformer 等模型，都需要對輸入文本進行前處理，以幫助模型聚焦於關鍵詞或語意片段，因此良好的 Chunking 策略成為影響最終效能的重要因素。

11.1.2 Chunking 與文本表示的關係

在實際應用中，文本表示方法的選擇與 Chunking 的策略之間息息相關。早期比較流行的 TF-IDF 以及詞袋模型（Bag-of-Words），通常需要先劃分句子或段落，並將文字轉化為關鍵詞或稀疏向量來表示。如果 Chunking 粒度不足，或是分割方式不合適，則可能造成特徵稀疏或資訊流失，影響關鍵詞的辨別與排序。隨著深度學習時代的到來，Transformer 系列模型（如 BERT、GPT 等）在嵌入（embedding）階段就需要處理完整文本；然而，當文本長度超過模型可處理範圍時，必須透過適當的 Chunking 將長文本拆解成多段，再分別餵入模型中進行向量化，如此方能在保持文本上下文的同時，兼顧運算資源的有效利用。

Chunking 對於語意檢索與關鍵字檢索的互動也十分明顯。關鍵字檢索較容易受到片段中關鍵詞出現次數或位置的影響，而語意檢索則更加仰賴文本在詞彙、句子或段落層級的語意連貫度。透過恰當的 Chunking，可以在包含關鍵詞的前後文之間取得平衡，避免在檢索程序中遺漏關鍵的語意脈絡，並有效幫助檢索系統更精準地連結文本內容與使用者查詢需求。特別是在結合深度學習模型進行語意向量化時，如果事先處理好的 Chunking 能將主題相近或意義相關的內容組織在一起，將能有效改善檢索結果的精準度，並在搜尋結果的排名與相關性上取得更佳的表現。

11.1.3　Chunking 的理論基礎

從資訊理論的角度來看，如果熵（entropy）是一種狀態空間的指標，而 Chunking 的運作可視為將高熵的文字序列，分割成多個較低熵且更易分析的子序列。此過程能在資訊傳遞及儲存時，減少不必要的混雜度，並讓關鍵資訊更為顯著。以 Shannon 所提出的熵理論為例，若文本被切分得恰當，不僅有助於抽取關鍵字、建立語意連結，亦可透過減少重複或雜訊以提升系統在儲存與檢索時的效率。這種基於資訊理論的視角，有助於我們理解何謂「有效的分割」，同時也提醒設計者應該考量文本的內在語言結構與使用情境的需求。

語言學領域的研究則進一步為 Chunking 提供了分割原理與應用範疇。從詞法分析到句法分析，語言學家與計算語言學家已經提出許多可應用於文本分割的理論方法，包括基於詞形變化（morphology）、句法結構（syntax）的分析，以及在語義層面上探討詞彙之間的主題或情感關係。在實務操作時，如果能同時兼顧語言學理論與系統需求，Chunking 不僅可作為文本預處理的步驟，也能成為往後各種應用延伸的根本基石。透過深度掌握其理論基礎，系統設計者才能根據任務目標，靈活調整分割原則，最終在資訊檢索、文本歸類、情感分析或自動摘要等多種場景中發揮最大效益。

11.2　Chunking 策略與方法分類

在面對日益龐大且多樣化的文本資料時，選擇合適的 Chunking 策略常常成為自然語言處理流程中不可或缺的一環。不同的切割方法能帶來截然不同的處理結果，有時甚至影響到後續模型在效能與精度上的表現。為了應對多元的應用需求，業界與學界衍生出多種 Chunking 策略，從最簡單的固定長度分割，一路到能靈活因應語意結構的混合式及分層式方法。以下將深入介紹幾種常見的 Chunking 策略，並討論其適用場景與實務上可能面臨的限制及優勢。

11.2.1 固定長度的 Chunking

固定長度的 Chunking 方法，是最為直觀的文本切割策略，主要做法是按照字元數、詞數或 token 數，將文本自動切割成一段段大小相近的區塊。在許多批次處理任務或大型資料管線中，這種策略顯得尤為簡單易行，因為系統不需要另外計算語意特徵，就能快速將文本切分為整齊劃一的子單位。例如，在批次訓練過程中，若需要將數百萬條文本資料分批餵入模型進行向量化，採用固定長度的方式能使整體程序標準化，系統也較容易預估每一批資料的運算資源需求。

然而，固定長度的方式也存在一些局限性，特別是當文本中某些段落的語意緊密度較高，而另一些段落則較為鬆散時，單純依據長度進行切割可能導致文本中關鍵段落被不恰當地分割。例如在情感分析或語意搜尋時，一個帶有強烈情感或關鍵論點的句子若被截斷，模型便難以正確解析完整意涵，造成結果的偏差。若在文本內部充滿指代詞或需要上下文協助理解的複雜結構，這種機械式的分割方式更有可能造成語意斷裂。因此，在應用固定長度 Chunking 時，必須權衡運算方便性與語意完整度，並盡量透過參數調校來找出適切的分割大小，讓系統在效率與效果之間獲得平衡，在繁體中文的文本中，也可以透過句號、段落等方式進行處理。

11.2.2 基於語意單位的 Chunking

相較於固定長度的方法，基於語意單位的 Chunking 更強調文本結構與內容的一致性，通常會將句子、段落或主題段落視為最小切割單位。例如，在處理新聞報導或研究論文時，就能依據標點符號、轉折詞以及上下文脈絡等線索，將文本切分成彼此關聯的自然段落。這種做法在語意理解與資訊檢索等任務中尤為關鍵，因為它能確保分割後的區塊仍然保有足以傳達完整意義的上下文。

語意單位的維護往往需要搭配特定的模型或規則，例如根據句法樹解析來判斷段落的邏輯邊界，或是透過深度學習模型去找出論述的段落切分點。如此一來，就能最大限度避免切割錯誤帶來的語意斷裂問題，讓後續的檢索或分類任

務能夠更精準地捕捉文本內在的情感或主題。不過，這種方法也相對耗時，因為系統需要先行進行句法或語意分析，才能精準識別切割點。若文本規模龐大，或者需要在即時系統中迅速作出回應，就必須慎重考量此方法在計算資源與時間成本上的消耗。即便如此，基於語意單位的 Chunking 在需要深度理解文本內容的應用場景中，依然是不可或缺且值得投入的關鍵策略。

11.2.3 混合式 Chunking 策略

混合式 Chunking 策略試圖在固定長度與語意單位之間取得動態平衡，它通常先以固定長度作為初步的切割依據，再輔以語意判斷機制對邊界進行模型微調。例如，系統可以先將文本切割成大致相當的數個區塊，以維持處理效率，之後再由一個語意檢測或句法分析模組來校正切割點，確保不會破壞重要段落的完整度。透過這種「先粗後細」的方式，能夠兼顧計算速度與語意品質，尤其適用於那些需要同時關注系統吞吐量與文本理解深度的應用情境。

混合式策略的另一個優點在於能因應動態調整的需求。有些文本處理情境中，文件的長度與結構可能有極大的差異，例如使用者上傳的文件可能是三、五行的小筆記，也可能是數十頁的完整報告。如果只用單一策略，不是太笨重，就是太耗時。而混合式方法能在固定長度的基礎上，透過對段落或句子的語意檢測來調整切分位置，讓整個流程既有一致性，又能保持靈活度。因此，對許多需要大規模且深度文本分析的組織而言，混合式策略往往能在實際運作中展現出極大的效益與延展性。

11.2.4 分層 Chunking 方法

分層 Chunking 方法則將文本視為一個多層次的結構體，例如可以先按照章節或主題段落進行第一層切割，再根據每個章節內的敘述或主題段落進行第二層或更多層的切分。這種方法特別適用於長篇文獻、技術手冊或大型報告等高度結構化的文本。它的最大特色在於能保留文本的階層性，讓每一層的 Chunk 都

對應到某個邏輯或語意上的單位，例如章節概述、分論點詳述，乃至段落內的子主題。

在應用分層 Chunking 時，需要搭配對文本結構的深度理解，才能確保各層次的切割不會互相衝突。例如，在技術文件中，第一層通常用於將不同功能模組或不同領域範疇的內容分開，第二層則聚焦在各自模組或章節的子議題，再往下還有可能根據句子或敘述來進行更細緻的切割。這種多層分割的策略，有助於處理多層次語意的任務，例如自動摘要系統可以先抓取最上層的段落來生成大綱式摘要，再使用底層分割來為特定細節產生更具體的說明。也由於分層方法能同時兼顧整體架構與細節脈絡，往往成為製作大型知識庫和智慧檢索系統時的重要考量。透過在各層之間維持合理的分割與銜接，系統可以在檢索與分析時順暢地穿梭於不同細節深度，實現真正的多層次資訊整合。

11.3 Chunking 過程中的關鍵挑戰

Chunking 雖然在文本處理與分析中能帶來方便與效率，但要真正落實於各種真實情境，往往還需面對諸多技術與實務挑戰。其中既包含如何維持對語意資訊的充分保留，也涉及如何處理上下文與文本結構；更複雜的情況下，還需同時因應多語言與特殊格式的文本形態。唯有釐清這些潛在難題並制訂對應策略，才能在具備高效率的同時，確保 Chunking 不會因為粗糙或不當的切割而造成語意斷層或資訊流失。以下章節將深入探討各種可能面臨的挑戰，以及因應這些挑戰可採取的思維與方法。

11.3.1 Chunk 大小與語意資訊的平衡

在決定 Chunk 大小時，往往需要衡量切分後的文本區塊是否能保留足夠的語意脈絡，也同時必須顧及檢索或分析時的處理效率。如果 Chunk 過大，雖然可以減少語意斷裂並在檢索時保有完整上下文，但對系統而言，一次讀入的資訊量

也會相對龐大，後續的索引與搜尋運算可能更加複雜。此外，過大的區塊在某些應用情境中也會帶來檢索的不精準，例如在用戶輸入簡短關鍵詞時，系統需要在一片內容過於龐雜的文本裡尋找相關內容，無形中增加了誤檢索的風險。

反之，若 Chunk 過小，雖然能以更細的粒度聚焦於特定關鍵字或敘述，然而斷裂的語意往往需要額外的資源來重新整合，一旦存在需要串聯上下文才能理解的複雜內容，系統就難以在實際應用中給出正確結論。尤其在文本主題與論點之間存在緊密關聯的場域，過度零碎的分割可能造成關鍵論述被切散。為了達到最佳折衷，許多系統會根據文本特性動態調整 Chunk 大小，像是先以句子或段落作為初步單位，再依據實際應用的準確度需求來模型微調。如此一來，可以在保留必要的語意資訊與維持檢索效率之間找到平衡，也能因應不同文本類型或任務要求而彈性變更分割策略。

11.3.2 語意連續性與上下文保留

為了減少因分割造成的語意斷層，設計者通常需要在 Chunk 邊界處多下工夫。想像當系統在分析敘事型文本時，若關鍵角色的行動或對話被切割在不同區塊中，後續的情感分析或情節理解便可能發生偏誤。因此，在確立分割點時，除了考量技術層面的長度或 token 數量，也需要斟酌文本本身的內容結構，讓同一段論述或故事片段能盡量留在同一個區塊內。

當不可避免地需要在較為緊密的語意段落中進行切割，系統則可以利用前後文重疊的技術，保留一些必要的上下文資訊。例如，在 Chunk A 與 Chunk B 之間，共享若干句子或詞彙，讓後續的檢索或深度分析能感知到連續性的存在，不會錯過因斷句而被忽略的語意流。有些應用甚至會將 Chunk 邊界處的訊息重新編碼並寫入索引，使得檢索引擎在對照此邊界的內容時，可以同時參考前後區塊，進一步降低語意錯誤或斷層的風險。

11.3.3 Chunking 與文本結構整合

面對結構化或半結構化的文本,合理利用其內在的段落、標題、標籤(metadata)等資訊進行切割,不但能加速 Chunking 的效率,也能顯著提升後續檢索或分析的精準度。以技術文件為例,常見的章節標題、子標題與段落間的分隔,往往就是自然的切割點。透過這些明確的結構化標記,可以在不破壞文本邏輯的前提下,將不同部分的內容分門別類,讓系統在後續判讀時更能聚焦於同一主題或功能面向。

在結構化文本中進行 Chunking 時,最佳實踐包含在每一個區塊內保留與段落標題相關的字詞或程式碼,讓檢索引擎能夠根據標題或索引快速定位到需要查詢的位置。對於多層次的文件,如教科書、研究報告或技術手冊,可以考慮採用分層式 Chunking,先以章節或大主題為框架,再逐步向下切割至子議題或案例分析段落。這種多層次處理方式,不但讓應用系統擁有更清晰的概覽,也更容易在需要時深入細節,而不會因為過度切分或不當切分而遺失各層次之間的邏輯關聯。

11.3.4 多語言與特殊文本處理

在多語言環境下,Chunking 面臨更高難度的挑戰。不同語言的詞彙邊界、語法結構與修辭習慣各有差異,若僅採用單一模型或規則,很可能會產生切割不精準、丟失關鍵資訊的情形。以中英文混合文本為例,若單純以空格或標點符號作為分割依據,就有機會忽略中文沒有空格的特性或英文詞彙可能包含標點的重要性。此時,需考慮在切割引擎中整合不同語言的字詞邊界判斷,或為不同語言配置專屬的 Chunking 規則,同時確保跨語言文本仍能在後續步驟中有效對齊或匯合。

除了語言差異,特殊格式的文本(如程式碼、數學公式、標籤式資料)也常常成為 Chunking 的盲點。程式碼往往需要精確維持語法結構,若簡單以行數切分,可能會破壞函式或類別的完整性,使得後續分析難以進行。數學公式中若含有跨

行排版或上下標符號，也需要特別處理，以免分割失當時造成公式意義的混淆。對於這些情境，最有效的做法通常是先根據它們本身的語法規範訂出識別與保留規則，再輔以一般文字的切割策略，最終才能達到完整而準確的 Chunking 成果。透過結合針對多語言的動態判斷與針對特殊格式的精細規則，系統才有可能真正應對多元文本世界的複雜性，為後續的檢索與分析奠定穩固基礎。

11.4 Chunking 的進階理論

在先前的章節中，我們探討了多種 Chunking 策略以及在實務應用中的可能挑戰。然而，若希望更深入地了解不同分割方法背後的理論與數學基礎，就必須進一步研究各式模型如何評估文本的結構與語意，並以最佳化或 heuristic 演算法為輔，找出最能平衡效率與品質的切割方式。當文本越趨龐大且複雜，Chunking 的有效性就越能從理論層面顯現出其關鍵價值，也只有在精準掌握理論基礎之後，才有機會針對多變且具挑戰性的應用場景進行客製化的優化。以下幾個小節將逐步帶領讀者進入 Chunking 的數學模型與理論方法，並解析如何利用這些工具與框架來實際評估和改進文本分割策略。

11.4.1 Chunking 的數學模型

在理論層面，Chunking 通常可以視為一個「最優分割問題」，其中的核心目標是如何在擁有高語意一致性和高可讀性的前提下，盡量維持模型效能與系統資源的使用平衡。對於不斷成長的文本資料集而言，若能以數學方式尋找最理想的切割點，往往可以大幅提升後續分析與檢索的效率。例如，我們可以將文本視為一個序列，並為每個潛在切割點定義一個「切割代價」或「切割收益」，再透過最小化或最大化某個目標函數來尋求最優解。這個過程能精確量化每次分割對整體系統影響的大小，讓我們在不同目標間（如運算速度、記憶體需求、語意保留度）做出更明確的權衡。

在實際求解最優分割時，動態規劃（Dynamic Programming）與貪婪演算法（Greedy Algorithm）是較為常見的演算法工具。動態規劃強調將整體問題拆解為子問題，透過自底向上的方式逐步累積最佳解，每個子問題的最佳解都會為最終的整體最佳解奠定基礎。這種方法儘管能保證尋得全域最優解，但在文本規模龐大時也可能需要相當高的運算資源。相較之下，貪婪演算法則以當前資訊快速做出局部最佳選擇，追求較佳的計算效率，即便有時可能無法達成全域最優，但依舊能在實務中獲得相對可行的解決方案。若能在理論模型中適度平衡動態規劃的精確度與貪心演算法的速度，往往就能在多變的文本環境中，實現兼具效能與品質的 Chunking 策略。

11.4.2 語意密度與文本分割

在考量文本語意時，僅僅透過最優分割可能還不足以捕捉深層語意脈絡。語意密度（Semantic Density）便是一個能進一步反映文本中資訊濃度的概念，藉由在每一個局部區域計算關鍵詞出現的頻率、語意相關度或嵌入向量之間的距離，可以了解該區域內是否蘊含高度聚焦的主題資訊。若某區域的語意密度突然下降，便可能意味該處可作為一個潛在切割點；反之，若密度維持在一定水準，就顯示該部分最好被視為一個整體保留下來，以免破壞語意流或論述連貫性。

為了將語意密度落實到動態調整的 Chunk 長度中，常見的方式是結合深度學習的嵌入空間，利用向量化表示來量化文本的語意距離。例如，若系統偵測到某些段落的嵌入向量相似度極高，表示這些段落在主題或情感上有著顯著關聯，此時就應該盡量讓它們留在同一個 Chunk；反之，如果相似度過低，代表語意開始分歧，即適合進行切割。透過對嵌入空間中距離的計算與語意分群的操作，不僅可以讓 Chunking 流程更加精緻，也能將文本中那些有共同關鍵概念或話題走向的段落巧妙地聚合在一起，讓後續的檢索與分類具有更高的整體一致性。這種依賴語意密度的動態調整機制，尤其適合用於那些具有複雜議題或多重觀點的文本，因為它能隨時因應語意轉折而在適當的位置做出分割。

11.4.3 Chunking 策略的理論評估

為了進一步衡量 Chunking 策略在實務中的成效，我們需要建立一套兼顧效能、語意一致性與時間成本的評估框架。效能方面常常透過檢索準確度、分類正確率或模型訓練時間來量化，而語意一致性則可以利用語意相似度指標或語法分析的匹配度加以評估。時間成本則涵蓋了在切割階段所需的運算資源與後續檢索、推論時的效能表現。透過同時追蹤這三個面向，可以更全面地了解某個 Chunking 策略在不同應用情況下所展現的優劣勢。

在建立了理論評估體系後，便能在不同策略之間進行表現比較。例如，固定長度分割可能在時間成本上佔得優勢，卻在語意一致性評分較低；基於語意密度的動態分割雖然在語意一致性方面表現突出，但若應用於極大規模資料時，會面臨較高的運算負擔。這些平衡點讓我們看見，無論是個別演算法的選擇，或是各種模型與策略的搭配，都不該只看某一個指標，而需要多方評估之後，再結合應用場景與實際系統需求做出最恰當的取捨。唯有如此，才能真正發揮 Chunking 的潛能，使文本分割策略在各種複雜多變的實務環境中達到最理想的成果。

11.5 Chunking 與上下游流程的整合

在文本處理的生態系中，Chunking 不只是自成一格的獨立模組，也會與前後端的流程緊密互動。從資料輸入到模型嵌入，甚至到最終檢索與實時更新，每一個階段都可能受到 Chunking 設計與策略的影響。若能在整體流程中找到最適切的分割方式，不僅能確保嵌入向量的運算效率與精度，也能讓檢索索引結構得以充分發揮，甚至為動態知識更新提供更高的靈活度。以下章節將深入剖析 Chunking 如何與上下游流程互相結合，並針對主要環節提出具體的技術要點與應用思維。

11.5.1 Chunking 與 Embedding

在深度學習與語意分析蓬勃發展的時代，Embedding 往往成為許多文本應用的基石。系統在進行文本向量化的過程中，通常會先將 Chunk 作為最小處理單位，然後再餵入深度模型（如 Transformer、Word2Vec 等）進行嵌入表示。若這些 Chunk 的大小不夠一致或切割不當，便有可能導致模型的批次運算效率下滑，甚至在向量空間中產生不穩定的語意表示。例如，若 Chunk 過於龐大，模型可能需要同時保留太多上下文，造成輸入序列的長度超出預期，進而影響記憶體資源與運算時間；反之，如果過度切分，向量化結果就可能出現大量重複或零碎片段，在後續語意分析時造成負擔。

為了兼顧運算效率與語意穩定性，實務中常見的做法是先設定一個合理的 Chunk 最大長度，並配合動態截斷或分組機制。如此一來，可以在資料量龐大的情況下維持系統的可擴充性，也能避免嵌入向量出現失真或資訊遺失。在某些需要高精度語意捕捉的應用場域，例如情感分析或法條檢索，系統亦可考慮為特定關鍵段落或特殊字詞預留較長的 Chunk 範圍，讓嵌入模型能夠捕捉更豐富的上下文關係。透過這種彈性配置，Chunking 與 Embedding 便能在效率和語意保留間取得良好平衡，進而在多種文本處理場景中展現出色的表現。

11.5.2 Chunking 與檢索索引架構

在搜尋引擎或文本檢索系統中，索引架構的設計常常決定了整體服務的速度與精準度。傳統的倒排索引（Inverted Index）擅長快速定位關鍵字的位置，然而面對今日語意檢索與深度分析的需求，往往需要同時結合向量索引（Vector Index），以捕捉文本在高維空間裡的語意相似度。Chunking 正是在這樣的複合檢索流程中扮演關鍵角色：若我們能將文本切分成具有可獨立意義的區塊，便可同時在倒排索引與向量索引中對應到更細緻的語意單元，不會因為過度龐大的文本而埋沒細節，也不會因為切分過度零碎而造成系統運算量的飆升。

在多階段檢索的流程中，Chunking 的設定常會左右檢索的效率與精度。第一階段通常是根據倒排索引進行快速的關鍵字過濾，將大量非相關文本排除，接著再利用向量索引深入比對那些較可能含有目標資訊的 Chunk，藉此取得更高的語意相似度評估。如果 Chunking 在初步切分時就兼顧了文本的結構和主題連貫性，後續檢索階段就能聚焦於正確的段落，減少運算資源的浪費，同時提高搜尋成果的精確度。無論是針對網頁內容或公司內部文件庫，採用良好的 Chunking 策略，都能讓整個檢索索引架構更具彈性與強健度，也能為終端用戶提供更一致而流暢的搜尋體驗。

11.5.3 Chunking 與動態更新

在許多實務場景中，文本並非一成不變。例如，新聞報導每天都在更新，社群媒體的貼文更是即時產生，企業內部的知識庫也不斷加入與修訂內容。面對這種動態變化的需求，Chunking 方法若缺乏適應性，就可能在執行幾次更新後陷入維護上的困境。當部分文本過時或被重新編輯時，系統如何在不破壞整體索引結構的前提下，迅速調整分割方式並更新對應的向量表示，就成為評估整體穩定性與可擴充性的指標之一。

為了在實時資料更新中保持 Chunking 的靈活度，有些系統會透過增量式或局部更新的策略，針對新出現或被修改的區段進行再切分，並重新計算這些 Chunk 的嵌入與索引。若能在預處理階段就為文本設計一套分層化或標籤式的結構，系統便能更有效率地鎖定改變的區域，而不必重新掃描所有資料。如此一來，便能在知識頻繁變動的環境裡依然維持較高的檢索品質，同時確保資料增長不會成為系統瓶頸。經由與上下游流程的緊密整合，Chunking 也能成為知識更新與動態維護的重要助力，在龐大的資訊洪流中為應用系統提供更敏捷的擴充與演進空間。

11.7 本章小結

在本章中,我們深入探討了 Chunking 的基本概念、理論基礎及其應用策略,並闡述了其在自然語言處理中的重要性。Chunking 透過將文本分割成較小且具有語意完整性的單元,為語意分析、檢索系統和模型訓練提供了必要的基礎。從固定長度的簡單切分到基於語意的動態調整,再到分層式的結構化方法,不同的 Chunking 策略各有優勢,適用於不同應用場景。無論是面對龐大的文本資料,還是應對多語言與特殊格式的挑戰,選擇合適的分割策略始終是文本處理中不可或缺的一環。

此外,我們還探討了 Chunking 與上下游流程的緊密連結,尤其是在嵌入表示、檢索索引設計和動態更新中的應用。良好的 Chunking 不僅能提升模型的計算效率與語意保留度,還能優化檢索過程,為動態文本更新提供靈活性。在實務應用中,Chunking 需要在效能與語意一致性之間取得平衡,並透過數學模型與語意密度的量化來實現最佳化設計。總而言之,Chunking 是文本處理技術的基石,對於提升整體系統的準確性與效能有著不可忽視的貢獻。

第十二章

RAG 知識點的 Metadata 介紹

在此章節，你將會獲得：

學習重點	說明
中繼資料（Metadata）在知識庫與 RAG 流程中的價值與應用	深入理解中繼資料的概念，了解其如何在文件詳情、來源識別和搜索增強中發揮作用，進一步提升知識檢索與內容生成的精準度與可靠性。
Metadata 在語義搜尋與混合搜索策略中的角色	探討如何透過 Metadata 補足語義搜尋的不足，避免過多匹配與重要資訊遺失的問題，並在混合搜索策略中實現語義深度與關鍵詞精準的平衡。
Metadata 在 LLM 驅動的應用中的重要性	掌握 Metadata 在提示模板化中的應用方式，了解其如何幫助大型語言模型更精準地生成符合上下文的高品質回應，提升 RAG 流程的專業性與實用性。

12.1 什麼是中繼資料（Metadata）

中繼資料（Metadata）在資訊科學領域中被視為「關於資料的資料」。當我們面對文本、音訊、影像或其他數位內容時，往往不僅需要它本身的內容，還需要它在何時、何地、以何種方式產生，及其用途和可追溯性等額外資訊。這些額外資訊能為原始內容提供更完整的脈絡，並為將來的應用與延伸奠定基礎。在知識庫的環境中，Metadata 扮演著「連結者」的角色，能夠使分散的文件或資料來源彼此串接，協助系統與使用者在龐大的資料量中迅速找到目標。

當 RAG（Retrieval-Augmented Generation）流程導入中繼資料時，可以讓系統在產出內容前快速檢索並驗證資料的真實性與相關度。由於在 RAG 的過程中，生成式模型需要從外部知識來源抽取參考或引用，使其回答更符合事實基礎，Metadata 便能幫助系統精準鎖定所需內容。透過 Metadata，系統可以先行過濾不相關或低品質的資訊，再將精選過後的內容提供給生成式模型進行思考與產出，最終提升答覆的精確度與可靠度。

12.2 Metadata 所帶來的好處

Metadata 在知識管理領域所扮演的關鍵角色，主要體現在它對內容的補充與強化能力。透過中繼資料，我們能將原始文件背後更多的細節與背景資訊附加在系統可讀且可檢索的格式上，這不僅為後續的搜尋、分析與整合帶來便利，也有助於組織成員或使用者在面對大型知識庫時，迅速確認最具關聯性的內容。換句話說，Metadata 有效地將知識庫的龐大海洋化整為零，讓每一份文件或每一個檔案都能被標記、索引並系統化管理。

值得注意的是，Metadata 的多功能性並不限於資訊檢索本身。它在 RAG 流程中，甚至可以協助追蹤答案的來源，並判斷生成結果的可靠度。同時，

Metadata 可以保留各種操作紀錄，例如文件被匯入系統的時間、最後一次更新的時間、使用者瀏覽或修改的次數等等。這些豐富的操作紀錄不僅能提升整體系統的透明度，也能在需要時追溯到特定的事件或對應的修改歷程，為組織提供更完整、全面的資訊治理能力。

12.2.1 文件詳情

文件詳情通常是指從原始文件中抽取的延伸資訊，例如作者名稱、文件標題、建立日期、內容範圍或目標讀者群等。藉由這些資訊，知識庫可以在面臨內容相似度高或主題重疊度大的文件時，透過文件的詳細資訊來協助系統做更精準的區隔與選擇。這種精準度對於後續的文本探勘、語意分析乃至生成式模型的訓練都相當重要，也能幫助使用者在瀏覽時快速掌握文件價值。

在 RAG 流程中，文件詳情可以成為決定該文件是否適合被引用的關鍵。若我們想要回答有關某一個組織政策的問題，當系統能夠即時辨別出文件背後的撰寫者與發佈日期，便能確定其適用時效與參考價值。有時候，同樣是關於組織政策的文字，兩份文件的內容在字面上相似度很高，但若一份是近三年才更新過的內部文件，另一份則是十年前的版本，Metadata 在這個時候就能協助系統做出更合適的選擇，使回答更具有時效性與精準度。

12.2.2 來源識別

來源識別指的是清楚記錄每份文件或數位資源從何而來、以何種形式儲存，以及其原始創建者、版權、取得方式等。這部分資訊看似瑣碎，卻對於知識庫的建置與維運至關重要。若缺乏來源識別，無法理解文件最初的出處與可信度，那麼在後續引述或應用這些資料時，往往會面臨可靠度不足的風險。因此，Metadata 在此便能提供明確的出處標記，為後續的內容核對與法律合規提供必要的依據。

有了來源識別作為基礎，RAG 流程能更自信地將適當的文件投入到生成式模型中，因為系統不僅知道該文件涵蓋的主題，還可以確認其權威性與合宜性。例如，一個關於醫療指引的問題若需要引用某醫學期刊的最新研究報告，能夠提供該期刊名稱、研究作者與發佈日期的文件更能提高最終回答的信任度。在某些法規或合約相關的情境下，來源識別更是必備條件，因為法律引用、合規審查或內部稽核時，都需要明白理解所依據檔案的合法效力與準確度。

12.2.3 搜索增強

Metadata 能夠顯著提升整個知識庫的搜索效率，因為它不僅記載了資料的文本內容，也額外提供了豐富的標籤、索引與屬性。透過這些屬性，使用者可以從多個角度或維度檢索所需的資訊，例如根據文件的語言、所在部門或出版年份進行篩選。對於大型組織來說，能夠在數萬筆甚至數百萬筆文件中以多重條件進行搜尋是一項重大挑戰，然而 Metadata 的設計，讓複雜的搜尋條件變得更靈活易用。

透過 RAG 流程來看，搜尋增強在整體運作中扮演著至關重要的角色。當生成式模型需要快速獲取可信且相關的資訊時，中繼資料能協助搜尋模組立即縮小範圍，從而降低不必要的運算成本並提升回應速度。更精準的搜尋不但有助於產出更符合讀者需求的回答，也同時讓系統更有效地運用資源，避免在不必要的資料上浪費時間與計算能力。如此一來，整個知識庫的查詢與運用過程都能更加順暢，使用者體驗也因此而提升。

12.3 Metadata 的挑戰與重要性

在現代的資訊檢索環境中，Metadata 所代表的不只是原始文件的附屬資訊，更是整個搜尋與知識管理流程中的基礎。當使用者透過語義搜尋引擎或是大型語言模型（LLM）進行查詢時，若沒有妥善利用 Metadata，可能面臨「過多匹

配」與「重要資訊遺失」的風險。這些挑戰不但直接影響搜尋結果的品質,還可能導致企業或研究機構在知識獲取的效率上大打折扣。

在大多數語言模型與語義搜尋系統的實作中,Metadata 可以是創建日期、文件來源、使用者標籤或文件類型等。這些資訊彷彿一條指引線,讓搜尋系統在繁複的向量空間中,精準地找出真正有價值的文件。同時,Metadata 可以在搜尋後的篩選(filtering)階段大顯身手,協助使用者更快速地聚焦到最相關且最新的內容。以下將深入探討在語義搜尋及向量化檢索時,Metadata 所扮演的關鍵角色,以及相對應可能遇到的種種問題。

12.3.1 過多匹配(Too Many Matches)

語義搜尋最大的特點之一,是能夠捕捉使用者查詢與文件之間的語意相似度。然而,若對某一範圍寬廣或意義複雜的主題進行檢索,系統可能同時找出大量具有「相似語意」的結果。這種「過多匹配」的現象,往往會讓使用者陷入困擾:明明語義相似度指標很高,卻無法快速分辨哪些文件真的與自身需求最為貼近。

為了處理這種情況,Metadata 常被用來做更進一步的精確篩選。例如,若使用者需要「最新資訊」,Metadata 中的時間標籤就能快速篩除過舊或已失去參考價值的文件。在實務上,當企業或研究團隊持續累積龐大的歷史資料,亦或隨時關注某個領域的最新研究動態時,「過多匹配」問題便會更加凸顯。善用 Metadata,特別是創建或更新日期,即可為使用者帶來更高精準度的檢索體驗,並使語義搜尋在龐大的文件集合中持續保持效能與準確度。

12.3.2 重要資訊的遺失(Loss of Important Information)

當文本被向量化後,雖然在語義空間中能夠捕捉上下文與概念間的關聯,但仍可能同時失去部分原始文件的結構資訊與關鍵字細節。這種「重要資訊的遺

失」常見於需要保留文本層級結構（例如章節或標題）或特定格式（例如程式碼片段或方程式推導）的場合。若單純依靠向量化的結果，使用者在查詢與篩選過程中可能忽略了表格、附註或圖表等在原文件中扮演關鍵角色的資訊。

為了平衡文本向量化的好處與原始結構的保存，需要透過 Metadata 來補足向量空間中所遺漏的細節。例如，可在 Metadata 中紀錄文件的層級（章節、段落、標題關鍵詞）或文件的格式屬性（PDF、Word、HTML 等），以避免因單純追求語義相似度而喪失了讀者實際所需的完整脈絡。多數先進的混合搜尋系統，也會在前處理時就將文件結構整理到 Metadata 之中，以確保搜尋引擎仍能靈活運用向量化帶來的語義洞察，同時保有對原文脈絡的掌握度。

12.4 Metadata 與混合搜索策略

Metadata 在資訊檢索領域扮演了關鍵的協同角色，猶如在語義空間與傳統關鍵詞索引之間搭起的一座橋樑。當檢索系統僅仰賴語義搜尋時，雖然能夠捕捉文本之間更深層的意涵與相似度，卻可能失去對精確關鍵詞的嚴謹鎖定；反之，若只依賴關鍵詞匹配，則可能忽略那些文字表面形式雖不相同，實際上卻蘊含相同概念的文件。面對這種兩難，混合搜索策略（Hybrid Strategy）應運而生，透過同時評估語義相似與關鍵詞匹配，兼顧檢索結果的完整性與精準性，而 Metadata 則在此策略裡提供了整合與調控的要素。

在實際應用中，Metadata 不僅幫助檢索引擎合理分配語義搜尋與關鍵詞匹配的權重，也能在後續的過濾階段提供多元的篩選選項。這種以 Metadata 為核心的混合搜索策略，在企業知識管理系統或研究機構的論文文庫中尤其重要。因為當資料量龐大到僅憑關鍵詞難以全面掌控時，Metadata 能透過標記文件的格式、作者、標籤等屬性，讓系統同時保有語義維度與結構化屬性的管理能力，最終呈現的搜尋結果更能貼合使用者的實際需求。

12.4.1 混合策略（Hybrid Strategy）

混合搜索策略的核心概念在於同時評估查詢與文件的語義相似度，以及彼此之間的關鍵詞匹配度。語義相似度讓系統能捕捉更抽象的概念連結，例如「資料分析」與「資料探勘」之間可能蘊含的高度關聯性，而關鍵詞匹配則保留了檢索的精準度。在此基礎上，Metadata 進一步提供多樣化的輔助訊息，例如文件所屬的主題分類、文件格式或關鍵標籤，讓系統可以在向量空間與傳統索引間取得平衡。如此一來，檢索流程便不只是一種線性或單一衡量的機制，而是融入更多層次的條件與依據。

在企業內部知識庫的情境裡，混合策略能大幅提升搜尋效率和使用體驗。有些企業文件雖然與查詢語句沒有相同的關鍵詞，但在概念意涵上非常接近；亦或是文件中蘊含了與檢索主題高度相關的圖表或附錄。若單純依賴關鍵詞，這些文件可能被排除在搜尋結果之外。然而，藉由語義相似度與 Metadata 的互補作用，系統就能在篩選過程中考量多種可能性，例如文件的類型、作者的背景，甚至是發佈日期，讓最終取得的結果同時兼顧專業深度與全面涵蓋。

12.4.2 過濾選項（Filtering Options）

混合搜索策略在初步產出檢索結果後，往往會允許使用者進行更多的篩選與過濾，以便快速聚焦到真正需要的文件。這時，Metadata 所包含的文件屬性，像是建立日期、檔案類型、作者、關鍵標籤，便能發揮具體且有效的輔助作用。使用者可以透過搜尋介面，在大批文件中設定如「僅顯示最近一個月內更新」、「限定特定部門的內部檔案」，或是「排除特定格式以節省預覽時間」等篩選條件。這些彈性選項大幅提升了搜尋的效率與精確度，也能避免使用者在大量的結果中迷失方向。

正因 Metadata 能在檔案管理的多層面上發揮作用，因此一些企業或研究組織會依據實際需求，為不同領域或部門設計更多客製化的 Metadata 欄位。像是

在法律領域，可能會特別為合約、判決書或法條評論標記額外的屬性；在醫學領域，則可能針對病歷、臨床試驗報告、研究論文加上專業標籤。這些彈性設計讓混合搜索策略能夠同時兼顧語義的深度與結果的精準度，最終為使用者帶來更優質而完整的檢索體驗，也進一步反映出 Metadata 在資訊檢索體系中不可或缺的價值。

12.5 結合語義搜尋與 Metadata 的智慧檢索

Metadata 和知識語義搜尋的結合，為資訊檢索和內容生成帶來了全新契機。大型語言模型能夠理解自然語言的語義深度，並對文本進行更有意義的向量化表示。在此基礎上，Metadata 則提供了對文件額外維度的掌控，讓語義搜尋能夠在龐大的向量空間中更有效率地找到正確的、同時符合多種條件的結果。

12.5.1 語義搜尋的實現（Semantic Search Implementation）

語義搜尋是一種超越傳統關鍵字比對的資訊檢索方式，其核心在於理解查詢與文件之間的語意關聯性。在大型語言模型的架構中，語義搜尋通常透過嵌入模型來實現。該模型會將查詢文字與文件內容轉換為多維向量，這些向量能捕捉語句背後的意圖與語境，並儲存於向量資料庫（Vector Database）中以供後續查詢比對。

此方法的最大優勢在於，它不再依賴關鍵詞的完全重合，而是能找出語意相近但文字表達不同的內容。例如，若使用者查詢「資料外洩應對措施」，系統可能也能找出探討「資安事件應變」、「個資處理規範」等相關文件，因為它們在語意空間中距離接近。

透過語義搜尋，系統能夠擴展查詢範圍，強化文件之間的語意連結，使資訊檢索更符合使用者的真正需求，特別適用於知識密集型或語言表達多樣的場域。

12.5.2 Metadata 在提示模板（Prompt Template）中的應用

隨著 LLM 的應用越來越普及，提示模板成了提升生成式任務效能與準確度的關鍵技術。其核心概念是：在與 LLM 進行互動時，不僅提供普通的自然語言提示，也可透過 Metadata 來豐富提示內容，讓模型更能理解使用者的上下文與需求。

當在設計提示模板時，若能結合 Metadata，例如將文件的標題、作者身份或類別資訊綜合進提示，就能讓 LLM 在回答時更精準地鎖定特定的時間、領域或情境。這不僅有助於提升回應內容的品質與精細度，也能減少模型輸出不相干或不準確的資訊。尤其是在專業度要求高的領域，如法律、醫療或企業內部的研發文件，此種有系統地利用 Metadata 在提示中設定上下文的方式，能顯著降低錯誤率，並讓後續的答案或內容生成更具說服力與參考價值。藉由將 Metadata 完整整合到提示模板中，大型語言模型不僅能掌握字面上的查詢資訊，更能洞悉其背後的應用需求、使用者偏好以及上下文所隱含的背景脈絡。

12.6 本章小結

在知識庫管理與檢索中，Metadata 的重要性不容忽視，它作為「關於資料的資料」，為龐大的資訊資產提供了脈絡化的支撐與結構化的管理能力。透過文件詳情、來源識別與搜索增強等功能，Metadata 不僅能提升搜尋的精確度與效率，也能為 RAG 流程中的生成式模型提供可信、相關的基礎資料，確保內容生成的精準度與時效性。此外，Metadata 在面對語義搜尋中的「過多匹配」與「重要資訊遺失」等挑戰時，扮演了篩選與補充的角色，協助使用者快速聚焦於最具價值的內容。

另一方面，Metadata 與混合搜索策略的結合，實現了語義深度與關鍵詞精確度的兼顧，使知識庫的檢索與運用更靈活高效。在 LLM 驅動的語義搜尋與提示模板化應用中，Metadata 不僅增強了系統的檢索能力，還提升了生成式任務的準確性與專業度。無論是在知識管理、企業應用，還是研究機構的知識庫建置中，Metadata 都是整個資訊檢索與內容生成生態中不可或缺的基礎。

Note

第十三章

RAG 知識資料庫

| 第六部分 | 建置 RAG 知識庫服務系統流程

在此章節，你將會獲得：

學習重點	說明
RAG 知識資料庫的定義與價值	了解 RAG 知識資料庫如何結合檢索與生成技術，協助大型語言模型動態引用相關背景資料，在即時性與精準度上顯著超越傳統知識庫。
建構與優化 RAG 知識資料庫的核心步驟	掌握從資料準備、向量化、Metadata 設計到測試部署的全流程，並學習提升檢索效率與準確性的實用策略，包括索引壓縮、快取設計及動態更新機制。
ChromaDB 與新技術的應用案例	深入認識 ChromaDB 在向量化檢索與 Metadata 整合中的優勢，探討其在多種實際場景中的應用潛力，並了解如何透過創新技術與監控方法，持續完善知識資料庫的效能與品質。

13.1 什麼是 RAG 知識資料庫？

在上個章節，我們透過工具轉換，得到了非常多的 Embedding Vector，但我們需要有一個 RAG 知識資料庫，也因此 RAG 知識資料庫就非常的重要。它不僅是一個資料儲存區，還能與大型語言模型緊密結合，協助模型在生成內容時快速取得最相關的事實與參考資訊。與傳統的知識庫相比，RAG 更注重實際應用情境中的「檢索與生成」整合。過去的知識庫往往只提供純粹的資料查詢功能，沒有針對文字生成或上下文擴增的能力；而 RAG 知識資料庫則能根據模型能力，將文本片段或其他多媒體資訊與使用者所詢問的問題和思考過程合併，在回答複雜問題或整理龐雜資料時更具即時性與精準度。

在這樣的結構下，RAG 知識資料庫能扮演關鍵的「資訊中繼站」角色。大型語言模型在運作時，若需要引用特定領域的背景或事實，就能快速地從 RAG 知識資料庫檢索到對應的文本片段，進而將這些內容融入最終的生成結果。這種模式在資料查詢、上下文擴增等應用場景中特別實用。例如，一位企業顧問使用生成式 AI 來撰寫市場分析報告，需要即時參考最新的產業資料或競爭對手動向，RAG 知識資料庫就能即刻提供符合條件的文件，輔助報告生成的完整度與精準度，避免因時間或資訊不足而導致結論不夠全面。

13.2 RAG 知識資料庫的建構流程

要讓 RAG 知識資料庫在實務環境中順利運作，首先需要有一套完善的建構流程，從知識資料準備到最終部署，都需經過縝密的規劃與測試。此流程的核心在於，如何將龐雜的文件內容或結構化資料，轉化成能夠被檢索與生成同時利用的向量表示，並配合適當的 Metadata 設計，提供多維度的搜尋與篩選能力。當這些步驟完成後，就能在實際應用中不斷擴充資料範圍，並持續對檢索性能與檢索結果的準確度進行優化。

透過以下的各個子步驟，我們將詳細探討在建構 RAG 知識資料庫時應注意的要點，包括資料來源的選擇與清理、嵌入向量的生成技術、Metadata 欄位設計，以及最終在部署時的效能評估與環境選擇。這些要素互相影響，共同決定了知識庫在真實情境下的表現，也影響了生成式 AI 回應的品質與實用性。

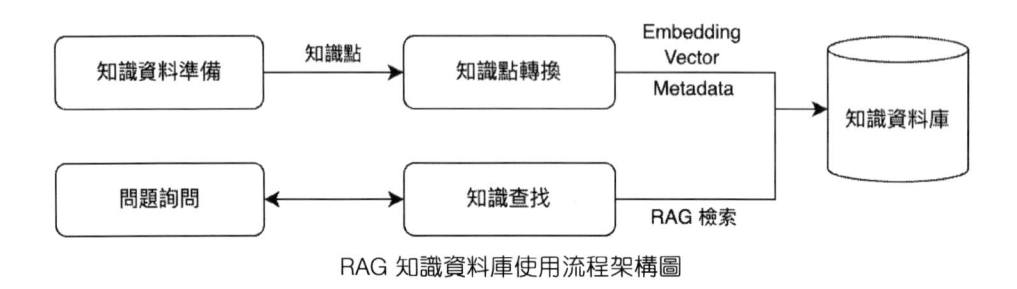

RAG 知識資料庫使用流程架構圖

13.2.1 知識資料準備

在建構 RAG 知識資料庫之前，最先需要面對的挑戰是如何收集並篩選適合的資料來源。無論是官方的公開資料、企業內部檔案、研究報告，或是其他形式的文字內容，都必須先評估其真實性、完整度及使用價值。若資料本身缺乏可信度或過於冗雜，最終便難以在檢索與生成中發揮實際效益。因此，先期的資料選擇不僅需要考量領域的專業性，也應關注多元化，以利在後續整合不同維度的知識。

接下來的資料清理與格式轉換同樣關鍵。包含去除重複內容、修正格式錯誤、以及將文本轉為統一編碼等操作，都能使後續的處理更順利。此時，如果計畫採用「Chunking」技術，就要把長段落或大型文件切分成更易於處理的小單位，以便系統能夠更準確地抓取核心內容。Chunking 的選擇標準取決於應用情境，有些領域偏好將一份文件拆成相對較大的區塊，保留更多上下文資訊；另一些場景則需要更精細的切割，以便模型能精準關注到重要的關鍵詞或片段。

13.2.2 嵌入向量生成

在完成了前期的資料準備之後,便進入了嵌入向量生成的階段。此步驟的目的在於,利用現有的嵌入模型(如 Sentence Transformers Embedding Model 等模型),將文本轉換成可供機器理解與比對的向量表示。這類模型通常是在海量語料上進行訓練,能夠抓取句子或段落的語意精髓,而不再拘泥於字面相似度。對於 RAG 知識資料庫來說,向量化能讓之後的檢索不再侷限於關鍵詞,而能透過語意相似度進行檔案或文本片段的搜尋,大幅拓展了檢索的廣度與深度。

在此過程中,需要重視模型與領域的契合度。若 RAG 知識資料庫鎖定的是特定領域,例如法律、醫療或金融,往往需要針對該領域進行模型微調(Fine-tuning),以確保嵌入模型真正能夠捕捉該領域獨特的詞彙與脈絡意涵。一旦嵌入模型生成向量後,就可將這些向量與原始資料建立連結,存入向量索引或向量資料庫,為之後的檢索與生成奠定基礎。

13.2.3 Metadata 設計

當文本完成向量化後,往往還需要設計一套完善的 Metadata 結構,以便在檢索與內容生成的過程中提供更高層次的條件過濾。Metadata 可包括資料來源、上下文標記、時間戳(Timestamp)等欄位,也能因應領域需求加入特殊屬性,例如法律案件編號、醫療科室分類或企業部門標籤。這些資訊能讓系統在進行檢索時,不僅比對向量相似度,也能結合 Metadata 進行多維度的篩選,確保最終呈現的內容更符合實際應用場景。

在 RAG 知識資料庫中,Metadata 與向量索引的結合尤其重要。一來,Metadata 能在最初的過濾階段排除與需求不符的文件,減少無謂的向量運算量;二來,當生成式 AI 需要參考具體的資料屬性時,Metadata 中的欄位標記便能直接提供對應訊息。例如,一位法務人員若需要特定年份的案例判決,系統就能透過 Metadata 中的時間戳,快速識別並索引到對應案例,再由語意匹配功能來確定

最符合內容需求的段落。這種設計確保了檢索流程的彈性與精準度，也賦予了未來系統擴充時的可塑性。

13.2.4 測試與部署

在經歷了資料準備、向量生成與 Metadata 設計的階段後，最後便是測試與部署。首先需要確認 RAG 知識資料庫在檢索速度與準確率上都能滿足應用需求。速度與準確率往往是互為取捨的兩項指標，若向量檢索索引設計不佳，就可能出現延遲過高或檢索結果偏差等問題。此時除了優化演算法，也可考量針對伺服器硬體配置或資料庫架構進行調整，讓檢索在實際使用中更順暢。接著，若評估結果顯示效能與準確度都在可接受範圍內，才能進一步規劃部署環境。

在部署時，可根據組織需求決定採用雲端服務或本地服務。雲端服務具有擴充彈性高、維護成本較低等優勢，但對於資料私密度或法規要求較高的場合，企業往往會選擇本地端部署，以確保關鍵資料的安全性與掌控度。最終，RAG 知識資料庫一旦完成部署，就能正式成為生成式 AI 應用的重要後盾，讓各種創新應用都能基於最新、最精準的知識基礎進行內容生成或複雜分析，為企業或研究團隊帶來更具效率與價值的智慧化成果。

13.3 知識資料庫的查詢與應用

知識資料庫在資訊檢索和內容生成的過程中，最顯而易見的價值就在於高效的查詢能力。尤其在結合自然語言處理與向量檢索後，使用者不再需要用生硬的關鍵詞進行搜尋，而能以更貼近人類思考的方式，直接透過自然語言獲得所需資訊。系統透過一系列轉換與比對機制，將使用者問題與知識庫中已有的文本或資料進行語意對應，並在最短時間內找出最符合需求的內容。這種模式適用於多種情境，無論是企業內部的文件檢索、客戶問題解答，還是研究機構的論文整理，都能為使用者提供便利的資訊存取管道。

在實務應用中，知識資料庫的彈性與效率來自背後穩健的演算法設計。從資料庫的建構（包括資料清洗、向量化與 Metadata 設計）到實際查詢流程，都需要一環扣一環地密切配合。任何環節若缺乏嚴謹的規劃，最終都可能導致查詢結果失準、系統延遲過長或資料資源浪費。唯有兼顧檢索效率與語意精準度，才能讓知識資料庫在多元的應用場合中發揮最大效果。

13.3.1 查詢機制與流程

在現代知識資料庫的查詢流程中，使用自然語言輸入漸漸成為主流。這種方式讓使用者無須事先知道特定的索引詞或主題分類，而是能夠以自然的口語或書面語進行詢問。系統在收到使用者查詢後，會將這段文字先進行語言處理，判定其中蘊含的主題、意圖或關鍵資訊，進一步產生對應的向量表示。由於語義搜尋依賴向量相似度的比對，當 Query 轉換成向量後，便能與資料庫中事先儲存的文本向量進行比較，最終篩選出相似度最高的幾筆結果。

在這個過程裡，Query-to-Vector 是關鍵所在。若要達到高精準度，就需要一個能夠有效捕捉自然語言細節的向量模型，而模型本身的訓練或模型微調又取決於領域特性。在法律、醫療等對專業詞彙要求高的領域，需要使用或模型微調更貼合該領域的語言模型，方能確保系統能夠識別並保留重要的專有名詞或術語。這項技術上的設計也讓自然語言查詢展現了高度的可擴充性，能夠持續在不同的領域裡優化與演進。

13.3.2 Metadata 在查詢中的作用

在實際的知識庫查詢中，並非只依靠向量化的語義比對即可萬無一失。語義搜尋確實能帶來更高的檢索精準度和廣度，但也存在過度匹配或混淆的可能性。這時候，Metadata 就成了系統精確過濾的重要依據。透過在查詢階段同時考量 Metadata，系統可以快速排除與需求不符的文件，譬如指定某段日期範圍或特定文件格式，甚至根據角色、部門或其他屬性來鎖定資訊範圍，如此一來可大幅減少不必要的比對，並提升檢索的效率。

多層檢索策略的設計則進一步凸顯 Metadata 的價值。當使用者發出查詢後，系統可先利用 Metadata 進行初步篩選，再透過語義相似度精細比對，或是反過來先進行大範圍的語義搜尋，再依照 Metadata 做進一步的過濾和排序。這種彈性的組合方式，不僅能滿足各種不同使用場景的查詢需求，也確保了系統在精準度與效率兩方面能達到平衡。

13.3.3 常見的應用場景與查詢案例

在眾多知識資料庫應用中，FAQ 系統可說是最常見的例子之一。企業常會將客戶經常問及的問題整理成一系列問答佈署到知識庫內，使用者只需提出自然語言問題，系統就能根據向量相似度與 Metadata 在背後進行雙重比對，迅速跳轉到最適合的答案。同樣地，客服團隊也能借此方式快速解決用戶的疑問，無須在企業內部文件中大海撈針式地搜索。

除此之外，客戶支援（Customer Support）資料庫和文件摘要與上下文擴增，也是如今很多組織積極導入知識庫技術的關鍵場景。透過語義搜尋，客服人員可以在與客戶通話的同時，即時調出和問題最相關的檔案或參考資料；研究人員或市場分析師也能在短時間內整合多篇文件的要點，形成精簡的摘要以輔助決策。這些應用場景都證實了知識資料庫在減少人工作業時間、提高回應速度與品質方面的巨大潛能，使組織能更有效地管理內部或外部的大量資訊。

13.4 地端知識資料庫 ChromaDB

現代向量資料庫領域中，ChromaDB 以其彈性、可擴充及高度整合能力而備受矚目。它能與多種嵌入模型無縫對接，並提供多層次的索引策略，以確保在龐大資料量下依舊能維持高速且準確的檢索效能。對於想快速搭建 RAG 知識庫或其他生成式 AI 應用的團隊而言，ChromaDB 的特色在於可協助開發人員更

輕鬆地管理與擴增向量資料，從而節省在底層技術研究或客製化整合上的時間與人力。

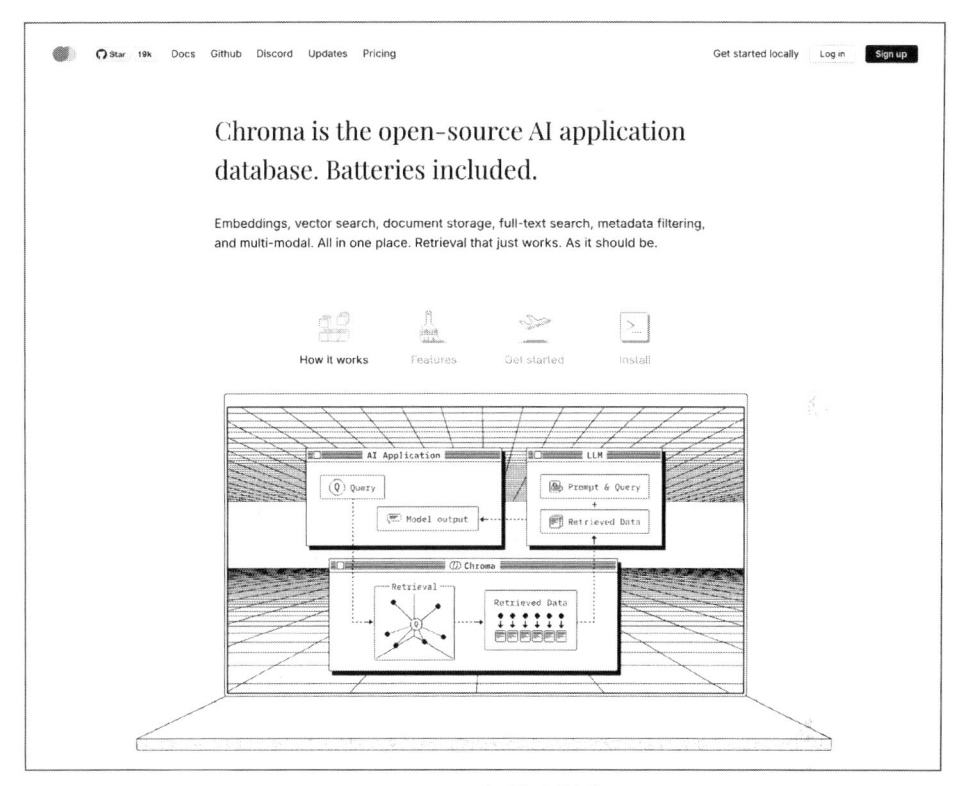

ChromaDB 知識資料庫

有別於傳統的全文檢索系統或關聯式資料庫，ChromaDB 將重心放在向量化與語意比對上，並結合自訂的 Metadata 設定，讓查詢能同時考量文字的語意特徵與特定領域的屬性資料。這對於需要隨時更新或動態擴充的知識庫而言，意義非凡，開發者能在資料庫側快速插入新的文本向量或調整 Metadata 結構，而不必對整體系統做大規模的重構。由於 ChromaDB 具有與各種主流框架兼容的特性，它所提供的解決方案也往往能被靈活應用到企業或研究機構中不同的專案環境裡。

13.4.1 ChromaDB 的知識資料庫介紹

ChromaDB 的設計初衷在於成為一個專為向量化資料而生的資料庫系統，其內部透過索引機制，能夠在龐大的高維度向量空間中保持優良的搜尋效能。當開發者將文本、圖像等多媒體資源轉換為向量並存入 ChromaDB 之後，系統便能輕易地為每條向量附帶豐富的 Metadata，包含了關鍵日期、作者身份、相關標籤或更複雜的結構化資訊。此功能對於構建 RAG 知識資料庫意義重大，因為在語意搜索與實際應用情境之間，往往需要加上多重條件的篩選與判斷，而 ChromaDB 恰好能完美地支援這種需求。

在部署與運行方面，ChromaDB 通常能與多種雲端服務或本地環境結合，為開發者提供彈性的選擇空間。若系統規模較小，開發者可以採用單一節點部署方式；若需要大規模的分散式運算，也能透過叢集化部署實現高效負載平衡。從原型驗證到正式上線，ChromaDB 所提供的擴充能力與各種現成的 API 工具，使開發人員能在最短時間內整合向量索引與多維度 Metadata，打造出高度客製化的知識資料庫解決方案。

13.4.2 ChromaDB 優點

ChromaDB 在向量檢索與多維度 Metadata 整合的能力上有其獨到之處。首先，系統優化了對海量向量資料的查詢速度，即使在龐大的資料庫中執行相似度比對，也能於短時間內找到最接近的結果。這一點對於需要即時回應的應用場景（例如客服系統或交易平台風險控管）極為重要。再者，ChromaDB 透過豐富且可自訂的 Metadata 結構，讓開發者能靈活設定各種條件過濾，不論是依照領域、時間、作者或其他複雜邏輯，都能在檢索階段有效運用。

此外，ChromaDB 本身也支援與多樣化的嵌入模型整合，開發者可依據實際需求，選擇通用型或領域專用型的嵌入工具，並持續隨著專案演進進行模型微調。這意味著，一旦系統上線後，即使要面對不斷增長的資料量，或者需要支援更新的應用場景，也能保有相當的彈性與可擴充性。總而言之，ChromaDB

在性能、靈活度與可維運性上,都體現了它作為現代向量資料庫的競爭優勢,足以成為 RAG 知識資料庫及其他生成式 AI 應用的堅強後盾。

13.5 RAG 知識資料庫的雲端服務

隨著資料量的激增與應用場景的日益複雜,將 RAG 知識資料庫部署在雲端已成為眾多企業與研究機構的重要趨勢。雲端服務不僅提供了彈性的計算資源和儲存空間,更能結合大數據分析工具,實現即時且精準的資訊檢索與生成。Google Cloud、AWS Cloud 和 Azure Cloud 等雲端公司,都有相繼推出自己的 RAG 知識資料庫服務,舉例來說,你可以在 Google Cloud 上,透過 Google Vertex AI Vector Search、Google Vertex AI Search、Google BigQuery 等平台,使用者能夠在雲端環境中快速建立並管理龐大的向量資料庫,確保系統在面對高併發與大量查詢需求時依然保持穩定運行。

Google Cloud 官方所提供的 RAG 知識資料庫種類

在雲端部署的環境下,資料庫系統能夠利用動態擴充與自動調整資源的特性,依據使用需求自動分配計算能力,從而顯著提升查詢效率與運算速度。此外,透過雲端服務所提供的豐富 API 與整合工具,開發者可以輕鬆將 RAG 知識資料庫與

其他 AI 應用或資料平台進行整合，實現跨平台、多維度的資料交互與協同運作。這種整合不僅降低了系統的維護成本，更為企業提供了一個高度可擴展、靈活應變的解決方案，使得知識資料庫能夠快速回應市場需求與技術變革。

13.6 RAG 知識資料庫的優化

RAG 知識資料庫雖在檢索與生成整合方面提供了極大的便利，但在實際運行環境中，若想進一步擴充規模並維持高速與精確的檢索，仍須不斷進行優化。這不只是硬體資源的投入，更需要從索引結構、資料更新機制到新技術整合等多方面進行細緻調整，才能確保整體系統在遇到高併發或龐大資料量時，仍能維持平穩且精準的表現。以下幾個面向的優化策略，將協助讀者深入理解如何持續改進 RAG 知識資料庫的效能與品質。

在優化過程中，除了要重視檢索效率與準確性，也應留意系統負載監控與新興技術的整合。任何一個因素處理不當，都可能造成技術債務或資源浪費，使整個知識庫的潛力無法完全發揮。唯有透過持續的迭代與調整，並適時引入符合系統定位的新技術，才能讓 RAG 知識資料庫在高度動態的環境下展現最大價值。

13.6.1 提高檢索效率

在面對龐大的向量索引時，最直接的做法是透過索引壓縮與加速技術來減少運算量。其中，量化向量（Vector Quantization）能有效縮小向量維度或儲存空間，讓檢索運算在更低的硬體負載下依舊能完成相似度比對。此方法在面對海量資料時特別實用，能避免單次查詢就消耗過多的資源。此外，透過先進的加速演算法或硬體優化（如 GPU、TPU 的應用），也能進一步縮短檢索延遲，在高併發需求下仍能提供及時的回應。

快取策略與快取層的設計則能在系統中進一步發揮提速效果。當某些熱門或重複度高的查詢頻繁出現，藉由快取層預先儲存相關的相似度結果或 Metadata，使用者便可在極短時間內取得先前計算出的結果，而不必再次啟動完整的檢索流程。這種多層式的快取架構不僅提升整體服務的反應速度，也能減輕資料庫本身的負載壓力，讓系統在尖峰使用時段仍維持穩定且流暢的運作。

13.6.2 提升檢索準確性

光有高速的檢索並不足以支撐 RAG 知識資料庫在專業領域的深度應用，準確性同樣不可忽視。為了保持高準確度，首先要確保知識庫所含的資料來源經過精選與持續更新，不僅必須杜絕內容品質不佳的文件，也要定期引入最新的領域資訊，並透過重新嵌入（Re-embedding）來保證向量表示的即時與正確。對於活躍度極高的領域，例如財經或醫療，若長期忽視資料的更新，最終檢索結果將逐漸失去時效性，降低對使用者的實際價值。

另一方面，Metadata 的動態調整策略能在多變的使用情境下維持檢索精準度。當使用者需求轉變或外部環境更新時，系統可自動或半自動地調整 Metadata 欄位，如調整關鍵屬性的權重或新增篩選條件。如此一來，系統便能根據最新需求調配出最符合現況的檢索結果。例如，在法律領域中，面對新的法規或裁判案例出現，系統若能及時更新該領域的相關屬性標籤，便可保障使用者獲得的資訊更貼近現行法規背景。

13.6.3 性能監控與調整

在實際的營運環境裡，RAG 知識資料庫的效能難免會隨著使用量或資料規模變化而產生波動。為了確保系統能隨時維持良好的狀態，必須不斷地進行系統負載測試，並藉由監控指標來追蹤執行情形。在這裡，QPS（Queries Per Second）與查詢延遲是關鍵的監控目標，能用來判斷整個系統是否能在指定的用量範圍內正常運作。若這些指標顯示出與預期不符的異常資料，代表當

前的硬體資源或索引設計可能無法應付實際需求，系統必須進行相應的調整或擴充。

此外，當負載測試結果顯示查詢速度或回應品質無法滿足需求時，開發者需仔細分析是索引策略、硬體瓶頸還是快取機制不足所造成。依據診斷結果，可能需要重新配置雲端資源、優化向量索引結構，或對部分查詢流程進行重構。這些調整若能搭配持續的監控與版本迭代，往往能在問題爆發前就及時進行修正，降低對終端使用者的衝擊。

13.7 本章小結

本章從定義與實務應用的角度，深入探討了 RAG 知識資料庫如何結合檢索與生成技術，突破傳統知識庫僅提供靜態查詢的侷限，進而為大型語言模型提供即時且精準的背景資訊。透過將文本轉換為向量表示，再搭配精心設計的 Metadata，系統得以在不同應用場景中，動態地過濾與篩選相關資料，使生成的內容更符合真實需求。這種架構不僅有效提升了資訊查詢的深度與廣度，同時也強化了資料在企業分析、客戶支援或決策輔助等領域中的實用性，為企業帶來更高附加價值的智慧化解決方案。

在實作層面，本章詳細說明了從資料準備、嵌入向量生成、Metadata 設計到最終測試部署的全流程，並進一步介紹了 ChromaDB 等現代向量資料庫的優勢，以及在雲端環境中運用動態擴充與快取策略以優化查詢效能與準確度的實務案例。透過具體的技術細節與實務操作範例，讀者能夠瞭解如何在面對龐大資料量與高併發需求下，持續進行系統優化與性能監控，確保知識資料庫在不斷變動的市場與技術環境中，始終能發揮出最大的運算效能與資訊價值。

第十四章

實作 RAG 知識庫服務系統

在此章節，你將會獲得：

學習重點	說明
RAG 系統的核心理念與架構流程	理解 RAG 系統如何結合檢索與生成來提高回答的準確性與流暢性，並熟悉其流程中各模組的互動方式，從用戶輸入到最終生成回應的完整路徑。
嵌入技術與檢索機制的實作要點	深入學習如何將知識來源轉化為向量，實現高效的語意檢索，並掌握向量資料庫的設計與維護方法，以支援 RAG 系統的精確資料檢索。
RAG 系統實作的挑戰與解決策略	了解在系統開發中面臨的檢索與生成協作、知識庫更新以及效率與準確性平衡等問題，並學習實務中的最佳實踐來應對這些挑戰。

14.1 RAG 知識庫服務的概念與挑戰

在建置智慧型問答或對話系統的過程中，企業與開發者往往面臨兩大核心挑戰：知識範圍的侷限與大型語言模型所產生的幻覺（hallucination）現象。儘管 LLM 透過大規模語料進行預訓練，具備多樣的語言理解與生成能力，然而其知識來源僅限於訓練期間的資料，對訓練後出現的新知識無法即時掌握。此外，LLM 的回應建立於機率預測機制上，即使缺乏真實資訊，也可能生成表面合理、實則虛構的內容，造成嚴重的認知誤導，這種現象即為幻覺。

在高度要求準確性與可信度的應用場景中，如醫療診斷、法律諮詢、企業決策輔助等，這些問題將直接影響系統可靠度與使用者信任度。因此，如何克服知識不足與幻覺風險，成為推動生成式 AI 實務應用的關鍵議題。

為解決上述挑戰，RAG 架構提供一套務實可行的解法。RAG 的核心設計理念在於：在語言模型生成回答之前，先從外部知識庫中動態檢索出相關資料，並將這些內容作為上下文提示（context prompt）餵給 LLM。如此一來，模型不再僅依賴靜態參數中的既有知識，而是能參考檢索到的事實性資訊，進而有效提升答案的準確性、可靠性與可驗證性。

因此，可將此機制比喻為：若 LLM 為一位博學但記憶有限的專家，那麼 RAG 系統就是一座可即時查詢的專業圖書館。專家在作答前會先查閱相關文獻，理解當前情境，進而根據具體資料做出回應。這種「檢索輔助生成」的作法，在實務上大幅擴充了語言模型的知識範圍，同時有效降低產生幻覺的機率。

RAG 系統多以微服務架構或應用服務形式部署，透過 API 或介面接收使用者提問，內部流程會先透過向量資料庫（vector database）進行語意檢索，取得具語意相關性的知識文件，然後將這些資訊作為提示餵入生成模型中進行答案生成。整體流程可模組化、彈性擴充，並能結合企業內部專有資料進行定制化建置，具備高度實用價值。

本章將深入剖析 RAG 知識庫服務系統的架構組成與關鍵技術，包括語意嵌入（embedding）、向量索引與檢索、提示設計（prompt engineering），以及模型生成流程整合等。同時，亦將探討如何針對效能、準確性與系統可擴充性進行優化。最後，透過實際應用案例，展示 RAG 架構在醫療知識輔助、法律文件問答、企業內部知識管理等場域的落地價值與面臨的實務挑戰。

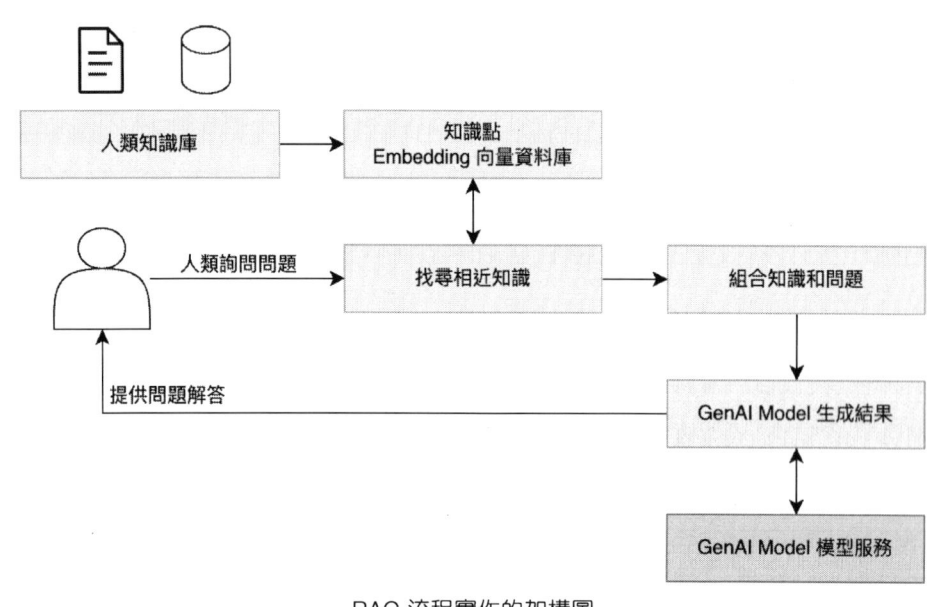

RAG 流程實作的架構圖

14.2 RAG 系統架構與核心技術

要打造一個高效的 RAG 知識庫服務系統，首先必須理解其背後的架構設計與關鍵技術。整個系統大致分為兩大模組：檢索模組與生成模組。當使用者提交查詢時，檢索模組會迅速從知識庫中尋找與查詢語意最為相關的文本片段，然後生成模組（通常為大型語言模型）將這些檢索結果與原始問題整合，生成最終答案。

在這一流程中，主要涉及三項技術：向量嵌入、高效檢索以及上下文增強。首先，透過預訓練的嵌入模型，我們將文本轉換成高維數值向量，使得語意相近

的文字在向量空間中彼此聚集;接著,利用相似度計算方法(如餘弦相似度或內積),系統可從海量向量中快速篩選出與查詢最匹配的片段;最後,將這些片段與問題組合成精心設計的提示,指導生成模組基於真實資料產生可靠答案。

14.2.1 向量嵌入技術

實作上,我們會使用預訓練的嵌入模型(embedding model)將文本轉換為固定長度的向量。例如,一段描述或一個問題輸入嵌入模型後,可能得到一個包含數百維度元素的向量。每個向量都是該文本在高維空間中的座標點,由一串數字表示。這些數字並非隨機產生,而是經過模型訓練,使得在語料庫中語意相近的句子,其向量在空間中的距離很近。換言之,嵌入向量的距離和方向隱含地捕捉了詞彙和句子間的語義關係——例如,意思相似或相關的句子會被映射到鄰近的向量點上,而語意無關的句子則距離較遠。

14.2.2 高效檢索機制

當我們擁有知識庫中所有片段的向量後,下一步就是檢索:如何快速從數以萬計、甚至百萬計的向量中找出和使用者問題最相關的幾個。RAG 系統中的檢索本質上是相似度搜尋(similarity search),透過計算查詢向量與資料庫中各向量的距離,找出距離最近(語意上最相近)的那些片段。常用的距離衡量方式包括餘弦相似度(cosine similarity)或內積(dot product),兩者本質上都反映向量間夾角的大小:夾角越小(相似度越高),語意越相近。

當使用者提出問題時,系統首先使用同樣的嵌入模型將該問題轉換為查詢向量。接著,系統在向量資料庫中進行比對,計算查詢向量與資料庫中所有文件向量的相似度。對於規模較小的知識庫(比如幾千條資料以內),我們可以直接對每個向量計算相似度並排序,取前幾名(Top-K)作為結果。

在檢索過程中,需要決定取回多少筆相似結果(即 Top-K 的 K 值)。選擇合適的 K 非常重要,如果 K 太小,可能錯過有用的資訊;太大則會增加後續處理負擔,

並可能把不相干的內容提供給模型造成干擾。通常經驗上會選取 3 到 5 個片段作為上下文，如果問題複雜或知識庫資訊分散，可能酌情增加到 10 個以內。

檢索模組還需要考慮系統負載和擴充性，對於高併發的服務，我們可能需要將向量索引部署在多個節點上，以支撐同時多用戶查詢。某些向量資料庫支援分片與複製，使我們能水平擴充資料量和查詢吞吐。另外，可以利用快取（cache）機制來進一步優化──例如對重複或相似的查詢結果進行快取，下次遇到時直接回傳，減少不必要的重複計算。

14.2.3　上下文增強與提示設計

透過向量檢索獲得相關的知識片段後，RAG 系統接下來要將這些資訊提供給語言模型，作為生成回答的依據。這個步驟通常稱為上下文增強（Context Augmentation），也可視為一種提示工程（Prompt Engineering）：我們把檢索到的內容與使用者的原始問題一併組織成模型的輸入提示，從而引導模型產生內容更加可靠且貼近事實的回答。

實務中，常見的作法是將多個檢索結果片段拼接起來，附加在提問之前或之後，形成一個擴充的輸入。例如，可以構造如下的提示模板：

```
根據以下提供的資料回答問題：


資料片段 1: { 檢索得到的文本片段 1}

資料片段 2: { 檢索得到的文本片段 2}
...（可能有多個片段）


問題: { 用戶的問題 }

回答：
```

在這個提示中，我們明確地先列出相關資料片段，然後再呈現問題，最後要求模型給出回答。透過這種方式，模型在生成答案時會看到我們提供的外部知識，從而將其中的資訊融入回答中。為了讓模型更好地利用這些資料，我們可以在提示中加入明確的指示，例如：「請僅根據以上資料回答，若無相關資訊請回答無法得知。」這種說明可以抑制模型胡亂編造答案的傾向，提醒它嚴格依據提供的內容來作答。

至於在組織上下文時需要注意幾點，首先是長度限制，語言模型對輸入長度是有限制的（例如許多模型的上下文上限為數千個字元或 tokens）。如果檢索到的文本太多，超出模型的接受範圍，就需要取捨或精簡。我們應優先選擇最相關的片段，或在必要時對片段進行摘要，以減少字數。同時，也要避免無關或重複的訊息佔據空間。其次是內容清晰度：應確保不同片段之間有明確的分隔（如上例使用"資料片段 1: ..."做前綴），以免模型將它們混為一談。對於每個片段，保留原始表述中的關鍵細節（如數值、專有名詞），因為這些往往是回答問題所必需的資訊。再次，提示中問題的表述也很重要。我們可以在問題前後加入額外說明，例如「以下問題與醫學有關，請根據提供的研究文獻回答」等等，以讓模型瞭解回答需要的風格或深度。

一旦提示準備好，我們就將完整提示提交給生成模組——通常是大型語言模型（可以是雲端的模型 API，例如 Google Gemini 模型，或是自行部署的模型，例如經模型微調的 Llama 和 Gemma 模型等）。模型接收到包含上下文資訊的提示後，會基於提示內容產生答案。由於我們在提示中已經提供了相關知識，模型的生成將以這些知識為依據，從而提高事實正確性。例如，對於一個原本模型可能不知道的冷門問題，在提示中提供相關維基百科段落後，模型便能引用其中的事實來作答。這種開卷模式（open-book）有效克服了模型封閉式（closed-book）回答時知識不足的缺陷。

在答案生成後，系統可以將回答直接回傳給使用者。有些 RAG 系統會在此階段進一步處理模型輸出，例如從中擷取引用的來源，或對答案進行格式上的整理。舉例來說，在企業知識庫應用中，可能希望最後給出的答案附帶來源文件

名稱，方便使用者日後查閱。在法律領域的應用中，則可能要求模型在回答中標明法條編號或判決書來源，以增加答案的可信度。這些都是在生成模組階段可以考慮的增強措施。

總而言之，上下文增強透過精心設計提示，將檢索得到的知識無縫融合進模型的輸入，使生成的答案具備更強的依據性和準確性。這也是 RAG 系統相較於純粹生成式模型的最大優勢所在。

14.3 RAG 系統實作流程與細節

理解了核心技術之後，我們來看 RAG 知識庫服務系統的整體實作流程。典型的 RAG 系統可分為兩個主要階段：知識庫構建階段和查詢應答階段。前者多為離線或預處理，用於準備知識庫資料；後者則是在使用者查詢時即時執行。圖 14-2 展示了這兩大階段的流程。在本節中，我們將依序說明各步驟的實作要點、使用的技術選擇，以及設計考量。

14.3.1 知識庫構建階段

1. **資料蒐集與處理**：首先，需要蒐集構建知識庫所需的資料來源。這可能包括企業內部文件（如產品說明、技術手冊、FAQ）、公開的資料庫（如維基百科、法律法規集）、領域專業文獻（醫療研究報告等）。蒐集到資料後，先進行必要的文字處理和清理：例如將 PDF、Word 等格式轉為純文字、移除特殊字符或無意義的空行、標記章節標題等。這些處理有助於提升後續分段和嵌入的品質。

2. **文本分割（Chunking）**：接著，將清理後的長文件按照內容結構或固定長度進行切分。理想的切分策略是讓每個片段都圍繞單一主題或概念。

3. **向量嵌入與索引**：對每個文本片段使用選定的嵌入模型計算其向量表示。這一步通常可以離線批次進行：將所有片段送入模型，獲得對應的高維向量。

4. **知識庫更新維護**：知識庫構建並非一次性工作。在實際系統中，知識庫內容可能隨時間演進──企業文件會有新版本，法律條文會修訂，醫學文獻不斷出新。因此需要設計更新管道以維持知識庫的新鮮度。這可能包括定期抓取新的資料源、對變更的部分重新嵌入並更新向量資料庫索引等。

14.3.2 查詢應答階段

當使用者透過前端介面或 API 提出問題時，系統首先接收該查詢（通常是一段自然語言的問句）。在某些應用中，我們可能會先進行查詢的前處理，例如語言識別、拼字校正、同義詞替換等，以提升匹配的召回率。接著，關鍵的一步是使用與知識庫相同的嵌入模型將使用者查詢轉換為查詢向量。由於查詢通常較為精短，我們要確保嵌入模型能抓住其中的要點。例如對於「某某藥物的常見副作用是什麼？」這樣的問題，嵌入模型需要將「藥物名稱」和「副作用」這兩個要素的語意體現在向量中，才能在後續檢索時找到相關的內容。如果查詢中存在多重子問題或上下文不明確，還可能在這步引入查詢重寫或補全策略，例如拆分複雜問題或結合上文資訊重構查詢，以利檢索。但大多數情況下，一個直接的向量化已能開始檢索流程。

系統使用查詢向量在先前構建的向量索引上執行相似度搜尋，尋找與之最相近的幾個知識片段。我們獲取相似度最高的 Top-K 個片段以及它們對應的原始文本內容。如果向量資料庫同時儲存了片段的其他資訊（例如來源或評分），也一併取出，以備呈現或後續過濾。此時我們可能會檢查這些片段的內容品質，例如確定它們與查詢真的是語意相關而非誤配。如果發現明顯不相關的片段混入（這可能發生在嵌入空間出現巧合時），我們可以丟棄之，或增大查詢的 Top-K 以取得更多備選然後再篩選。另一個實作上的細節是相似度閾值的運用：我

們可以預先設定一個相似度下限，如果最高的相似度得分都低於此閾值，表示知識庫中可能沒有涵蓋該問題相關的內容。在這種情況下，系統可以選擇回傳「無相關資料」的回應，或降級為不用知識庫的純生成模式來回答（但要警惕這時候可能產生幻覺）。透過閾值控制，可以避免在知識庫明顯不匹配時硬湊答案，提升系統整體的可靠性。

取得相關知識片段後，接下來就可以提供系統語言模型的提示。在這一步，我們將查詢和檢索到的片段依照設計好的模板進行組合（如上一節提到的範例模板）。舉例來說，假設使用者的問題是「請問 X 產品的保固期多久？」而檢索得到兩個相關片段：一個是產品說明書中關於保固的段落，另一個是常見問答中關於維修政策的說明。我們可能構造的提示如下：

使用以下資料回答問題：

資料 1：X 產品的標準保固期為兩年，自購買日起計算...（下略）

資料 2：依據公司維修政策，消費者可在保固期內免費維修...（下略）

問題：請問 X 產品的保固期多久？

回答：

如此，模型在閱讀提示時，就能同時參考「資料 1」和「資料 2」所提供的資訊，了解到 X 產品的標準保固期是兩年，並且保固期內可享受免費維修等細節。提示生成的過程需要確保內容的真實完整：如果原始片段過長而被截斷，要標示省略，避免模型以為內容不完整；如果片段來自不同文件來源，在提示中清楚區分編號。對於語言模型可能無法識別的特殊格式（如表格、程式碼），可以在提示中轉換為易讀的文字描述。總之，這一步的目的是搭建一個既包含答案線索又表述清晰的問題 + 資料輸入，為模型回答做好鋪墊。

現在,經過增強的完整提示會被送入語言模型進行推理。模型根據提示內容,產生對使用者問題的回答文本。在這個過程中,我們通常會在模型呼叫時附加一些解碼參數設定,以控制輸出品質。例如,可以將模型的溫度(temperature)設為較低值(如 0.05~0.3),以降低隨機性、讓回答更穩定可信;或限制最大生成長度以避免回答過於冗長離題。對於關鍵領域的應用,我們也會在系統層面要求模型嚴格遵循提示資訊作答。如果模型嘗試輸出與提供資料矛盾的內容,可以透過訊息(如對話模式下的系統消息)或後處理來抑制。例如在對話模式的 API 中,可以監控模型的回答,發現其引用了未提供的資訊時,要求它重新考慮答案。

模型生成初步答案後,如果我們要求答案中附帶來源引用,此時可以根據先前片段的 meta 資料將來源標示加入答案。(例如「...根據《產品手冊》,X 產品保固期為兩年。」)這些來源資訊既可由模型直接在回答時產生(需在提示中要求,例如「請在回答中說明資料來源」),也可由系統在模型輸出後自動拼接。例如,在回答末尾附上「(資料來自:X 產品說明書)」。無論方式如何,附帶來源能增強使用者對答案的信任,並提供進一步閱讀的線索。

最後,系統將生成的答案回傳給使用者。使用者此時可以閱讀答案,並(若有提供)參考引用的來源檢驗正確性。一些 RAG 系統可能還會設計回饋機制:讓使用者對答案的滿意度或正確性進行評價,或者在使用者發現錯誤時提交糾正。這些回饋可被記錄下來供開發者分析,以持續改進系統。例如,如果某類問題常常回答不佳,可能意味著知識庫資料不足或檢索沒抓到真正相關的內容,開發者可以據此擴充資料或調整嵌入模型參數。另外,回饋機制也可以用於主動學習,即將高價值的問答收集起來用於模型微調語言模型或強化提示模板,讓系統隨時間變得更智慧。

透過以上兩大階段的設計與實作,一個完整的 RAG 知識庫服務系統便建立起來了。在離線階段打好知識基礎,在線上階段則高速檢索並靈活生成答案。整個流程實現了讓模型「現查現用」的能力:既有知識庫提供的即時可靠資訊,又發揮了生成式模型的語言表達優勢,從而在準確性和流暢度上取得平衡。

14.4 系統效能與優化策略

建立一個 RAG 系統後，為了在實際生產環境中順暢運行，我們需要考慮效能表現和結果品質的優化。本節討論幾項關鍵的優化策略，包括檢索效率的提升以及減少語言模型幻覺產生的方法。同時也會提及一些工程上的實用做法，以確保系統穩定且可擴充。

14.4.1 提升檢索效率

如前所述，在系統優化階段，我們可以根據實測情況調整索引參數；反之，如果速度尚可但有相關片段遺漏，則可增加索引精度或提高回傳的候選數以涵蓋更多內容。此外，一些向量資料庫提供軟體與硬體優化選項，例如利用 GPU 進行向量計算等。如果部署環境允許，開啟這些優化可以顯著縮短檢索時間。對於極大規模的資料集，分散式的向量檢索也是一種方案：將向量資料水平切分到多台伺服器，查詢時並行搜索，彙總結果。雖然分散式會增加網路開銷，但在數量破億的向量庫上往往是必要的取捨。總之，透過良好的索引設計和巧妙利用硬體資源，我們可以將檢索延遲控制在毫秒級，即便知識庫涵蓋海量資訊。

另一個提升效率的手段是引入快取機制。在實際應用中，用戶的查詢可能出現重複或模式相似。如果我們記錄下近期查詢及其檢索結果，當相同查詢再次出現時，就能直接回傳之前的結果，而無須重新進行向量比對。同樣地，如果兩個查詢非常相近（例如措辭略有不同但意圖相同），也可透過簡單的向量比對或哈希判定視為重複查詢加以快取。當然，快取需考慮內存開銷並設定失效策略，以免回傳過期資訊（特別是在知識庫更新後，需要使相關快取失效）。除了查詢結果快取，我們還可以預先計算一些熱門問題或預料之詢問的答案。在知識庫建構時或系統空閒時，讓系統自動嘗試回答一些常見問題並儲存結果，當用戶提問命中這些問題時即可瞬間回應，提供即時答案。這種方法在 FAQ 型應用中尤其有效，能大幅降低平均回應時間。

在高併發使用情境下，還需確保系統架構能夠充分利用資源避免瓶頸。比如，我們可以將檢索模組和生成模組解耦為獨立的服務，分別擴充。向量檢索服務可以同時處理多個查詢請求，而語言模型服務則可透過多線程或非同步調用的方式並行執行多個回答生成（或者部署模型的多個實例）。要注意的是，語言模型的推理通常比向量檢索慢幾個數量級，因此它往往成為整個 RAG 管線的主要瓶頸。為了降低生成階段對系統延遲的影響，可以考慮採取答案串流（streaming）的方式：即當模型正在逐字生成時，就實時將部分結果傳回使用者，讓使用者能夠及早看到答案開頭，而不必等完整答案生成完畢。這對於長答案特別有幫助，改善使用體驗。此外，如果使用的語言模型支援不同大小或速度的版本（例如大型模型慢但精準，小型模型快但可能略差），也可以根據查詢性質進行動態選擇：對於簡單問答用較小模型以求快速，對於複雜問題才調用高精度模型。這種多模型路由策略能在保證品質的同時提高平均性能。綜上，各種優化手段相輔相成，使得 RAG 系統即便面對大量用戶請求，依然能保持良好的回應速度。

14.4.2 降低模型幻覺與提升答案可信度

即使有知識庫輔助，語言模型仍有可能「發揮想像」給出未經驗證的資訊。因此，降低幻覺的首要措施是在提示設計與模型約束上下功夫。我們應在提示中明確要求模型嚴格根據提供資料回答。例如，在提示的末尾加上一句「若上述資料無提及相關內容，請直接回答不知道，不要捏造答案。」透過這種方式，模型傾向於在沒有依據時選擇坦承不知道，而不是編造事實。此外，對於模型支援對話格式的情況，可以使用系統消息（system message）來設定風格和規則，如：「你是一個誠實的助理，只能根據給定內容回答問題。」這些在對話開始時設定的規則能潛移默化約束模型行為。解碼參數上，前面提到降低溫度也有助於減少隨機性帶來的離譜回答。總之，在生成階段透過提示工程與參數調控，可以在一定程度上避免模型偏離提供的事實資訊。

另一種降低幻覺風險的方法是對模型輸出的答案進行事後的校驗。比較簡單的做法是將答案再次與知識庫比對：例如提取答案中的重要名詞或陳述，再去知

14-13

識庫中搜尋，看是否能找到支援該陳述的證據。如果模型提到的關鍵事實在知識庫中根本不存在，那可能就是幻覺。我們可以設計自動化的檢查程序，對於檢測出缺乏支撐的回答，標記出來或進一步處理。在一些情況下，可以直接拒絕輸出該答案，改為請使用者重新提問或回傳一個模棱兩可的答覆來避免誤導。更高階的作法是引入第二個語言模型來充當審查員：讓它判斷主模型給出的答案是否完全基於提供的資料片段。如果審查發現有額外杜撰的內容，就要求主模型修正。這種雙模型校對流程當然會增加計算成本，但對於高可靠性要求的場景（如法律意見、生醫診斷建議），可能是值得的權衡。

如先前所述，在答案中附帶資料來源是提升可信度的有效方式。當使用者看到答案後附註了「（根據 XYZ 文件第 10 頁）」或「資料來源：某某研究報告」時，會增強對答案正確性的信心──因為他們知道這不是模型憑空想出來的。同時，使用者也有途徑自行驗證這些資訊，減少完全信任模型的風險。從降低幻覺的角度看，鼓勵模型輸出來源其實也是一種約束，因為模型在必須給出來源時，就傾向於多引用我們提供的片段內容，而非發明新內容。當然，來源也需要真實可靠，如果模型誤引用了錯誤的來源（這也是一種幻覺表現），系統應加以及時更正或避免。在內部測試中，可以刻意觀察模型給出的引用是否對應到正確的片段，藉此調整提示或模型。

最後，減少幻覺還有一個長期策略：提升底層模型和資料本身的品質。底層模型若能透過模型微調更適應「開卷作答」的任務，就可能學會更善用外部資料而非自身猜測。例如，我們可以蒐集一些問答資料，其中問題及相應的知識片段作為輸入，模型應學習只根據片段給答案，將這類資料用於模型微調（Fine-Tuning）模型，可讓模型在有上下文時更加老實。而在資料面，如果知識庫覆蓋了更全面的資訊，模型就不必為缺失的部分硬湊答案，因此擴充知識庫的廣度深度、確保資料最新，也間接減少了幻覺出現的機會。從這個角度說，RAG 系統的優化是個動態迭代的過程：隨著使用者提問的增多，我們更了解何種知識需要補充、模型在哪些類型問題上容易出錯，從而針對性地改進。經過多輪調整後，系統將會變得更強大，能快速檢索，也能準確回答。

經由以上種種努力，我們可以最大程度地降低模型幻覺對系統的影響，讓 RAG 知識庫服務輸出的結果既高效又可靠。當使用者在嚴肅場景下使用這樣的系統時，才能對其有足夠的信任，真正發揮出結合知識與生成的價值。

14.5 實際應用案例

為了更直觀地體會 RAG 知識庫服務系統的作用，本節將介紹幾個在不同領域中的應用案例。這些案例涵蓋醫療、法律與企業知識管理三個方向。我們將說明各自場景下系統如何運作、面臨的技術挑戰，以及採取了哪些解決方案，藉此讓讀者了解 RAG 在實務中的應用價值。

14.5.1 法律領域：智慧法規助理

若你是一家法律科技公司，需要一個初步判斷法律條文匹配的方法，你可以製作一款智慧法規助理系統，協助律師在初步階段檢索法律條文、判例並生成法律意見初稿。律師可以以自然語言向系統詢問，如：「根據臺灣現行法律，未經同意錄音是否侵犯隱私權？」或者「有無相關判例來證明某種合同條款的無效主張？」系統會從法規條文資料庫和判決書知識庫中找出相關依據，並給出簡要分析和參考法條／判例編號。

法律語言嚴謹正式，因此在措辭要求精確上較為挑戰。此外，法律問題往往涉及多步推理：一個隱私權問題可能橫跨憲法、民法及個資法等多部法規，需要結合不同條文和先前案例。知識庫中的文件（法律條文、判決書全文）通常篇幅長且結構複雜，如何將檢索範圍精準鎖定在相關條文段落而非整部法典，是個挑戰。如果檢索到的片段過短，可能缺少前後文解釋；太長又會浪費模型輸入空間。另一難題是幻覺：模型若編造不存在的法條編號或案例，引導律師走向錯誤方向，後果不堪設想。因此，系統在準確性上必須極其嚴格。

針對法律語言特性，在嵌入模型上做了專門優化，採用了大量法律文本對模型進行持續預訓練，使模型更瞭解法律專有名詞和行文邏輯。同時，知識庫建立時，系統將每部法規按章節和條文進行細緻分段，每條法規文作為一個獨立片段向量化，並將條文的編號（如「第 10 條第 2 項」）存為片段的元資料。而判例資料則根據判決書的結構（案由、事實、理由等）切分，確保檢索能定位到特定主題段落。檢索策略上，引入了混合檢索：先用向量相似度鎖定相關條文，然後再用關鍵字（例如問題中的關鍵術語）在該條文附近搜尋，以找到最相關的段落。這種結合向量語義與傳統關鍵詞的方式提高了準確率。為了處理多步推理問題，系統允許一次檢索取出多個不同來源的片段（例如隱私權問題同時取憲法條文和民法條文各一段），並在提示中按照邏輯順序排列這些片段，引導模型整合不同法律依據進行推理。關於幻覺防治，系統採取了強制引用策略：要求模型在回答中必須列出參考的法條號或案例名稱，而且只能引用提供的元資料中存在的編號。如果模型嘗試給出未提供的編號，審查機制會檢測到並認定回答不合格，讓模型重新調整。在回答末尾，系統還自動附上這些編號對應的法規標題或案例摘要，方便律師核對。

14.5.2　企業知識管理：內部智慧知識助理

若你希望能夠部署公司內部智慧知識助理，為員工提供即問即答的知識檢索服務，你可以參考此案例。當今天公司內部累積了大量文件，包括技術設計文件、產品規格、開發者指南、人資政策、客戶 Q&A 等。新進工程師可能會問：「我們的產品 X 支援哪些通訊協定？」行銷人員可能會問：「去年第三季推出的新功能列表在哪裡可以找到？」甚至一般員工會問：「公司的年假政策是怎樣的？」這個知識助理旨在統一回應各種內部知識查詢，不僅給出答案，還提供文件連結，方便員工深入閱讀。

企業知識庫通常內容多樣，包含結構化的、非結構化的、中英文混雜的資料。另外，不同部門關注的知識差異極大，如何在同一系統中兼顧技術和非技術問題，是個挑戰。此外，存取權限也是考量重點：有些文件可能僅特定團隊可見，知識

助理在檢索時得避開使用者未授權的內容，確保不會洩漏內部機密。系統還需處理公司內部的獨有術語和縮略語（例如產品代號、專案名稱），一般的語言模型可能無法直接理解。最後，企業知識在不斷成長變動，新文件每天都在產生，知識助理需要頻繁更新索引以保持同步，但企業可能希望更新過程不影響服務運作。

為了涵蓋多樣內容，在知識庫構建時採取了分類分庫的策略：依據文件性質將知識庫劃分為幾個子區塊，例如「產品技術檔」、「市場行銷資料」、「人資政策」等等。每個子庫單獨建立向量索引並維護，查詢時先判斷其屬性或來源部門，再優先在對應子庫中檢索（或同時在多個子庫檢索並融合結果）。這確保了在技術問題上，技術檔案片段更有機會被檢索到；在人資問題上，則會檢索員工手冊而非技術設計內容。針對權限問題，系統整合了公司的人員權限管理系統：每個向量片段都攜帶了可存取的角色/部門標籤，在檢索時使用者身份會作為過濾條件，確保回傳的片段均屬於該用戶有權閱讀的範圍。如果一個問題涉及多個領域，系統會對不同子庫的結果做合併，但仍遵循權限規則。為了讓模型更了解企業資料，提供了公司內部詞彙表給嵌入模型作參考，甚至對模型進行了少量模型微調以包含企業常見縮寫（例如「ABC」在公司內可能代表一個專案名稱）。在提示中，除了資料片段，也特別加註了一些定義（若有需要），例如「產品代號 ABC 指的是 XYZ 平台。」避免模型混淆。知識庫更新方面，系統採用實時更新結合離線重建的混合策略：對於每天新增的文件，自動抽取嵌入即時插入向量資料庫，而每隔一段時間（如每週低流量時段）對整個索引做一次重建優化，以清理刪除的文件影響並保證查詢品質。這樣做到日常快步更新，長期不漂移。

實際效益：這個企業知識助理上線後，很快成為員工日常工作中的重要工具。新人能以對話方式詢問各種內部問題，加速瞭解公司運作；老員工也樂於用它來搜尋技術細節或過往知識資料，取代了手動在眾多文件夾中翻找的低效方式。由於系統對權限的嚴格遵守，管理層對其安全性較為放心，沒有發生敏感資訊誤洩的事件。同時，跨部門的知識共享也因此更順暢——行銷人員即使不熟悉技術術語，透過提問也能拿到技術團隊提供的關鍵資料摘要（系統已將專業內容用較白話的語言轉述）。這種統一知識窗口的設計，提升了企業內資訊利

用的效率和協作程度。從技術角度看，這案例展示了 RAG 系統靈活整合多源異構資料並進行存取控制的能力，以及在不斷變化的資料環境中保持高可用性的工程實踐。

14.6 結論

本章深入探討了 RAG 檢索增強生成知識庫服務系統的實作方法。我們從原理出發，說明了如何利用向量嵌入將文本語意數值化，透過高效的相似度檢索從海量知識中找到相關資訊，並將其作為上下文提供給大型語言模型以生成可靠的答案。在實作細節上，我們強調了資料準備、索引構建、提示設計等各步驟的技術考量，並討論了系統在效能與品質方面的優化策略，例如使用近似最近鄰提高檢索速度、透過提示工程和答案校驗來減少模型幻覺。

透過醫療、法律、企業知識管理三個領域的實際案例，我們看到 RAG 系統能滿足不同場景下的知識服務需求，展現出靈活性和實用性。在醫療領域，RAG 幫助醫護人員即時獲取最新的醫學知識；在法律領域，它輔助律師快速查找法條並提供初步分析；在企業內部，它成為整合各部門知識的智慧助手。這些應用不約而同地體現了 RAG 的價值主張：將外部知識注入 AI 模型，彌補模型知識盲區，並提升回答的可信度。

當然，部署一個高效可靠的 RAG 系統也需要持續的維運與調整。我們需要關注知識庫資料的更新迭代，監控模型輸出的品質，並根據用戶回饋來改進系統。隨著向量資料庫和大型模型技術的演進，未來的 RAG 系統有望變得更快、更聰明。例如，更先進的嵌入模型將帶來更精準的語意匹配，而新的模型架構可能進一步緩解幻覺問題。總而言之，RAG 知識庫服務系統為將知識與智慧結合開創了新路，讓我們能打造出既懂得學習海量資訊又能流暢對答如流的智慧應用。透過本章的學習，讀者應對如何實作這樣的系統有了全面的了解，並能在實務中靈活運用，開發出適合自身場景的 RAG 解決方案。

第七部分

進階型 RAG 服務介紹

第十五章

進階 RAG 知識庫檢索方法

| 第七部分 | 進階型 RAG 服務介紹

在此章節,你將會獲得:

學習重點	說明
基礎 RAG 檢索的挑戰與應對策略	理解 RAG 知識庫在處理多元資料來源、Embedding Model 長度限制及 LLM API 成本優化時的實務挑戰,以及如何透過資料清理、快取機制與提示工程等方式提升檢索效能與成本效益。
三種進階檢索方法的深入剖析	掌握「句子窗口檢索」、「自動合併檢索」與「相關段提取」的核心概念、實作流程與應用場景,學習如何在不同需求下靈活運用這些技術,以提高檢索精準度與上下文連貫性。
進階技術的比較與應用策略	透過表格比較三種檢索方法的特性、優劣勢與實作難度,系統性地了解如何根據資源條件與應用需求選擇合適的技術方案,並構築高效穩健的 RAG 檢索生態系統。

第十五章・進階 RAG 知識庫檢索方法

RAG 結合了大型語言模型與資料檢索技術，能在回答複雜問題時提供更豐富且即時的參考依據。然而，隨著檢索規模與應用需求的演進，開發者面臨到的技術挑戰也更加多元化。本章將深入探討如何在複雜度高、資料量龐大的實務場景下，運用一系列進階的檢索策略與最佳化手段。除了剖析基礎 RAG 檢索常見的盲點，也將進一步闡述「Sentence Window Retrieval」、「Auto-merging Retrieval」與「Relevant Segment Extraction」等不同技術的核心概念、實作細節與優化方法，協助讀者在面對真實應用時能更靈活且深度地運用這些技術。

15.1 基礎 RAG 檢索會遇到的盲點

RAG 系統的基本流程通常包括文本前處理、向量索引建構與檢索、以及最終由 LLM 對檢索結果進行生成式回覆。然而，在實務上建置或擴充 RAG 系統時，往往會遇到以下難題：知識庫的整理維護、模型長度限制與運算成本。這些議題不僅關乎開發者能否順利完成專案，更關係到系統整體的穩定性與可拓展性。

15.1.1 知識庫整理困難

一旦應用規模擴大，資料來源不再是單一格式或單一領域，如何有效整理並維護知識庫就顯得格外艱鉅。舉例來說，某些企業可能同時蒐集使用者手冊、故障排除文件、官網 FAQ、研究報告與新聞文章，每種文件在結構與撰寫風格上皆存在差異，甚至可能牽涉多種語言系統。若缺乏一致的資料標準與版本控管措施，將導致後續檢索的正確率與覆蓋率大打折扣。為了因應此問題，建議在知識庫建立之初就確立「資料流水線」的概念：先進行初步的資料清洗（移除重複段落與無效內容）與格式統一，再依據文件類型設計不同的索引策略，如分別針對結構化與非結構化文件打造不同的處理與搜尋邏輯。此外，持續更新、維護版本歷程的機制也不可或缺，例如在每次新增或修改文件時，能自動通知後端系統進行再次向量化與索引更新，確保檢索結果的即時性與完整性。

在此過程中，許多團隊也開始導入半自動或全自動的資料標註流程，例如利用特定的 NLP 模型預先偵測文件主題（Topic Detection）、實體名稱（Named Entity Recognition）或重要關鍵詞（Keywords Extraction），進一步增強檢索的準確度。隨著知識庫內容的持續成長，如何有效避免「訊息過載」並保持檢索效率，將成為另一個需要長期關注的挑戰。

15.1.2 Embedding Model 的長度限制

大多數向量化模型都會受到上下文長度（Context Window）的限制，無論是自訓練模型或商用的大型語言模型都是如此。當文本篇幅過長時，若不經過合理的切分與前處理，模型就難以完整捕捉所有語意脈絡。過度細分則會造成檢索步驟增多，而過度粗略則可能漏失關鍵訊息。常見做法是利用動態切分策略（Dynamic Sliding Window），將文本以固定大小的視窗進行滑動，並在一定程度上重疊，以保留上下文的連續性。例如，在技術文件或科學論文中，使用較小的視窗雖然能提升精準度，但也會消耗更多的向量空間與檢索資源，需要在效能與精度間取得平衡。

另外，向量維度的選擇也是重要的設計決策：較高維度可以提供更細膩的表徵，但也意味著計算量、記憶體與儲存空間的負擔都更大。實務中，開發者往往會根據使用者查詢的多元程度、系統可支撐的硬體資源，以及對檢索精度的需求，來決定向量模型與維度的搭配。若在多語言場景或領域專業詞彙豐富的環境下，亦需考慮專門針對特定領域模型微調或訓練的 Embedding Model，以獲得更高的語意辨識能力。

15.1.3 LLM API 的成本優化

大型語言模型提供的推理與生成能力固然強大，但它也伴隨著不容小覷的運算及金錢成本。若在量產環境下頻繁對同一問題或相似問題進行多次查詢，往往會迅速堆疊大量 Token 代價，使得系統維運成本直線攀升。此外，越多的 API

呼叫也會影響回應延遲，對使用者體驗造成負面影響。為此，許多團隊開始採用快取機制（Caching），在後端保存近期或常見查詢與回答的結果，以免重複運算。若能針對不同類型的查詢進行分層，例如先用 Embedding Model 快速篩選相關性，再只針對最有可能的結果進行更深層的 LLM 生成，將可大幅提升整體效率並降低成本。

在選擇 LLM API 時，也應考量不同服務提供的定價模式及服務級別：部分模型會因推理深度、輸出長度或使用頻率而額外收費，因而令整個專案的成本管理更複雜。為了應對這些挑戰，開發者不妨在不同任務或流程中採用多種大小不一的模型，於需求較簡單的步驟中使用較小的模型推理，只有在必要時才切換到資源成本更高的大型模型。此外，也可引入「提示工程」（Prompt Engineering）的最佳化，讓模型能在更少 Token 的前提下，產生更具品質與精準度的回應。

15.2 句子窗口檢索介紹（Sentence Window Retrieval）

在傳統段落級檢索模式下，常因段落範圍過大、主題交雜而降低檢索的精度。句子窗口檢索（Sentence Window Retrieval）著眼於更細粒度的訊息單位，將文件拆解至句子層級，再透過向量化與檢索演算法找出最能回答使用者問題的片段。此方法對於專注於「快速獲取關鍵答案」的場域，提供了更高的精準度與靈活度。

15.2.1 Sentence Window Retrieval 的概念

句子窗口檢索的核心在於「一句話即是一個最小的資訊區塊」，藉由大量的句子向量，系統可針對使用者查詢進行更直接而精準的匹配。當文件內文被拆分得更細時，檢索演算法也能更容易判別哪些句子真正蘊含關鍵意涵，而非把整個

段落或篇章一次打包回傳。然而，實務上有些情況需要保留句子間的關係，例如學術論文或法律條文常有連貫性的上下文；若單純拆解為獨立句子，可能破壞全文的結構邏輯。因此，句子窗口檢索常會搭配「窗口合併」的機制，視需求動態延伸句子範圍，使之兼顧精準度與上下文的一致性。

15.2.2 核心流程與技術細節

首先，系統需透過斷句（Sentence Splitting）或斷句加上標點符號偵測等方式，將長文本解析成一連串句子。此時，可根據語言特性與文本風格決定斷句方式，若是中文文本則需特別留意標點符號與換行符的處理，以免誤切句子或將多個子句誤合併。其次，對每個句子進行向量化，常見做法是運用訓練過的語意向量模型（如 Sentence-BERT 或針對中文的模型微調）來生成向量表示，並將這些向量存入資料庫。接著，在查詢階段，系統會先將使用者的查詢也轉為向量，並在資料庫中計算相似度，以找出最匹配的若干句子。若需要更完整的脈絡，可將相似度最高的一連串句子一次回傳或進行二次合併。

在此流程中，句子窗口的大小與重疊方式，乃至於相似度的計算方式（內積、餘弦相似度、歐幾里得距離等），都會影響最終的檢索效能與品質。比較先進的做法是針對不同語言或文體，採用動態的斷句演算法，並在索引階段依序記錄各句子的文本位置，以利後續合併。例如，可以在句子向量之外再存取詞彙或上下文資訊，讓檢索系統在需要時能快速調整匹配結果的範圍。

15.2.3 句子窗口檢索的優勢與限制

句子窗口檢索的優勢在於精準度與靈活度：當問題對應到文件中特定的一句關鍵敘述時，能夠更快速地回傳該句子並提供給上層 LLM，減少不必要的雜訊。然而，針對需要長距離脈絡的問題，若只檢索單一或少數句子，可能會無法完整回答。例如，在跨段落或跨章節的問題場景下，句子窗口檢索仍需要配合「上下文合併」或「自動合併檢索」來取得更多背景細節。開發者在設計系統

時，也須考量運算成本與資料儲存量，因為將整個文件拆為細小句子，會生成大量向量並增加索引大小與檢索時間，必須適度調校以達到兼顧效率與精準度的平衡。

15.3 自動合併檢索介紹（Auto-merging Retrieval）

若句子視窗的拆分過細，雖能增強精準度，卻可能造成上下文資訊失真。於是，自動合併檢索（Auto-merging Retrieval）著眼於在「細分」與「整合」之間找到動態平衡：在檢索初期先保持最細粒度的拆分，確保系統擁有最佳的搜查能力，而在最終回傳之前，再根據需求將高相關度的文本片段合併為一段連貫的內容。

15.3.1 核心思路：先細分後合併

此技術的主要著眼點，在於能同時捕捉關鍵句子與保留必要的脈絡連續。想像一個大型產品說明文件，敘述各功能的段落可能相互關聯：若只取某個功能的說明句子，忽略周邊描述功能限制或參數設定的內容，可能導致回答誤導使用者。藉由細分能精準找到最相符的子句，但在提供結果前，再把這些子句所屬的段落或上下幾句合併回來，便能在保留關鍵資訊的同時，兼具可讀性與脈絡性。

15.3.2 Auto-merging 的流程與演算法

實作上，通常會在前置階段先將整篇文件以某種單位（例如句子或較小段落）進行切分，並替每個單位生成獨立向量存於索引中。當收到查詢後，系統會輸出若干相似度最高的子片段，接著透過合併演算法進行整合。合併的依據可能包括：

- **文本位置的鄰近度**：若兩個子片段在原始文件中位置相近,且對問題具有相似的相關度,合併演算法將它們拼接成一個連續的區塊。
- **語意連貫度**：檢查兩個子片段之間的語意銜接是否合理,若彼此是接續脈絡(例如同一段落或同一小節),則考慮將其合併以增強可讀性。
- **冗餘資訊過濾**：若兩個子片段內容重疊度過高,或後者幾乎是前者的重複表述,則可能只保留一個版本以避免訊息冗餘。

合併後,系統還可進行再評估,比如使用二階段檢索:先合併子片段,然後再對合併後的段落做一次相似度或語意檢查,確保最終輸出符合使用者查詢。這樣的多階段策略雖然增加了計算量,但能顯著提升回答的整體品質與上下文一致性。

15.3.3 範例與實際應用場景

在法律條文檢索時,法條往往被拆分為不同款、項或要點,但最終使用者需要的是完整的法條脈絡或解釋函釋。自動合併檢索讓系統先找到可能牽涉的各子條文,再以邏輯順序將其拼接呈現,確保法規精神不被切斷。在大型產品說明書的維運中,若使用者查詢某功能的安全設定,系統可先定位到相關的安全條款、警示資訊,及對應的操作步驟,最後將這些分散的內容合併為一段明確易懂的說明。在多面向資訊整合場景,如新聞匯整或專題研究,則能幫助讀者在最短時間內取得經過篩選與脈絡串接的內容,而不必於龐大的資料庫中四處翻找。

15.4 相關段提取介紹（Relevant Segment Extraction）

當面對龐大的文件集時，使用者通常只需要最關鍵、最直接回應問題的段落，而非所有可能相關的句子或段落。相關段提取（Relevant Segment Extraction）的目標即在於篩選出與問題最密切的片段，並忽略不必要的內容，以提升資訊檢索的效率與可讀性。

15.4.1 Relevant Segment Extraction 的意義

此技術最直接的貢獻就是在大幅減少噪音與閱讀負擔的同時，保留對回答至關重要的資訊。與一般全文檢索或純關鍵字比對不同，Relevant Segment Extraction 更著重「語意」而非「字面」的精準度。例如，若使用者想了解某產品在不同溫度區間的耐用度，只用關鍵字匹配可能取得無數個包含溫度或耐用度的段落，但其中部分內容可能僅提到「溫度感測器」或「一般性的維護建議」。相較之下，Relevant Segment Extraction 則會更有智慧地判斷哪些段落真正回應了「不同溫度區間」與「產品耐用度」之間的關係，並將這些段落擷取出來供後續閱讀或生成。

15.4.2 技術原理與步驟

基礎流程通常先從文本摘要與語意索引（indexing）開始。對於每個段落，可透過語意向量模型進行向量化，並在資料庫中儲存其整體向量與可能的輔助資訊（如標題、章節層級）。在查詢階段，系統將查詢轉為向量後，計算各段落的相似度，將高相似度者視為候選段落。接下來，可在候選段落中再進行二次篩選，例如檢查實際出現的關鍵詞、動態重新加權（Dynamic Re-weighting）等因子，確保這些段落不僅在語意上相符，也能真正帶來完整且可靠的回答。

更進一步的做法是結合多模型的集成學習（Ensemble Learning）策略，例如先利用一個專門處理關鍵詞與命名實體的模型，與另一個擅長長文本語意分析的模型，將兩者的結果交叉比對；若同一段落在不同模型下都獲得高分，則可提高其最終優先級，保證結果更加準確。若需要考量多語言或跨語言場景，也可在後端針對不同語種的文本做相應的向量化與語意標註，再透過統一的檢索介面完成跨語言檢索。

15.4.3 高階優化技巧

要在龐大的文件量下同時確保檢索速度與準確度，需要引入更多高階技巧。多模型融合（Ensemble）只是其中一環，另有許多方法能進一步強化相關段提取的效果。例如，在動態重新加權（Dynamic Re-weighting）中，系統可根據查詢時的上下文環境、使用者身分（專業用戶或一般用戶）以及歷史互動紀錄，調整不同維度的計算權重。若發現某些用戶對技術文件的深度需求較高，系統在檢索到的段落中會更傾向保留技術細節，反之則給予更高層次的摘要內容。

在多語言環境中，還有跨語言向量檢索與翻譯對齊技術（Alignment），可先針對文本做機器翻譯，並與原文版本相互比對，找出真正對應的內容，最後在檢索結果中同時呈現各語言版本，讓使用者自行選擇或讓系統自動判斷合適的語言輸出。透過這些優化策略，Relevant Segment Extraction 不僅能在單一語言環境中提供高效且精準的段落回覆，更能在跨語言的資訊整合上，發揮其最大價值。

15.5 進階 RAG 檢索方法比較

特徵	Sentence Window Retrieval（句子窗口檢索）	Auto-merging Retrieval（自動合併檢索）	Relevant Segment Extraction（相關段提取）
定義	將文本細分為單句或多句的小單元，並針對這些句子進行檢索。	在細分檢索後，根據查詢需求動態合併相關句子或段落。	精準提取與查詢高度相關的整段內容，忽略無關資訊。
核心流程	1. 斷句 2. 向量化每個句子 3. 計算相似度並檢索匹配句子	1. 細分文本並向量化 2. 檢索相關片段 3. 動態合併相關片段	1. 段落向量化 2. 查詢向量化 3. 相似度排序並提取相關段落
優勢	– 高精準度 – 快速定位關鍵句子 – 適合短文本查詢	– 保留上下文脈絡 – 提供連貫的回答內容 – 彈性高	– 節省使用者閱讀時間 – 提高檢索效率 – 減少資訊噪音
限制	– 可能忽略上下文連貫性 – 大量句子增加向量庫規模 – 高運算成本	– 合併策略複雜 – 增加系統運算負擔 – 合併後可能引入冗餘資訊	– 需精準的語意理解 – 多語言或專業領域挑戰大 – 依賴高效的向量模型
適用場景	– 快速問答系統 – 需要精確句子回覆的應用 – 短文本分析	– 法律文件檢索 – 大型產品說明書查詢 – 需保持脈絡連貫的回答	– 專題研究資料整理 – 新聞報導匯總 – 用戶需求高度集中於關鍵資訊
實作難度	中等 需處理大量句子向量與優化檢索效能	高 需設計複雜的合併演算法與優化流程	高 需結合多種模型與優化技術以達到精準提取
成本效益	高運算與儲存成本 需大量資源支援	更高的運算成本 需額外資源處理合併	中高 依賴高效模型以降低成本，同時提升效益
維護與擴展性	隨著資料增長，向量庫規模快速擴大 需有效管理資源	合併策略需持續調整與優化 維護複雜度高	需持續優化模型與檢索算法 具備良好的擴展性

15-11

總結來說，表格不僅清晰呈現了三種進階檢索方法的主要差異，還透過多角度的比較，讓讀者能夠根據具體需求與資源條件，選擇最適合的技術方案。理解這些方法的優缺點與適用範疇，將有助於在實務應用中靈活運用，提升 RAG 系統的整體效能與使用者滿意度。

15.6 本章小結

本章深入探討了在 RAG 系統中常見的挑戰與應對策略，從資料來源多元化所帶來的知識庫維護難題，到 Embedding Model 的長度限制和 LLM API 成本的控管，皆顯示了開發者需多方衡量與規劃，才能在維護量產系統的同時確保檢索品質與成本效益。

進一步地，我們探究了「Sentence Window Retrieval」、「Auto-merging Retrieval」與「Relevant Segment Extraction」三種在進階 RAG 檢索中相輔相成的技術。句子窗口檢索讓系統可鎖定更微觀的資訊單位，而自動合併檢索則在必要時重新拼接細分片段，以保持脈絡的完整性。至於相關段提取機制，則能在最短時間內為使用者提煉最具價值的段落，進一步提高查詢效率與閱讀體驗。

在未來的大規模應用場景下，開發者不僅要考慮文本的語言與格式多樣性，也必須留意硬體資源的侷限與成本控制，並隨時留意新技術與研究動向，方能維持系統的彈性與先進性。綜觀整體而言，RAG 技術的關鍵在於如何動態地「切分」與「合併」，並透過精準的語意比對與向量檢索，為最終的生成式模型帶來高度可信且上下文豐富的輔助資訊。只有藉由多重技術的綜合運用，才能構築出一個真正穩健且高效的知識庫檢索生態系統，滿足使用者多元而複雜的需求。

第十六章

KAG 和 GraphRAG 概念

在此章節，你將會獲得：

學習重點	說明
知識圖譜與生成式 AI 的關聯性及應用價值	了解知識圖譜如何透過結構化的節點與關係為生成式 AI 提供背景脈絡與語意支援，進一步解決幻覺問題並提升回答的邏輯性與可信度。
KAG 和 GraphRAG 的核心概念與技術優勢	掌握 KAG 如何將外部知識圖譜整合至生成式模型，提供知識感知能力，以及 GraphRAG 結合圖形檢索與文本生成的雙重流程，提升多步推理和語意一致性的能力。
實務應用與技術整合策略	探索 KAG 與 GraphRAG 在法律、醫療、技術報告等專業場景的實際應用，理解它們如何相輔相成，以精準檢索與邏輯推理滿足複雜問題的需求，並提高生成式 AI 在知識密集型任務中的效能。

16.1 知識圖譜與生成式 AI 的關聯

在探討 KAG 和 GraphRAG 之前，首先需要了解知識圖譜與生成式 AI 之間的關聯。知識圖譜（Knowledge Graph）作為一種以節點與邊形式呈現知識結構的圖形化表示，能夠提供生成式 AI 模型更清晰的背景知識與多層次語意資訊。透過知識圖譜的建置，生成式 AI 在進行內容產生時，除了依賴語言模型的自我學習，更能參考外部的知識來源，有效提升最終回答或創作內容的準確度與可信度。

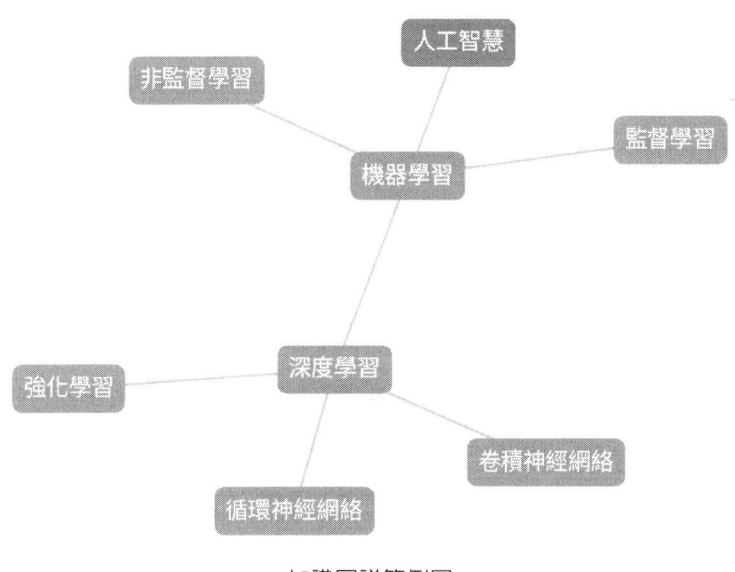

知識圖譜範例圖

16.1.1 知識圖譜（Knowledge Graph）的基本概念

知識圖譜是以節點（實體）和邊（關係）為核心，將分散的知識進行關聯與結構化的一種資料表達方式。在這種結構中，每一個節點皆代表一個具體或抽象的實體，例如人物、地點、事件或概念；而邊則代表這些實體之間的關係，比如人物與地點之間的從屬關係、事件與概念之間的因果聯繫。由於知識圖譜能

夠將龐大的資料以可視化的方式呈現並且保留豐富的語意資訊，因此在許多需要多方位理解與推理的應用場合，都能夠發揮關鍵作用。

16.1.2 知識圖譜的典型應用

在過去十年，搜尋引擎、推薦系統以及問答系統經常被視為知識圖譜最典型的應用領域。舉例來說，搜尋引擎透過整合龐大的資訊，將知識圖譜中的節點與邊結合使用者查詢的關鍵詞進行語意匹配，從而提供更準確的搜尋結果。同樣地，在推薦系統中，系統不只關注使用者的歷史行為，更會參考知識圖譜中實體之間的多層次關係，提供跨領域和多角度的推薦，例如對於某位喜歡科幻電影的觀眾，系統能基於知識圖譜關聯到演員、導演以及類似題材作品，給出更精準且多元化的選擇。在問答系統中，知識圖譜可以協助系統快速辨別問題涉及的實體與關係，進而推理出最合適的答案，而不僅僅是單純地依靠文字檢索或關鍵字比對。

16.1.3 為何生成式 AI 需要知識圖譜

雖然 RAG 能夠在生成內容時，即時從外部文件或資料庫檢索資訊，為模型提供參考基礎，但此方式多半僅是將模型輸出與檢索到的文本進行「片段式」拼接，對於知識之間的邏輯關聯與上下文結構缺乏深度整合，也無法進一步細緻追蹤資訊的縱深意義。反觀知識圖譜，透過對實體、關係與屬性的結構化建模，能夠系統性地提供模型高品質的背景知識，使其在生成內容時能將各項概念環環相扣、層次分明地整合進敘述過程中。這不僅能顯著降低「幻覺」的發生，也能加強生成式模型在推理與高階語意層面的表達能力，並確保內容脈絡清晰、可追溯。因此，知識圖譜並非僅是一個外部知識庫，而是協助生成式 AI 實現更精準語義辨識與豐富背景推理，較 RAG 更能提供在結構化知識與邏輯推論上的優勢，也讓知識圖譜的重要度提升。

16.2 KAG（Knowledge-Aware Graph）概念

在生成式 AI 與知識圖譜的結合中，KAG 的出現使得傳統的知識圖譜不再只是「旁觀者」，而真正能夠直接整合到生成式 AI 的訓練、檢索與推理過程中，為模型帶來更直觀的知識參考依據。

16.2.1 KAG 的核心特徵

KAG 的最重要特徵便是將知識圖譜作為檢索或生成過程的一部分，使生成式 AI 模型不僅能夠理解文本間的關聯，也能夠理解知識圖譜中節點與關係的語意含義。這表示在面臨複雜的多步推理問題時，KAG 能協助模型沿著圖中不同實體的連結，系統性地找出正確解決方案。比方說，若要回答一個牽涉多領域知識的問題，KAG 會透過查詢圖中的實體及其關聯，篩選出可能的答案路徑並產生對應的解釋性文字，同時也能在過程中對每一步推理做出記錄，讓整個推理路徑更為透明。

再者，KAG 還支援關鍵詞、概念與關係的語意檢索。當使用者輸入與某些特定概念相關的關鍵詞時，KAG 可以迅速定位到圖中對應的節點或邊，並且向生成式 AI 模型提供上下文資料。此特徵不僅提升了檢索的精確度，也為模型的後續推理與文本生成奠定了更為穩固的基礎。

16.2.2 KAG 的優勢

KAG 的出現替生成式 AI 帶來許多潛在的突破，尤其在需要多步推理的場景中更是展現出不凡的優勢。其一，在面對需要串連多個實體與概念的複雜問題時，KAG 能透過知識圖譜提供明確的路徑與層次關係，協助模型進行更精準的語意檢索與推理，而非僅憑模型自發的關聯抽象。這不僅提高了回答的準確度，也讓產生的內容更易於理解與驗證。

其二，KAG 使得知識來源能夠更加透明且可追溯。在傳統的生成式 AI 框架中，模型往往是一個「黑盒子」，即使能夠輸出高品質的內容，也不一定能夠清楚解釋其推理過程。然而透過 KAG，使用者可以檢視模型產生文字背後所使用的知識路徑，並追溯至具體的圖結構或外部資料來源。這不僅對於驗證答案的正確性相當重要，也對於確保內容的合規性和信任度具有重大意義。

16.2.3 KAG 的技術挑戰

儘管 KAG 看似能為生成式 AI 帶來眾多好處，但在實務中仍然面臨一些技術挑戰。首先，如何維護高品質的知識圖譜便是一大難題。知識圖譜需要持續更新與校正，才能確保每個節點與邊的資訊正確且充分。如果知識圖譜的資料本身存在錯誤或時效性不足，那麼即便 AI 模型再強大，也無法提供真正可靠的回答。大型企業或研究機構通常會投入大量人力與資源來維護龐大的知識圖譜，但對許多中小型企業或專案團隊而言，這樣的投入或許並不易於負擔。

再者，如何有效地將圖結構映射到生成式 AI 模型中，也是另一個具有挑戰性的課題。語言模型在訓練時通常以序列化的文本作為輸入，而知識圖譜則是多維度的網路結構。要讓生成式 AI 能夠流暢地理解並利用圖中的語意資訊，需要研發更先進的圖嵌入（Graph Embedding）技術，以及具有高度互動性的檢索策略，才能將圖與文本世界順利銜接。這種結合並非僅限於技術層面，也包含理論研究的突破，例如如何設計更具解釋力的圖神經網路（Graph Neural Network），讓模型同時具備強大的語言處理與結構推理能力。

綜觀而言，KAG 將知識圖譜與生成式 AI 結合，展現出相當廣闊的應用前景，但實作上仍需克服知識維護與圖模型結合等多方挑戰。然而，隨著研究社群和產業逐漸投入更多資源來開發相關技術，KAG 極有可能成為未來高階人工智慧應用的重要關鍵，並為生成式 AI 開闢更豐富與可靠的發展空間。

16.3 GraphRAG（Graph-based Retrieval-Augmented Generation）

GraphRAG，顧名思義，結合了「圖形資料結構」與「生成式模型」的核心概念，強調在深度學習與知識圖譜之間的交互運用。與傳統的檢索式生成模型相比，GraphRAG 透過知識圖譜中的節點與邊，精準地找出潛在相關資料，再將這些檢索結果整合進生成式模型中，最終為使用者提供兼具邏輯性與語意一致性的回應。這種方式最大的特點在於：不再只是依賴文字關鍵字的比對或是向量檢索的相似度計算，而是能同時考量知識圖譜所蘊含的背景脈絡與概念關係，讓生成結果更能貼近真實場景所需的精確度與一致性。

16.3.1 GraphRAG 的工作流程

GraphRAG 的整體流程可視為兩個主要階段：首先是「圖形檢索」，再來則是「生成整合」。在圖形檢索階段，系統會根據使用者的查詢意圖或問題，於知識圖譜中尋找最符合上下文的節點與其相關邊。這裡所謂的「節點」通常代表知識實體，例如在醫療應用情境中，每一個節點可能對應一種疾病、一個藥品或一個症狀，而「邊」則用來表示這些實體之間的關係。接著，GraphRAG 會將檢索到的結果送入生成式模型，並在生成階段充分考量知識圖譜的背景脈絡與使用者最初的查詢意圖，最終在回應中納入更具深度的語意資訊，而非只憑簡單關鍵字或句向量相似度進行回應。這種多層次整合方式，能夠在複雜問題的回答過程中展現更高的專業度，也更能避免因模型訓練不足或語料偏差所造成的錯誤或遺漏。

16.3.2 GraphRAG 的應用場景

GraphRAG 在高度專業化的問答系統中表現尤其突出，像是在法律領域，若用戶提出與特定法條或案例相關的深層問題，系統在搜尋到對應的法源依據

後，還能藉由圖形結構理解法條之間的條文連結，並在生成階段有條理地提供適用的法規解讀，減少答非所問或斷章取義的情況。同理，在醫療領域中，GraphRAG 可以幫助醫師或研究人員快速比對各種疾病的病因、症狀及治療方案之間的互動關係，透過結構化的圖譜檢索找到關鍵資訊，再以生成式模型輸出更符合實際臨床需求的診斷建議或研究方向。

此外，GraphRAG 也相當適用於需要龐大知識整合的內容生成工作。舉例來說，在報告撰寫或技術手冊編撰的情境裡，撰寫者常常需要從多個領域的知識點交叉引用，才能在文字敘述上兼顧正確性與邏輯性。若只靠傳統的檢索引擎往往會面臨資訊零散、格式不一致或無法釐清內容關聯度等問題；但若能透過 GraphRAG 的知識圖譜檢索功能，將分散的資訊以圖形結構的方式有效整理，再讓生成式模型進行推理式的文本生成，不僅能迅速定位所需的核心資訊，也能在文字敘述中表現出更強的因果關係、條理性與上下文連貫性。

16.3.3 GraphRAG 的技術挑戰

雖然 GraphRAG 在許多應用場景中展現出強大的優勢，然而在落地實踐時，系統架構和技術開發仍面臨若干挑戰。

其一，是知識圖譜檢索速度與效能的優化。尤其在面對大量且高度動態的資料集時，需要設計更有效率的索引結構或分散式圖譜運算方案，才能確保查詢操作與圖形擴散（graph traversal）不會過度耗時。

其二，則是如何在生成階段維持語意與邏輯的一致性。由於生成式模型在學習與推理過程中，常常受到訓練資料或語料品質的影響，一旦知識圖譜中所提供的資訊與模型先前的學習經驗有所衝突，或是查詢意圖過於複雜，都可能導致最終的回答出現不完全合理的論述。為此，系統開發者必須在模型設計與策略上持續迭代，包含對圖譜資料進行清洗與正規化，以及在生成階段採用更細緻的注意力機制，或加入專家審核與人類校正等輔助流程，確保整個問答流程的品質與可信度。

16.4 KAG 與 GraphRAG 的比較與整合

KAG（Knowledge-Aware Generation）與 GraphRAG 雖然都屬於知識強化生成領域的解決方案，但兩者在模型設計與重點功能上仍各具特色。簡言之，KAG 的理論核心放在如何引入外部知識或結構化資訊，讓生成式模型具備「知識感知」的能力；而 GraphRAG 則更聚焦於利用知識圖譜中的節點關係，結合生成模型在語言理解與生產文本上的能力，使得生成內容能更貼近知識脈絡。若以人類撰寫文章做比喻，KAG 比較像是作者在撰寫時參考資料庫或文獻，知道該把哪些資訊引入文章中；而 GraphRAG 則像是在大腦中先行建構出一張完整的概念地圖，再以此地圖為基礎進行論述和推理。

16.4.1 主要差異

如果從技術面來看，KAG 著重於引入外部知識的方式與規則，試圖確保文字生成能緊密結合語義資訊，使生成內容更具事實根據。GraphRAG 則特別強調圖形結構與生成式模型的融合，希望在生成文本時，不僅能調用到對應的知識點，也能完整考量這些知識點之間的相互關係，讓最終回答更呈現出全局觀與條理性。這種差異也意味著在設計與實踐策略上，KAG 通常著重如何將知識以嵌入向量或關鍵字索引的方式餵給模型，而 GraphRAG 則進一步透過圖形搜尋與圖神經網路來處理知識節點之間的複雜交互關係。

16.4.2 整合場景

在實際應用時，KAG 與 GraphRAG 可以互相搭配，形成更強大的知識整合與文本生成流水線。想像一個大型企業內部的知識庫，若先以 KAG 的方式進行關鍵字或向量索引，快速從龐雜的資料中篩選出最相關的文件或資訊切片，再透過 GraphRAG 將這些關聯資料對應到知識圖譜中進行意義上的比對與關係推理，最後由生成式模型結合圖譜結構所提供的脈絡來產出更具深度和準確度的

回答。這種兩階段或多階段的架構，不僅能顯著提升查詢速度和檢索準確度，也能在文字生成過程中，同步顧及語意連貫與事實正確性。

舉例而言，一位產品經理若想撰寫一份技術白皮書，從查詢階段開始，他可以先透過 KAG 模型搜尋內部資料庫中的技術檔案，過濾出與目標功能、技術原理最相關的參考文獻；接著，GraphRAG 進一步分析這些參考文獻內的知識結構，尤其是不同功能模組之間的相互依賴關係，以及開發流程中可能存在的技術風險或解決策略。最終，生成式模型會在完整掌握知識網路的前提下，自動撰寫出有條不紊、環環相扣的白皮書草稿，並附有清楚的技術細節與背景脈絡。如此一來，不僅節省了人工搜尋與整理資料的時間，也減少因資訊割裂而造成的內容錯誤或重複闡述。

綜觀而言，KAG 與 GraphRAG 各有其應用優勢與重心，但在許多專業領域或知識密集型的工作流程中，它們能相輔相成。KAG 能夠快速且有效地尋得潛在關鍵資訊，GraphRAG 則能在後續階段透過對圖譜結構的深層理解，產出更豐富且具邏輯性的文本。兩者結合的價值，在於以更精準與更有條理的方式，滿足使用者對高品質文本生成與智慧化知識管理的需求。藉由這樣的整合策略，組織或個人不僅能獲得更有效率的技術支援，也更能在決策與創造過程中維持全局觀與精細度。

16.5 本章小結

在本章中，我們深入探討了 知識圖譜（Knowledge Graph）與生成式 AI 的結合，以及延伸而出的 KAG（Knowledge-Aware Generation）和 GraphRAG（Graph-based Retrieval-Augmented Generation）的概念。這些技術的核心在於如何利用結構化的知識，提升生成式 AI 的表現，解決現有技術中的缺陷，並為未來的智慧應用奠定基礎。

知識圖譜為生成式 AI 提供了豐富的背景脈絡和語意資訊，使模型能夠超越傳統基於語料的學習框架，真正實現對知識的「理解」與應用。我們看到，知識圖譜透過節點與邊的結構化關係，不僅可以彌補生成式 AI 的「幻覺問題」，還能強化模型的推理能力，讓內容生成更具邏輯性與準確性。

KAG 的出現進一步推動了知識與生成技術的深度融合。KAG 將知識圖譜引入生成式 AI 的訓練與應用中，為模型提供即時的知識參考，使得回答與生成內容的品質更加可信且邏輯嚴密。它強調透過檢索和整合外部知識來強化模型的表現，為複雜的問題提供了更具深度的解決方案。

GraphRAG 則將重點放在知識檢索與生成整合的互動上，結合了圖結構的檢索能力與生成模型的語言生成功能。其雙重流程確保了知識檢索的精確性以及生成內容的上下文一致性，特別適用於需要多步推理或專業知識的場景，如法律諮詢、醫療診斷以及技術報告撰寫等。

本章的內容不僅闡明了知識圖譜、KAG 與 GraphRAG 的技術核心，還描繪了它們在生成式 AI 進化過程中的重要地位與發展方向。這些技術的推進，將深刻影響生成式 AI 的應用範疇，使其在專業領域與智慧應用中扮演更加關鍵的角色。

Note

第十七章

CAG 概念

在此章節，你將會獲得：

學習重點	說明
CAG（Cache-Augmented Generation）的概念與優勢	了解 CAG 如何利用長上下文模型的能力，透過預先載入完整知識集並生成 KV-Cache，避免即時檢索的延遲與錯誤，在知識密集型任務中提供快速且一致的回答。
CAG 與 RAG 的比較與技術解析	掌握 CAG 相較於 RAG 的技術差異，認識其在處理檢索錯誤與系統簡化上的優勢，同時分析其對長上下文模型容量的依賴與適用場景的限制。
CAG 的未來發展與應用場景	探索 CAG 在混合式系統中的潛力，以及隨著長上下文模型進步如何擴大其應用範圍，為高效且準確的生成式 AI 提供新穎解決方案，並助力在專業領域的知識整合與推理應用。

17.1　CAG 介紹

在長上下文大型語言模型不斷進步之際，為了有效避開 RAG 所帶來的檢索延遲與可擴充性瓶頸，中研院和政大合作研發出提出了 Cache-Augmented Generation（CAG）的新方法，並且發表了《Don't Do RAG: When Cache-Augmented Generation is All You Need for Knowledge Tasks》論文內容。CAG 的核心觀念在於利用長上下文模型可處理大規模文字的能力，將外部知識一次性地載入模型上下文，並透過預先計算好的 KV-Cache 來保留推理過程所需的狀態。這樣的作法在推理執行時無須進行檢索，不僅徹底消除了因檢索而產生的時間延遲，也避免了檢索模型出錯所帶來的風險。

CAG 之所以能成為 RAG 的有效替代方案，正是因為它能將所有關鍵文件與模型暫存資訊一次性地整合在長上下文內，並在需要回答時直接提取先前已經定義過後的知識。因此，相較於 RAG，CAG 在知識密集或文件總量可被長上下文承載的情境下，能夠給出精準且一致的回應，同時減少系統對檢索管線的依賴，進而達到架構上的簡化與推理效能的最佳化。

17.2　CAG 技術細節

17.2.1　CAG 的核心架構

CAG 的運作可分為三個主要階段，雖然在流程上與 RAG 的「先檢索再生成」有所差異，但在技術實現上更為直接，整體設計包括外部知識預先載入、推理以及 Cache 重置三部分。首先，在外部知識預先載入的階段，系統會先收集並整理所有相關的文件，確保其能完整置於長上下文模型的可用範圍之內。接著，模型會以這些文件作為輸入，對它們進行一次性的編碼，並將編碼過程所產生的 KV-Cache（即模型在處理每個 token 時計算出來的關鍵值暫存）儲存

在記憶體或磁碟中。透過預先完成這項工作，系統在推理時就不必再次花費大量時間來編碼整套文件，只需要把用戶查詢併入既有的 KV-Cache，即可生成答案。最後，考量到實際應用場景中常需連續處理多個查詢，CAG 也提供了靈活的 Cache 重置機制。透過將新增加的 token 截斷或清除，系統可以在不重新載入整個 KV-Cache 的前提下，迅速回到初始狀態並處理新的查詢。

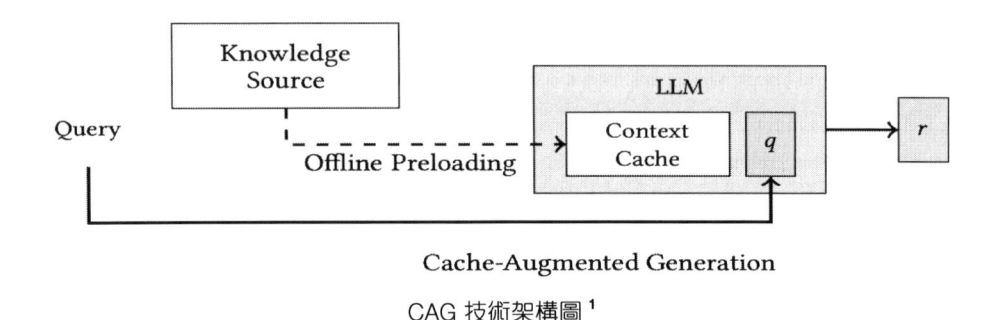

CAG 技術架構圖[1]

在這樣的架構下，CAG 不僅節省了對文件進行多次編碼的時間，也省略了執行即時檢索的需求。每當使用者提出新的問題，系統直接將問題併入已預先載入文件後所產生的 KV-Cache，並讓模型根據這些已存在的上下文資訊進行推理。這種從「離線預先載入」到「在線推理」的流程，使得回答問題時的延遲大幅降低，而且能確保整個系統對外部知識的理解始終一致。

17.2.2 為何 CAG 能夠避免檢索錯誤？

不同於 RAG 需要經過檢索模型或排序演算法以找出「最相關」的文件，CAG 的方法是將所有潛在需要的文件事先整合到長上下文中。當長上下文模型具備足夠容量容納完整的知識集，模型便能對整體文件內容形成一致且全局的語意

---

[1] 資料來源：Chan, B. J., Chen, C.-T., Cheng, J.-H., & Huang, H.-H. (2024). Don't Do RAG: When Cache-Augmented Generation is All You Need for Knowledge Tasks. arXiv. https://arxiv.org/pdf/2412.15605.pdf

表徵，不必再依賴檢索結果的好壞來決定要讀取哪些篇幅。如此一來，任何因檢索不精準而漏掉重要資訊，或因排序算法判定錯誤而導致重點文件被忽略的情況，都能被有效避免。

由於 CAG 在推理時不依賴另行輸入的檢索結果，當初步載入文件與計算 KV-Cache 完成後，模型已對全部文件進行了綜合分析，等同於將「檢索範圍」一次性整合在系統內部。在回答問題的過程中，模型可以從完整的已載入內容中選擇最相關的部分，進行跨文件的語意聯想與推論，而不必擔心後續檢索階段可能帶來的資訊不足或錯誤導向。

17.3 結果分析

從實驗結果來看，CAG 展現了比傳統 RAG 更為優秀的表現。對於像是 SQuAD 與 HotPotQA 這類需要準確定位答案細節的基準資料集，CAG 在 BERTScore 上通常能達到或超越最強檢索演算法搭配生成模型所給出的成績。這種優勢在較長篇幅或多篇文件的情境中特別明顯，因為 RAG 在處理龐大文本時，檢索錯誤累積造成的風險也隨之增加，而 CAG 透過預先整合所有資料，降低了檢索錯誤導致的潛在損失。

生成效率方面，CAG 由於消除了實時檢索與載入文本的過程，推理時只需要將使用者的查詢併入已有的 KV-Cache，因此整體生成時間遠比傳統做法來得短。尤其在測試集中長文本規模越大、文件數量越多時，CAG 能顯示出更顯著的時間節省。這種高效的推理優勢也使得 CAG 在要求即時互動的應用環境下，更能發揮穩定且快速的性能。

17.4 CAG 優缺點分析

17.4.1 CAG 優勢分析

CAG 最大的優勢在於整合了長上下文模型的處理能力,將所有可能需要的文件一次性帶入模型內。透過這種方式,系統不再需要從檢索階段篩選文件,就能在推理時以全局的角度來擷取關鍵資訊。由於省去了組裝提示與動態檢索的步驟,CAG 在生成速度上表現非常出色,且因所有資訊都已保存在整合後的上下文中,回答的內容也通常更一致。另外,CAG 的整體流程更簡化,既不必維護高效的檢索引擎,也不必顧慮檢索結果的排序誤差。當知識庫規模相對可控時,CAG 可提供與或優於 RAG 的整體表現。

此外,隨著長上下文 LLM 不斷演進,模型可處理的字元或 token 上限也持續攀升。這代表未來的 CAG 對於不同應用領域或多樣型態的文件,都有更大的彈性去容納完整資料。只要知識集能放入模型上下文之中,就能發揮 CAG 的優勢,在不增加檢索階段負擔的情況下,直接得到充分利用外部知識的推理結果。

17.4.2 局限性與未來改進

雖然 CAG 擁有多項優點,但仍然存在著對長上下文容量的依賴。如果文件總量過於龐大,超過模型可處理的上下文長度,CAG 無法一口氣將所有內容整合到模型記憶中,這時便失去了預先載入的優勢。另外,當應用場景對資料的時效性要求極高,需要頻繁地更新外部知識庫時,反覆生成 KV-Cache 或許也會帶來額外負擔。

未來的改進方向可能包括研發混合式系統，將 CAG 與傳統 RAG 進行結合，讓 CAG 預先覆蓋核心文件，再透過小規模檢索補充邊緣案例，既能保留 CAG 在主流程中的效率，也兼顧對偶發性或動態資訊的即時擷取。除此之外，隨著模型架構的演化，更高效且容量更大的長上下文模型也可能進一步推動 CAG 應用範圍的擴張，真正實現對大規模知識庫的一次性整合與高效推理。

17.5 本章小結

本章透過比較 RAG 與 CAG 的核心概念與技術細節，說明了兩者在面對多樣化知識任務時所展現的差異。RAG 依賴檢索結果將外部文件整合入提示，但可能在檢索失誤的情況下降低答覆品質，也使整體系統架構更為繁複。CAG 則充分利用長上下文模型的能力，藉由一次性地將全部資訊整合到上下文並預先計算 KV-Cache，成功避免了檢索誤差與動態載入的延遲。

從實驗結果看來，CAG 在回答準確度與推理時間上都展現了優勢，特別適合用於知識庫規模可控的任務。雖然其對上下文長度和資料更新的需求仍有侷限，但未來隨著長上下文 LLM 的進步與混合式系統的可能整合，CAG 很有機會成為知識密集型應用的重要解方，為更高效且更精準的生成式 AI 整合開闢新的發展路徑。

Note

第八部分

生成式 AI 模型服務與 RAG 系統的評估

第十八章

LLM 模型評估

在此章節，你將會獲得：

學習重點	說明
LLM 模型評估的核心概念	理解 LLM 評估不僅關乎準確性與流暢度，更涉及模型適用性、風險控管與商業需求，幫助企業在部署前充分掌握模型表現。
模型評估與任務評估的應用	探討 LLM Model Evals 與 LLM Task Evals 的差異與互補關係，理解如何透過這兩種方法提升模型選型與落地成效。
關鍵測試工具與方法	了解 MMLU、MT-Bench 等基準測試，並學習如何運用 HuggingFace Evaluation Guidebook 及 OpenAI evals 來強化模型評估與自動化測試。

18.1 LLM 模型評估概念與定位

LLM 評估看似環繞在「模型是否能正確回答問題」、「生成的文字是否流暢」之類的簡單疑問上，實際上卻牽涉到多層面、跨領域的議題。從技術層面來看，研究者往往著眼於模型對語言知識與理解力的內在展現，如詞彙精準度、上下文一致性、推理與邏輯連貫度等。若將視野擴大至商業落地與產品營運，則必須進一步考慮到評估方法的成本、可擴充性以及與實際業務需求之間的緊密連結。

18.1.1 為何進行 LLM 評估

自從 OpenAI GPT 模型和 Google Gemini 模型與相關大規模模型出現後，市場對智慧化語言應用的期待與日俱增，逐漸從簡單的對話機器人，推進到更複雜的知識檢索、多語言翻譯、內容生成與個人化推薦等領域。這些創新應用無一不仰賴 LLM 在語言理解與生成方面所展現的深度能力。但在實際導入場景中，企業經常發現模型的理想效能與真實表現仍有落差。例如，訓練時採用的資料若與真實應用情境差異過大，往往會導致模型難以理解使用者意圖或產生內容脫節的情形。再者，部分高階模型雖然在實驗室測試中展現優秀結果，但一旦面對實際使用者提出的邏輯性或領域專業度要求，仍難免出現瑕疵。

市場之所以急切需要一套嚴謹的 LLM 評估機制，就在於要在模型正式佈署前充分洞察其缺陷、偏差與風險。同時，在評估過程中亦可發現模型在特定領域中的潛力與可延伸方向，協助企業更有效率地選型與資源配置。正因如此，LLM 評估已不再是僅僅以「準確率」、「精確度」這類單一維度指標為核心，而是需要從多元面向同時關照，以期提供更加穩定且能匹配市場需求的解決方案。

18.1.2 現行測試方法的演進與背景

從歷史角度來看，早期的 LLM 評估主要依賴一些經典指標，例如困惑度（Perplexity）與 BLEU 分數等，這些方法大多適用於比較小型模型或特定自然語言處理任務。然而，當模型規模成長到數百億甚至上千億參數時，傳統指標開始無法有效捕捉模型的深層語意理解與跨領域通用能力。加上多個研究團隊陸續推出了 GPT 系列衍生模型與各式開源 LLM，市場可選擇的方案多到令人眼花撩亂，企業與研究者迫切需要更加系統化且能體現真實商用場景的測試方法。

在此脈絡下，各種針對語言生成的綜合性測試平台應運而生，涵蓋從基準測試到自動化分析。這種測試特別強調了 LLM Model Evals 與 LLM Task Evals 在真實應用中扮演的角色差異。相較之下，學術界也持續累積了對語言生成評估的研究成果，包括「Leveraging Large Language Models for NLG Evaluation: A Survey」的論文中，就有深入探討了如何量化文本風格、多樣性以及與人類偏好的一致程度。綜觀這些發展，可以發現 LLM 評估早已不再是單純比較數值高低的工作，而是以更廣闊的角度去檢視模型的表現與風險，並將其作為模型開發與應用決策的核心參考依據。

18.2 模型評估 vs. 任務評估

在評估生態系統中，「模型評估」（LLM Model Evals）與「任務評估」（LLM Task Evals）是兩大互補的面向。模型評估著重檢驗 LLM 的內在通用能力，評估項目常見於多任務測試、閱讀理解、邏輯推理以及語言生成的品質；任務評估則立足於特定商業需求與現實應用場景，重視實際用戶體驗與業務效益表現。兩者的差異，對於從業者來說是一個「宏觀檢驗模型整體素質」與「微觀驗證應用成效」的不同思維。

18.2.1 模型評估（LLM Model Evals）的核心指標與方法

在模型評估中，研究者通常會應用多樣化且可重複的任務來測試模型的基礎理解與生成能力，例如完形填空、常識推理、多語言翻譯或書面總結。這些任務可對應到不同指標，包括傳統的精確度、召回率、F1 分數，或更針對語言模型特性的困惑度等。雖然這些指標可以在早期階段迅速篩選模型，但當各家模型的基礎能力都達到一定水準時，這些簡單指標往往不足以有效呈現微妙的差異。於是更高階且多維度的測試方法便被提出，例如讓模型在沒有標準答案的抽象辯論題上進行生成，再透過多位 LLM 評審（LLM Judges）進行互評，觀察模型在邏輯連貫度與思維深度上的表現差異。這類作法同時也融合了人類偏好的對齊技術，讓評分更具參考性。

值得注意的是，模型評估並非只關注語言輸出本身的準確度與流暢度，也會衡量模型在處理跨任務時的遷移能力與對未知情境的適應度。例如，MixEval 就是一個針對多任務交互能力的測試框架，它不再孤立地觀察模型在單一任務下的數值分數，而是同時測試模型如何在不同任務之間做知識遷移與切換，這在真實應用環境中尤為重要。

18.2.2 任務評估（LLM Task Evals）的應用場景與限制

任務評估則更貼近企業與產品的實際需求，常以明確的商業目標或使用者體驗指標作為評量標準。舉例來說，一家客服中心想建立自動客服系統，除了關心模型回答的正確性，還會在意回答的禮貌性、風格一致性，以及能否處理多輪交互與異常情況。這類任務評估時，團隊通常會彙整代表性高的實際客戶案例作為測試集，並在可控情境下進行模擬測試或 A/B 測試。若發現模型在特定用語、偏見或操作流程上有缺陷，則能迅速進行針對性調整。

然而，任務評估的限制在於高度依賴真實場景與資料分佈，一旦資料集或測試流程設計不完善，可能高估或低估模型的實際能力。此外，當任務對語料多樣

性與領域專業度要求極高時，便需投入更多資源來收集並維護大規模、高品質的標註資料。這使得任務評估在可移植性與普適性上較為有限，也增添了評估結果的解讀難度。儘管如此，任務評估的價值在於能直接反映模型在商業場域中的真實表現，協助團隊在產品落地前發現與解決關鍵問題。

18.2.3 兩者互補與差異化解讀

模型評估與任務評估之間並不存在絕對的優劣，而是各自針對不同層面的檢驗需求。透過模型評估，我們可以快速掌握 LLM 在普遍性、多任務適應力以及生成品質等方面的整體表現，也能在早期開發階段就篩選出不適合的候選模型；再經由任務評估，則能將上述篩選結果與實際產品需求相結合，確保選定的模型在真實使用環境中能產生應有的商業價值。若僅仰賴模型評估，可能無法洞察特定應用場景中的特殊需求；若只看任務評估，也容易忽略模型更廣義的潛能與可遷移能力。反之，把兩者的結果結合在迭代開發流程中，能有效降低失誤風險，並優化模型於複雜應用條件下的實際表現。這正是 Arize.com 與多位推特用戶在討論 LLM Model Evals 與 LLM Task Evals 時所強調的思維，也呼應了業界將評估流程納入軟體工程單元測試（unit testing）的趨勢，使得評估成為開發、測試、部署與監控的持續循環。

18.3 現有測試指標與基準工具

LLM 評估的需求日益多元化，驅動了業界與開源社群不斷推出多種基準測試和自動化測試工具。從初步的 OpenAI simple-eval、MixEval 到近年的 Open LLM Leaderboard v2 與各式自動化測試平台，評估工具的功能設計逐漸趨向整合與彈性調整，並在全球開源社群的共同推動下迅速迭代。以下將會介紹目前主流的評估資料集，協助大家理解這些資料集特性後，在後續導入專案前，可以藉由哪種資料集來進行評估。

18.3.1 MMLU / MMLU-Pro

MMLU（Massive Multitask Language Understanding）作為最早被廣泛應用的跨領域測試資料集之一，旨在透過涵蓋廣泛學科領域的題目來測試模型的知識廣度與推理能力。該基準的設計初衷在於檢驗模型是否能夠跨足數學、科學、歷史、語言學等多個領域，從而反映其對語言理解的綜合實力。隨著各家模型效能不斷提升，標準版的 MMLU 已逐漸出現高分普遍現象，導致在 80 分以上的成績區間中難以區分微妙差異。為了因應此現象，部分團隊推出了 MMLU-Pro 等改良版，藉由調整題目難度、增加細分測試項目或引入新的評分策略，以期提升測試的鑑別力。此一轉變不僅促使測試結果更精細，也讓使用者能夠在選型或改進模型時，獲得更具參考價值的資料支援。

18.3.2 MT-Bench

MT-Bench 是由 LMSYS 開發的一套多輪對話評估基準，旨在全面測試大型語言模型（LLM）於多輪交互過程中的語境理解、推理能力及回應一致性。該資料集設計涵蓋 80 組對話範例，每組包含 3 至 5 輪問題，涵蓋如程式設計、數學推理、寫作建議、倫理判斷等不同主題，模擬實際應用中複雜且連續的對話情境。

MT-Bench 的標註機制採用人工偏好比對（human preference comparisons），由人類評審針對模型回應進行 A/B 測試，以衡量答案的準確性、流暢度與實用性。該資料集有效揭露模型在真實語境中長程對話能力的優劣，成為目前業界衡量語言模型多輪互動表現的關鍵指標之一。

18.3.3 GPQA

GPQA（General Purpose Question Answering）測試資料集，主要針對模型在通用問答任務中的表現進行考察。該基準設計涵蓋了常識性問題、專業領域問答以及情境推理等多個層面，旨在檢驗模型是否能夠快速且準確地理解問題並

給出合理回答。相較於其他問答資料集，GPQA 更重視模型推論路徑的合理性與資訊整合的精確度，並通常搭配自動與人工評分策略以因應開放性問題缺乏單一標準答案的挑戰。在應用層面上，GPQA 測試資料可為語言模型於實務場景中的部署提供具參考價值的效能依據，特別適用於多模態、多知識源整合與高解釋性需求的任務情境。

18.3.4　MATH

MATH 測試資料集專注於測試模型在數學問題求解方面的能力，尤其是對複雜運算、符號推理及邏輯演算的處理效果。該測試工具通常包含從中小學數學到大學程度的各類問題，要求模型不僅能正確得出答案，更要能夠展示其解題過程與推導步驟。MATH 的設計初衷在於挑戰模型的邏輯思維與計算精準度，並在一定程度上反映其在專業領域內的應用潛力。隨著大型模型在數學解題領域的表現不斷提升，研究者也持續調整題目難度和評分標準，藉此在高分段中仍能保持足夠的區分度，並促使模型在推理邏輯上的持續改進。

18.3.5　MMMU

MMMU 是一項針對多語言、多文化理解的測試資料集，旨在檢驗模型在面對不同語言、跨文化內容以及專有名詞翻譯上的一致性和正確性。該測試工具通常涵蓋多個語系的題目，從基礎語言結構到複雜文本理解均有所涉獵，進一步挑戰模型在語言轉換與文化語境理解方面的能力。MMMU 的設計考量在於，隨著全球化應用的推動，模型需要具備跨語言及跨文化的通用性，而僅依靠單一語言或單一文化的測試已無法滿足市場需求。針對這一點，部分研發團隊在實施 MMMU 測試時，會額外設計針對性試題，檢驗模型在面對域外知識或非主流語言內容時的反應，從而進一步彌補傳統測試工具在多語言應用上的不足。

18.3.6 測試工具與資料分析：從 OpenAI Simple-Eval 到 Langchain Auto-Evaluator

除了基準資料集外，測試工具的多樣性與成熟度也影響著模型開發與迭代的效率。OpenAI simple-eval 是一個早期、輕量級的測試框架，使用者能透過簡單設定與指令，即可快速檢驗模型輸出是否符合基本要求。這類工具雖然在深度與精細度上有所不足，但在初期篩選模型或進行小規模實驗時，具有極高的便利性。隨著需求逐漸提高，Langchain Auto-Evaluator 等新世代工具開始出現，它們藉由更細膩的評分機制，針對生成文本進行語意理解、上下文一致性與主觀感受（禮貌度、可讀性）的多層次分析，並透過可配置的評分權重來滿足不同應用的需求。

另一項值得關注的趨勢是將評估流程結合軟體工程的最佳實踐，將測試視為類似單元測試（Unit Testing）的構件，整合到模型開發生命週期中。例如，OpenAI evals 與 Langchain Auto-Evaluator 的部分功能就允許開發者在進行新版本模型訓練或模型微調時，同步執行自動化測試。若測試結果顯示明顯退步或出現重大誤差，即可迅速回溯至前一版本進行交叉檢驗，避免問題擴大化。如此一來，測試不再只是項「事後檢查」，而是融入整個開發、部署與維運過程的核心機制，大幅降低錯誤成本並強化產品品質。

18.4 新興評估框架與技術趨勢

在模型性能不斷攀升且應用需求高度分歧的情況下，LLM 評估領域正出現多項新興趨勢。這些趨勢不僅體現在對測試維度的擴增與精進，也反映在對流程自動化、評審方法多元化，以及與社群分享機制的深度整合上。

18.4.1 MixEval 與 Open LLM Leaderboard 的實戰啟示

MixEval 作為混合式多任務評估框架，力求在同一輪測試中蒐集模型在多類型任務（知識問答、文本補全、邏輯推理、寫作風格一致性等）上的表現，以期更完整地描繪模型的全貌。此概念源於工程實務的需求：企業需要的是「能應對多種挑戰場景」的綜合型模型，而非在某單一指標上拔得頭籌的特化模型。MixEval 的特點在於它並不依賴單一裁判，而是同時蒐集多個子任務的數值指標與質性回饋，再以加權或綜合評分的方式給出最終結果。這種設計凸顯了評估過程的複雜性，也更貼近大型應用開發時的真實需求。

Open LLM Leaderboard v2 則以排名與公開對比的方式激發社群競爭，透過持續更新的測試結果，讓各家模型與各種訓練策略在「公開且透明」的環境中接受檢驗。這不但鼓勵開發者不斷優化模型，也為初學者或產品經理提供了「一站式」的比較依據。在 HuggingFace Spaces 的支援下，許多團隊會在上面上傳最新的模型版本並立即獲得測試結果，形成一個高流動性、高交互性的生態圈。透過觀察排行榜上的名次變動，研究者能追蹤當前最先進的技術，企業則能更精準地選擇候選模型進行測試或採購。

18.4.2 HuggingFace Evaluation Guidebook 的落地實例

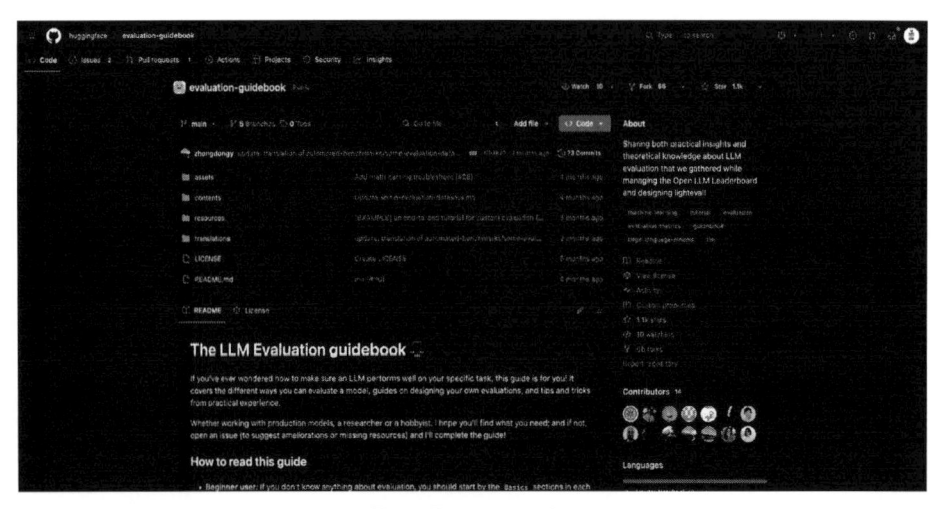

HuggingFace Evaluation Guidebook

HuggingFace 在 LLM 領域的影響力不斷擴大，因此 HuggingFace 也推出了 Evaluation Guidebook，進一步鞏固了其作為產業與社群橋樑的地位。這本指南不僅詳細記錄了如何利用 HuggingFace 現有的工具進行測試，也提供了一些在評估過程中常見的場景與問題解決思路。例如，在需要檢視模型跨多語言表現的情況下，如何確保測試集涵蓋不同語系的文本特徵與文化背景；又或是在進行 RAG（Retrieval Augmented Generation）評估時，如何衡量檢索模組與生成模組之間的整合效果。面對這些複雜的技術難題，Guidebook 透過範例碼與實際案例的方式，協助開發者快速搭建起自動化或半自動化的測試流程，並將結果可視化。

實務上，已有多家企業根據 HuggingFace Evaluation Guidebook 的建議來設計自動化評估管道，並透過整合 GitHub CI/CD 流程，在每次模型更新時即時執行測試。這種「持續評估」的做法不僅大幅降低了人力成本，也減少了評估結果的主觀偏差。對於急於上線產品或需要頻繁迭代的團隊而言，此種流程能有效縮短回饋週期，讓模型優化決策更具科學依據。Evaluation Guidebook 不僅是工具集合，更是一套「思維框架」，幫助在面對多變且高壓的開發環境時，有章可循地執行測試與改進。

18.4.3 LLM 作為評審：利用模型自我評估與互評的潛力

由於高階模型之間的能力差距越趨縮小，測試工作也越來越「吃力不討好」。人工標註或人工審查在大規模測試中面臨龐大人力消耗，同時也可能因標註者背景、疲勞度而產生不一致性。因應此困境，「LLM 作為評審」的概念逐漸成形。所謂模型自我評估，指的是讓同一模型對自身生成的輸出進行初步檢查，以找出文法錯誤、事實性錯誤或邏輯不一致的部分；而模型互評則允許多個不同模型互相審閱生成結果，藉由對照不同模型的輸出風格與結果，提供初步的評分或評語。

當然，利用 LLM 作為評審的風險在於可能出現「偏誤疊加」或「自我強化」的問題。若模型本身存在邏輯漏洞或資訊缺乏，則它在互評或自評時可能忽略關鍵錯誤或反覆強化錯誤概念。然而，在某些需要快速篩選巨大批量輸出的情境下，LLM 作為評審仍是一條可行的自動化途徑，至少能協助開發者在短時間內找出明顯的錯誤輸出，顯著降低人工標註的負擔。長遠來看，若能結合多模型交叉檢驗與人類抽查校正的機制，或許能將 LLM 自我評估與互評的優勢發揮到更高層次，使其在大型企業與開源社群的測試實踐中扮演重要角色。

目前，也有部分的研究者開始嘗試將「LLM 互評」技術應用於沒有標準答案的開放性問答情境。例如針對抽象論述或創意寫作，完全以人力評審往往成本過高，且評分標準帶有強烈主觀性。因此，若能透過多位 LLM 自動交叉檢驗，或「一對多」與「多對一」的評審機制，或許能在一定程度上中和主觀偏差，為測試過程提供新的想像空間。

18.5 本章小結

本章從 LLM 評估的宏觀意義與市場需求出發，勾勒了評估方法從初期單一指標到當前多維度、複合性測試框架的發展脈絡。透過回顧過去的演進背景，可以發現 LLM 評估已不再只是「量化模型在某項任務上的分數」，而是必須綜合考慮語言理解深度、領域遷移能力、對話流暢度以及對人類偏好的對齊程度等複雜面向。這些多層次的衡量標準，不僅對研究者開發與改進模型至關重要，也為企業在判斷投資與佈署策略時提供關鍵指引。

在深入剖析模型評估（LLM Model Evals）與任務評估（LLM Task Evals）兩大類型後，我們看到了兩者之間的互補性：前者著力於模型本質能力的揭示，後者則針對特定使用情境進行真實場景的檢驗。這兩種評估方法彼此連結、相互佐證，不僅能協助團隊在研發流程初期快速篩選候選模型，也能在最後階段將評估結果落實於實際產品或解決方案中。配合一系列基準（MMLU、MT-Bench

等）與測試工具（OpenAI simple-eval、Langchain Auto-Evaluator、OpenAI evals、MixEval、Open LLM Leaderboard v2），開發者能更全面地瞭解模型優勢與不足，從而做出更精準的技術決策。

同時，隨著模型能力日益強大，傳統基準在區分細微差異上的困境，也催生了新興的評估理念與自動化技術，包括模型自我評估與互評、跨任務混合測試以及聚焦應用落地的 RAG 評估等。HuggingFace Evaluation Guidebook 在此過程中扮演了「框架設計與案例指引」的角色，為業界與研究界提供了可操作且思路清晰的執行藍圖。在這些新興趨勢下，LLM 評估的門檻逐漸被拉高，不僅要求研究者具備多領域知識背景，也期待企業能配合持續迭代、敏捷開發的思維來實踐評估流程。

綜觀本章，LLM 評估的重要性不言而喻：它直指模型的真實能力與缺陷，提供持續優化與理性決策的依據。當我們在後續章節繼續探討 LLM 的應用、對話安全性及商業落地時，亦需持續回到評估機制本身，檢視其是否與時俱進地捕捉了模型的新特性，並在不同的使用場景下給出能兼顧效能、可解釋性與風險控管的客觀回饋。唯有如此，LLM 技術的發展才能真正走向成熟與普及，並在多變的市場需求中持續綻放創新活力。

Note

第十九章

RAG 系統評估

| 第八部分 | 生成式 AI 模型服務與 RAG 系統的評估

在此章節,你將會獲得:

學習重點	說明
RAG 評估的核心價值	您將瞭解到 RAG 評估在人工智慧與自然語言處理應用中的關鍵角色,具體探討如何藉由科學且系統化的評估機制,針對生成回應的準確性與上下文相關性進行量化分析,從而為技術優化與成本控管提供明確依據。
多層次評估指標與方法	本章節將深入解析多層次的評估指標與衡量方法,涵蓋從基本的精確度、召回率及上下文相關性,到自動化無參考評估方法及定性與定量指標的綜合整合策略,並輔以實際案例說明各指標在不同應用場景下的調整策略。
工具框架與完整評估體系建構	您將全面認識主流評估工具與框架(如 RAGAS、RAG Triad 與 RAGChecker),並學習如何構建完善的 Benchmark 與資料集,從資料清洗、標註到反事實穩固性測試,進而建立一套具備可重複性與擴充性的全方位評估體系。

19.1 RAG 評估重要性

RAG 評估在當前人工智慧與自然語言處理應用中扮演著至關重要的角色。隨著生成式模型與資訊檢索技術的快速演進，企業在應用這類技術時極需一套科學、系統的評估機制來衡量系統回應的準確性與上下文相關性。這不僅有助於發掘模型在實際運作中的潛在缺陷，更能提供決策者具體資料支援，使其在調整演算法策略時能夠針對性地提升系統整體效能。透過精確的評估指標，企業可在資訊過濾、內容推薦或客服系統等多元場景中達到更高的運作效率與使用者滿意度。

在實務操作中，RAG 評估的重要性體現在其對技術優化與成本控管的雙重影響上。透過科學的指標與嚴謹的衡量方法，研發團隊能夠及早識別技術瓶頸，並在產品推向市場前進行必要的調整。此外，準確的評估結果亦能作為內部技術交流與外部市場競爭中的有力依據，幫助企業在技術創新與資源分配上取得平衡，最終實現價值最大化。

19.2 RAG 評估指標與衡量方法

本章節將深入探討各項評估指標與衡量方法，從基本的精確度、召回率到上下文相關性，再延伸至自動化無參考評估方法與定性、定量指標整合之策略，提供完整的技術解析與實踐參考。

19.2.1 基本指標：精確度、召回率與上下文相關性

在 RAG 評估中，精準度（Accuracy）與召回率（Recall）是衡量系統性能最常見且基本的指標。精確度反映模型在生成回應時，正確資訊佔所有回應內容的比例，而召回率則評估模型能夠捕捉到所有相關資訊的能力。上下文相關性則進

一步強調生成內容與查詢語境間的連貫性與契合度。這些指標皆需透過明確的數學定義與計算方法予以量化，進而根據不同應用場景賦予不同權重。例如，在醫療諮詢系統中，精確度往往被賦予更高的權重；而在新聞推薦系統中，上下文相關性則可能更為關鍵。透過實際案例的資料分析，讀者將得以掌握各指標在不同情境下的調整策略，並了解如何根據場景特性制定合適的評估標準。

在實踐中，這些基本指標並非孤立存在，而是相輔相成的評估維度。企業在應用 RAG 技術時，需根據系統的業務需求與使用者行為模式，動態調整各指標間的權重分配。透過多次實驗與調校，能夠使評估結果更貼近實際應用需求，最終形成一套適應性強且具體落地的評估體系。

19.2.2　自動化無參考評估方法

隨著生成式人工智慧技術的快速成熟，傳統依賴人工標註或參考答案比對的評估方法，日益顯露出效率低落、成本高昂與主觀性強等問題。為了因應大規模應用需求並提升系統穩定性，若已經有初步製作出驗證的資料集和測試之後，可以嘗試逐步導入自動化無參考評估方法（Reference-free Evaluation）。該方法不再依賴人工參考資料，而是透過語義分析、結構比對與統計特徵萃取，自動判斷生成內容的合理性與一致性。透過結合自然語言處理技術與深度學習模型，可建立完整的自動評估流程，有效提升評估效率、降低人為干預，並確保評估結果具一致性與可重複性。

進一步而言，企業可透過導入多模態分析與跨領域資料整合技術，豐富評估模型的輸入維度，進而強化系統對不同類型生成結果的判斷力。藉由構建多層次評估架構，從語意完整性、內容一致性、格式準確性到語用適切性等多個角度進行綜合打分，有助於形成一套高可信度、可擴展的自動化評估體系。此類技術不僅適用於自然語言生成，亦具備跨領域延展潛力，可應用於圖像生成、語音合成與多模態生成任務，展現其在企業智慧應用中的高度價值與戰略意義。

19.2.3 定性與定量指標的整合

在評估過程中，單一依賴資料驅動的定量指標可能無法完全反映生成內容的內在品質與語境契合度。因此，將定性評估與定量評估進行有效整合，成為了業界的一大挑戰。透過定性指標，專家可以根據自身經驗與直覺，對模型輸出的創新性、邏輯性及實用性進行主觀判斷；而定量指標則能夠提供資料支撐與客觀對比。兩者的結合有助於補足各自的短板，使評估結果更具全面性與說服力。

在實務操作中，企業常以案例分享的方式來說明如何調整指標權重。舉例而言，在金融風控系統中，資料驅動的定量評估與專家判斷的定性評估需相互印證，才能真正反映模型的風險預測能力。這種整合方式要求團隊在制定評估標準時，既不忽略資料背後的統計特性，也要充分考慮業務場景中的特殊要求，從而形成一套適用於不同情境的綜合評估策略。

19.2.4 Top-k 知識搜尋評估

Top-k 搜尋是一種在龐大的資料或文件庫中，根據相似度量或排序評分，擷取出最符合查詢需求的前 k 筆結果的檢索方法。它通常結合向量化技術、關鍵詞匹配或加權評分等機制，協助使用者在複雜多樣的資料中快速定位到最具參考價值的內容。這種搜尋方法可以應用在結構化或非結構化資料上，從傳統的文字文件到高維度的向量資料，都能透過各種索引與演算法來完成高效率的檢索。隨著深度學習與自然語言處理技術的進步，Top-k 搜尋在實務應用中的角色也愈發關鍵，因為它能有效篩選出高相關度的資訊，並為後續的資料分析或模型推論提供更準確的基礎。

在 RAG 框架中，k 值是影響檢索與生成整體品質的關鍵參數。若 k 設得過小，系統有可能遺漏一些具體且關鍵的資訊，導致生成內容缺乏足夠佐證，甚至出現與問題不匹配的情況。相反地，若 k 設得過大，系統又會拉回許多不必要的資訊，使生成模型需要在大量低相關度內容中篩選，增加計算負擔，也可能混

淆模型的注意力焦點。要避免這兩種極端情況，往往需要根據實際應用場景、資料分佈特性，以及目標使用者所需的答案精確度，進行多階段或多次測試來模型微調 k 值。

19.3 評估工具與框架解析

隨著 RAG 評估需求的日益增加，市面上湧現出多種評估工具與框架。各平台各有特色，能夠針對不同應用場景與技術需求提供專屬解決方案。本章節將分別介紹數個主流工具及框架，並針對其設計理念、架構流程與應用限制進行深入剖析。

19.3.1 RAGAS 介紹

RAGAS 平台 Github 頁面

RAGAS（Retrieval Augmented Generation Assessment System）是一套專為評估檢索增強生成系統而設計的開源工具。該系統旨在為使用者提供一個模組化且可擴展的評估平台，以便在生成式應用中更精確地測量回應品質與上下文

契合度。RAGAS 的設計理念強調靈活性與擴充性，使得研究人員與工程團隊能夠根據各自的需求進行自定義調整，從而在多變的應用場景中達到最佳效能。這種架構不僅降低了評估流程的複雜度，同時也確保了在面對大規模資料時的運算效率與準確性。

官方文件中詳細介紹了如何利用 RAGAS 進行自動化評估流程的構建，並解析了該系統中各項評估指標的計算原理與實際應用案例。透過這些技術細節，使用者可以在具體應用中靈活調整參數，進而提升生成系統在不同領域中的適用性與精準度。此外，亦強調了模組化設計的重要性，透過將評估流程拆解成不同模組，使用者能夠針對性地替換或擴展部分功能，以滿足特定業務需求。這種設計不僅促進了系統內部的高效協作，也為後續的功能升級與社群貢獻打下了堅實基礎。

19.3.2 RAG Triad：設計理念與應用限制

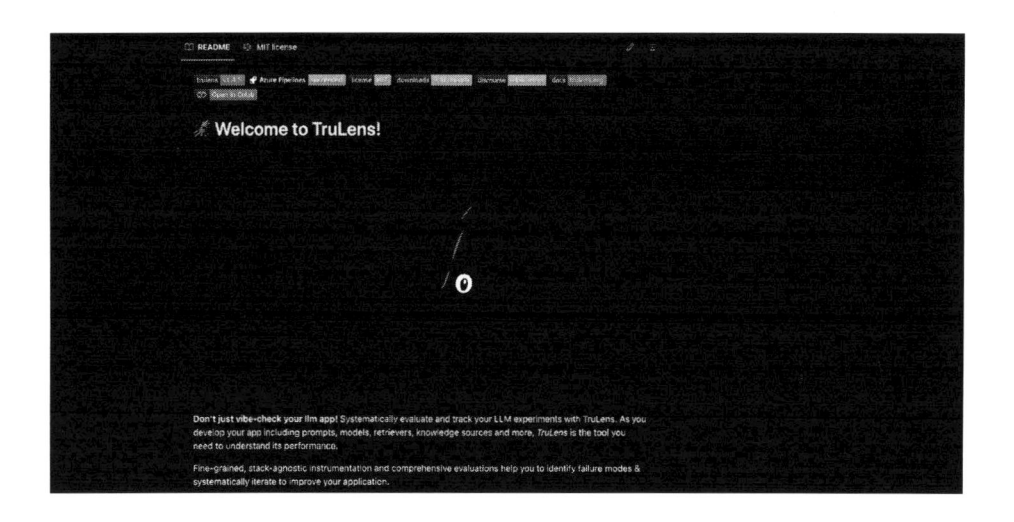

RAG Triad 是針對檢索增強生成（RAG）架構提出的一套綜合評估方法，旨在防止模型生成虛構或不實內容。雖然 RAG 架構透過提供相關上下文降低了虛構風險，但在實務應用中，若檢索到的資料不足或不具相關性，仍可能導致生

成錯誤資訊。因此，TruLens 提出此評估框架，從多個維度驗證模型回應的正確性與可靠性，確保系統在各個流程環節中均能維持高水準的效能。

在此框架中，首先強調的是上下文相關性，即必須確保檢索階段所獲得的每一筆資料都與使用者查詢高度匹配，以避免不相關資訊滲入生成過程，從而引發虛構現象。接著，基礎事實性的評估要求將生成答案拆分成獨立敘述，分別核對每項聲明是否能在檢索到的上下文中找到充分支援，進一步防止模型在回答中對事實進行誇大或不當延伸。這種分層檢查方式不僅提升了資料檢索的精準度，同時也為生成答案提供了堅實的事實依據。

最後，答案相關性的評估則著重於檢查最終生成的回應是否真正切合使用者原始查詢，確保回答內容具備實際解決問題的能力。當上下文相關性、基礎事實性與答案相關性三個維度均達到預期標準時，即可確認該 RAG 應用在防範虛構現象上具備充分信賴度。這一全方位的評估機制，不僅為企業提供了技術上有效的虛構防控解決方案，更為後續系統調整與優化指明了明確方向。

19.3.3 RAGChecker

RAGChecker 是一個自動化評估框架，專門針對檢索增強生成（RAG）系統進行評估。此工具提供一整套綜合性評估指標與診斷工具，涵蓋了從整體效能到每個模組的詳細分析，能夠協助開發者深入瞭解系統在檢索與生成過程中的表現，從而辨識出可能導致虛構或不準確回答的潛在風險。

該框架不僅針對整體效能提供精確度、召回率與 F1 分數等綜合指標，還進一步細分出診斷性檢索指標與生成指標，分別對檢索元件中的主張回覆率與上下文精確性，以及生成元件中的上下文利用率、雜訊敏感度與虛構現象等進行量化分析。這種層次分明的評估方式，使得使用者能夠針對特定環節進行優化與調整，達到精細化管理系統效能的目的。

此外，RAGChecker 還提供了豐富的範例、基準資料集以及與 Python 的無縫整合，方便使用者透過命令列工具或程式碼直接調用其評估流程。其模組化與擴充性設計不僅支援大規模應用與跨領域評估，同時也結合了人類偏好資料進行元評估，確保評估結果與人工判斷高度吻合。這使得企業與研發團隊能夠在實際部署前，透過科學資料對系統進行全方位診斷與調整，從而大幅提升 RAG 應用的可靠性與市場競爭力。

19.4 Benchmark 與資料集構建

本章節聚焦於如何建立一套針對檢索增強生成（RAG）系統的全面 Benchmark，以及如何構建具有代表性與高品質的資料集。該 Benchmark 不僅要評估模型在檢索與生成各個環節的效能，還需對模型在面對噪聲干擾、拒絕回答以及反事實穩固性（robustness）等多重挑戰下的表現進行全方位量化。

此外，資料集構建是整個評估體系中不可或缺的基礎工作，必須遵循嚴謹的標準流程進行資料清洗、標註與驗證，確保資料來源的多樣性與代表性，從而使 Benchmark 測試結果能夠真實反映實際應用情境下的性能瓶頸及改進空間。

19.4.1 RAG Benchmark 介紹與設計原則

首先，RAG Benchmark 的核心在構建一個針對檢索與生成全流程的綜合評估框架。該 Benchmark 聚焦於衡量模型在從文件檢索、上下文整合到最終答案生成過程中的各項性能指標，旨在從多角度檢測模型是否能夠有效地運用外部知識，從而降低幻覺現象並提高回應準確率。

其次，在設計原則上，該 Benchmark 不僅要關注生成答案的準確性，還需要考慮檢索階段的效能，將雜訊的穩固性、拒絕回答能力、訊息整合及反事實穩固性等多維度納入評估體系。這樣可以全面反映不同模型在面對多變應用場景時的優劣，並為模型調優提供針對性指引。

最後，Benchmark 的設計還強調可重複性與擴展性，即在控制變數的前提下，能夠對模型的各項性能進行細粒度的量化比較。透過標準化評估流程及明確的指標定義，研發團隊能夠在不同實驗環境下進行交叉驗證，最終形成一個既具學術參考價值又符合企業應用需求的評估標準。

19.4.2 常用資料集與標準流程

在資料集構建方面，RAG 評估資料集通常涵蓋多種類型的問題與答案，其中既包括基本問答，也包括擴展整合型及反事實問題，以全面覆蓋各類應用場景。整個資料構建流程從文本切分、向量化儲存、檢索召回到答案生成，每個步驟均需要嚴格遵循標準化流程，以確保資料的一致性與高品質。

標準流程中，首先進行原始資料的收集與預處理，包括資料清洗、去除重複與雜訊資料；其次，對文本進行精細標註，確保每個問題、候選文件及生成答案均具備明確的標籤與品質保證；最後，再根據實際應用需求對資料進行驗證與抽樣測試，以確保最終資料集能夠真實反映實際情境下的知識分布與檢索挑戰。

此外，資料集規模與語言覆蓋面也是重要考量因素。通常，為了保證資料的代表性，資料集會涵蓋數百至數千個問題，並同時包含中英文等多語言資料，以滿足不同市場與應用領域對模型測評的需求，進而提升 Benchmark 的普適性與應用價值。

19.4.3 Benchmark 結果解析與資料對比

在 Benchmark 結果的分析方面，首先需要對整體的評估指標，像是準確率、召回率和 F1 分數等，進行綜合分析，來確定模型在檢索和生成各階段的基本表現。這些資料不僅反映模型在標準條件下的效能，還能揭示在面對雜訊、錯誤資訊和拒絕回答情境下的穩定性和強健性。

接著,透過比較不同模型在相同資料集和評估流程下的測試結果,可以量化分析各模型在資訊整合、抗雜訊干擾和反事實檢測方面的具體表現。舉例來說,隨著候選文件中雜訊比例增加,模型的準確率通常會明顯下降,這種變化趨勢能夠幫助研發團隊找出系統瓶頸並進行針對性的優化。

最後,透過對實驗結果進行深入的資料對比和圖表展示,可以清楚地看出不同環節對最終生成結果的影響。透過對各項評估指標的詳細解讀和橫向比較,不僅可以總結出現階段 RAG 系統的主要優點和缺點,更能為未來的模型調整和系統升級提供具體的改進方向,進而推動技術的不斷演進和應用擴展。

19.5 本章小結

本章從多角度解析了 RAG 評估在現代人工智慧與自然語言處理領域中的關鍵角色,強調建立科學、系統的評估機制對於提升系統效能及確保商業應用可靠性的重要性。針對精確度、召回率與上下文相關性等基本指標,章節不僅探討了其數學定義與計算方法,更論述了在不同應用場景中根據業務需求動態調整權重的實務策略,為企業在技術優化與成本控管上提供具體依據。

進一步,章節介紹了自動化無參考評估方法,闡述如何透過語義分析、結構匹配及統計特徵挖掘,降低人工干預並提升評估效率。同時,定性與定量指標的整合策略,以及 Top-k 知識搜尋評估的應用,都展現出跨領域資料整合與多模態分析在解決生成模型虛構現象中的關鍵價值,這對於企業在面對複雜資訊環境時達成精細化管理尤為重要。

此外,本章亦系統介紹了主流的評估工具與框架,如 RAGAS、RAG Triad 與 RAGChecker,並深入探討了 Benchmark 與資料集構建的方法論。從資料清洗、標註到反事實穩固性測試,均落實在可重複且具擴充性的評估流程中,為企業提供一套從技術研發到市場應用皆能落實的全方位評估體系。未來,隨著技術的持續進步,這些評估策略與工具將成為企業持續創新與資源優化的重要支柱。

Note

第九部分

AI Agent 與 RAG
結合之應用

第二十章

AI Agent

| 第九部分 | AI Agent 與 RAG 結合之應用

在此章節，你將會獲得：

學習重點	說明
AI Agents 的定義與運作核心	了解 AI Agents 是如何作為一種自主決策與執行任務的系統，並透過模型、工具與指揮層的協作實現動態學習與多步驟推理，滿足複雜場景需求。
生成式 AI Agents 的技術架構	深入探討生成式 AI Agents 的組成，包括大型語言模型在推理與生成中的核心角色，外部工具在連結世界與動態更新資料上的關鍵作用，以及指揮層如何在多輪互動中協調決策與管理上下文。
增強 Agent 的方法與策略	掌握如何透過情境學習、檢索式學習與模型微調學習來增強 Agent 的能力，從而提升其在廣度（通用知識）、深度（專業精準）及時效性（最新資訊）上的整體表現，以應對多元任務挑戰。

20.1 什麼是 AI Agents？

AI Agents 通常被描述為一種「能夠觀察環境並運用工具主動執行任務」的應用程式。這樣的描述背後，隱含了人工智慧在邏輯推理、決策、學習與執行方面不斷演進的過程：從早期僅能根據人為規則或程序設計運作的「專家系統」，一直到具有更高自主性、能夠更靈活調整自身行動策略的 Agent，代表著人工智慧向前跨越了新的一大步。

在人工智慧的歷史中，早期研究大多注重「可解釋性」與「結構化知識」，因此以規則庫、決策樹或命令式程式碼來規範系統的運作邏輯。然而，這些系統往往僅能在高度受限的情境下工作，缺乏對動態環境的及時調適能力。伴隨著運算資源的大幅提升、機器學習技術的突破，以及大規模資料的累積，AI Agent 開始往「目標導向」及「高自律性」的方向前進。也就是說，它能根據當前環境和所收到的訊息，自動或半自動地修正行為，並持續往最終目標邁進。

在實務應用中，AI Agents 的強大之處正是體現在這種「主動式」的特質上。當其被指派某個目標時，Agent 會先判斷所需資訊、資源或工具，並進行自主的規劃與整合。如果目標發生變化，Agent 也能動態調整策略，而不需要人類持續地下達指令或監控每一道程序。這使得 AI Agents 特別適合在需要複雜決策或需要與外部環境頻繁互動的場景中運作。比方說，在自動化客服系統裡，AI Agents 會根據使用者陳述的問題，整合不同資料庫與知識庫的資訊，迅速提供解答。同樣地，在設計輔助或創意生成領域，Agent 也能根據初始需求或設計方向，自主地尋找可行路徑，並輸出多樣化的建議或成品，為人類提供更多思路。

除此之外，AI Agents 在自動化流程的應用更是顯示出其高彈性、高效率的價值。對組織或企業而言，一個能夠自動收集、分析並因應環境變化的 Agent，可以顯著降低人力成本，同時提高決策品質。由於這些 Agent 不再只是「被動回應」，而是能在恰當的時機主動詢問或呼叫外部資源，便能使任務流程更加流

暢、精簡。種種能力讓 AI Agents 成為現今人工智慧研究的重要領域，特別是隨著生成式 AI 的崛起，AI Agents 又添增了語言模型與工具整合的核心能力，使其能更全面地處理多樣化且高複雜度的任務。

20.2 生成式 AI Agents 的核心組成

生成式 AI Agents 的強大之處在於它們並非只依賴單一技術或單一要素，而是一整套綜合性系統。整體架構往往由「模型」（The Model）、「工具」（The Tools）與「指揮層」（The Orchestration Layer）三大元素所組成，並透過協同運作來完成多步驟推理與任務執行。可以說，這三個元素分別扮演了大腦、感官與肢體，以及協調中樞的角色。若少了任何一環，就無法充分發揮 Agent 的潛能。

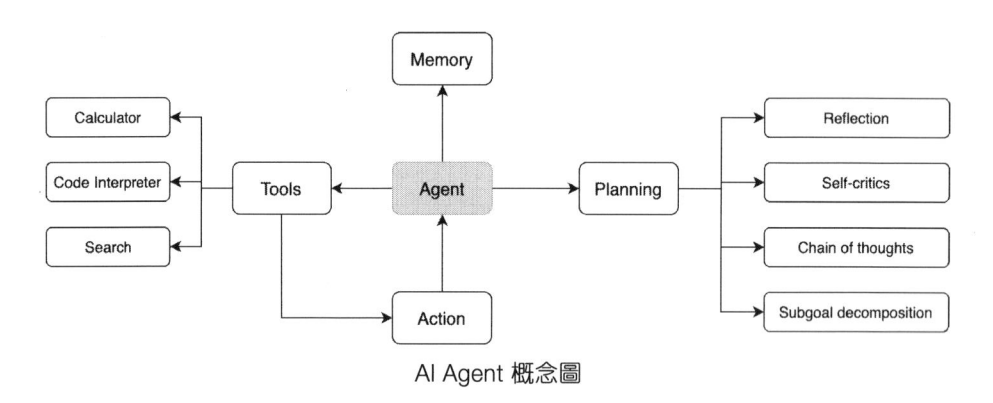

AI Agent 概念圖

20.2.1 模型：AI Agent 的智慧核心

在整個 Agent 系統中，模型扮演「大腦」的角色，負責推理、決策與內容生成。當前最常見的做法是採用基於大型語言模型。這些大型語言模型透過預先訓練於海量文字資料上，能夠理解自然語言並生成具語意連貫的文本，擁有極高的靈活度與廣泛適用性。當任務需求僅止於文字生成時，LLMs 已能發揮強大的能力；然而，在更加複雜、多步驟或需要結合外部資料與工具的情況下，

便需要進一步使用特定的推理框架，如 ReAct（Reasoning and Acting）、鏈式思考（Chain-of-Thought, CoT）或思維樹（Tree-of-Thoughts, ToT），以便協助模型分解問題、逐步探索可行解答，並能在流程中動態調整思考方向。

舉例而言，採用鏈式思考策略時，模型會先透過幾個簡易的問題或判斷，將複雜任務分割成數個子任務，並依序解決這些子任務，最終將結果整合成一個完整的答覆。若是採用思維樹的方法，模型更能同時考量多條思路，並在發現某條思路行不通時，及時切換至其他路徑，以提高完成任務的可能性。對 AI Agent 而言，這些推理框架就是「搭配邏輯」，幫助它在面對不確定性或高複雜度問題時，仍能保持一定的靈活性和高效率。

在選擇與調整模型時，開發者常根據任務需求與資源限制做取捨。若想在更複雜的應用場景下運行，便可以選擇由大型研究機構所提供的通用模型，並利用其龐大的參數量和知識基礎來應對多元需求。如果有更精細或特定領域的需求，例如法律、醫療、金融等，開發者則可藉由模型微調（Fine-tuning）或提示工程（Prompt Engineering）等技術，讓模型保有通用能力之餘，也能在特定領域展現更準確、更具實務價值的表現。換言之，模型的核心在於決策與生成，而決策品質的高低往往與其訓練資料涵蓋度、參數規模和後續優化技術息息相關。

20.2.2　工具：連接內外世界的橋樑

在人工智慧世界中，模型再強大，若缺乏與外部環境連結的能力，仍會受限於自身參數或既有記憶，無法及時回應日新月異的實際需求。因此，工具的存在就像是 Agent 與世界互動的「感官」與「肢體」，使其能夠汲取新資訊、存取龐大的資料庫，甚至和其他應用程式進行串接。一旦 Agent 擁有了適當的工具介面，它就能呼叫各種 API 進行計算、查詢資料或觸發特定動作，使整個任務執行過程更加靈活且多元。

比方說，當 Agent 執行一項投資分析任務時，透過爬取網路資料或呼叫財經資料庫的 API，Agent 能得到最新的股價、新聞稿或公司財報，這些即時資訊

對於決策大有助益。又例如在多語言翻譯或內容審核場景，Agent 可以透過雲端的翻譯 API、自然語言處理工具或向量資料庫，快速分辨文本語言或進行關鍵字檢索，甚至進一步將所得結果回傳給語言模型，做更深層的含意理解與產生。這種動態呼叫外部服務或資料的能力，不僅讓 AI Agent 的回應更加貼近真實世界，也幫助 Agent 建構長期記憶體系，累積在不同任務和場景中的「學習經驗」。

值得一提的是，現代 AI Agent 的工具設計不只侷限於單一用途。例如，除了傳統的資料查詢，還有視覺分析、聲音識別、機械控制、使用者行為追蹤等多模態擴充，讓 Agent 能夠應用在工業自動化、無人機導航，或是零售客製化推薦系統等廣泛領域。正是有了這些工具的支援，Agent 才能夠真正地「認知」環境變化並執行實際任務，而不僅僅侷限在文本生成或對話層次裡面。

20.2.3 指揮層（Orchestration Layer）：Agent 的指揮中心

指揮層可被視為 Agent 的「總指揮部」，負責在多輪互動或多步驟任務中，協調模型與工具之間的溝通流程，同時管理任務狀態、上下文記憶以及行動策略。由於生成式 AI Agents 在動態環境中往往需要不斷根據新資訊來調整決策，因此指揮層扮演的角色至關重要。

在實務應用裡，指揮層通常會在任務執行的各個階段進行監控，決定下一步是否需要呼叫外部工具、是否要在模型中引入更多背景知識，或者是否需要重新修訂任務優先序。比方說，在客戶支援系統中，若 Agent 第一次查詢知識庫後發現相關資訊不足，指揮層可以觸發第二次或第三次的搜索，並要求模型整合更完整的資訊後，再進一步給出符合客戶需求的回答。這種重複迭代的流程讓 Agent 具備了「反覆推敲」的能力，也使得整個系統更能因應複雜、潛在多解的情況。

此外，指揮層也常與推理框架整合，例如將 ReAct、鏈式思考、思維樹等機制內建於流程之中，藉此確保每一次決策都有對應的紀錄與邏輯依據，並在需要

時隨時回溯。藉由指揮層所保存的歷史記憶，Agent 能夠在多輪交互中有效累積上下文資訊，並在面對後續更深層的問題或任務時，做出更精確且個人化的回應。這種「在地管理」（localized management）與「全局掌控」（global orchestration）並存的設計，使得 Agent 在不同場景下，能以相當有條理的方式達成目標。

在實務運用中，透過模型、工具以及指揮層的緊密協作，AI Agent 能夠突破傳統單一步驟系統的侷限，帶來更強大的自律性與更高的問題解決能力。更重要的是，這樣的結構化思維架構，為後續的系統優化與客製化鋪設了良好基礎：開發者可以針對任務需求，不斷替換或模型微調、增添額外的工具，或在指揮層加入更全面的紀錄管理機制，讓 Agent 與真實環境的互動更加深度與成熟。

隨著科技進步，生成式 AI Agents 的應用前景不斷拓展。從協助醫療診斷、企業決策分析、金融風控，到跨國翻譯、智慧客服、自動化創作與設計，皆可看見它們的身影。更令人期待的是，伴隨著多模態模型、強化學習、元學習（Meta-learning）等技術的日益成熟，AI Agent 未來或許能在越來越多領域實現全自動化決策與行動，甚至能在高度動態、充滿不確定性的環境裡找到最優解。對研究者與開發者而言，了解並善用生成式 AI Agents 的核心組成，將是一項不可或缺的能力，而對社會與產業而言，如何善加運用這股強大的科技能量，也勢必成為未來的重要課題。

總結而言，AI Agent 的特點並不只局限於「能夠回答問題」或「執行單一步驟」，而是體現在對目標導向的追求、對外部資源的活化運用，以及對自身行動策略的持續優化。當模型、工具與指揮層能有效結合，就能打造出有如「大腦、感官與神經中樞」協同工作的強大系統。不論是要處理即時資訊、複雜決策，或是要應對高變動性、高不確定性的場景，AI Agent 都展現出高度靈活且可靠的潛力。這也正是生成式 AI Agents 日益受到重視的原因：它不只是一項技術突破，更象徵著人工智慧朝向人類所期待的「真正智慧」邁進的新里程碑。

20.3 模型與 Agent 的區別

20.3.1 單步驟與多步驟的思考差異

在人工智慧或生成式模型的領域中,「模型」與「Agent」往往被視為密不可分的兩大元素。事實上,二者在功能定位上存在相當明顯的區別:模型通常執行單步驟或靜態的推理工作,而 Agent 則著重於多步驟、動態的任務執行。以模型而言,它接收一個問題或指令,透過內部權重與神經網路運算,產生對應的輸出。例如,詢問模型一個問題「什麼是深度學習?」便能直接得到一段簡潔的回答。但當任務需求僅止於一次問答或單一段文字輸出的生成時,模型的能力通常就已足以應對。

然而,當任務複雜度上升,需要多重對話回合或者經過一連串決策與外部查詢才能完成,這時若僅依靠單一步驟的回答就相形不足。多次迭代與不斷修正的過程,正是 Agent 擅長之處。Agent 不會只單純提供一次性輸出;它更關注整體任務目標,並透過循環的決策和資訊蒐集,逐步找出最終答案或解決方案。這意味著 Agent 不只是一個「回答器」;它更像是具備管理、協調和策略擬定能力的「任務協調者」。

20.3.2 外部工具與持續上下文管理

模型雖能在受限的上下文中進行出色的推理,但大多不直接與外部世界產生互動。也就是說,模型本身並不會自動地呼叫外部 API、存取資料庫或調用其他系統資源。它能做到的,是依據訓練好的參數與提示內容,生成合理的語言輸出。若僅僅需要完成像是「將某段文字翻譯成英文」或「總結一則新聞內容」之類的指令,模型已能給出相當完整的成果。

不過，某些更複雜的場景，往往需要多種工具的協同運作。想像你在開發一套客服系統，除了要回答使用者的問題之外，還得動態檢查後端資料庫的產品庫存、更新使用者的訂單狀態，甚至可能需要同時向不同的外部 API 查詢最新的物流資訊。這個時候，如果僅依靠一個只能產生文字回答的模型，顯然不夠。Agent 的價值正在於此：它不僅包含模型作為語言推理的核心，還具備連結外部工具的「鉤子」，並且擁有持續記錄上下文與狀態的能力。如此一來，每次對話的內容、查詢的結果，乃至於任務目標的細節，都可以被反覆引用與更新，而不必重新在每一次互動時從頭開始。

20.3.3 何時需要 Agent

從實務角度來看，如果你確定任務只需要一次指令便能完成，或是偶爾進行單純的詢問與回答，那麼使用模型加上 Prompt Engineering 設計，就已經可以完成需求。模型可以在簡化的情境下達到最佳效能，既不需要實現複雜的工具調用，也無須維護龐大的狀態資訊。但是，若你面臨的是反覆的、多輪次且牽涉到外部資源的複雜場景，譬如多次查詢資料庫以取得不同屬性的資訊、在長時間對話中記錄使用者的偏好，或是在專案管理過程中根據進度動態調整目標，就可以考慮採用 Agent 來維持長期的上下文與連貫的決策流程。

因此，在多輪互動與高度整合的工作環境中，Agent 能大幅提升自動化的程度，並且在每次迭代時透過模型的推理結果來調整行動策略，最終幫助使用者或系統達成任務目標。從這個角度看，Agent 幾乎就像是一位「帶著工具箱」的高階助理，它不僅熟悉模型輸出如何產生，更能主動規劃與執行，協調各種外部資源來完成一件件繁雜的工作。

20.4 Agent 的運作方式

20.4.1 以主廚為例的比喻

理解 Agent 的最佳方式之一，便是把它比作廚房裡的主廚。當主廚接到「做一道紅酒燉牛肉」的指令後，第一步不會是馬上動手烹飪，而是思考要用哪些食材、需要哪些步驟、以及廚房裡有什麼現成的工具能加以利用。主廚需要一份「腦內劇本」，先確定烹調流程的大致架構，包含先備料、後烹煮、最後上菜。在這個階段，Agent 的行為也類似：它讀取使用者指令或環境訊息，然後進行內部推理，思考自己手頭上的工具與資訊有哪些能被運用。

接著主廚會根據食材或調味料的可得性，陸續調整烹飪計畫。如果發現冷藏庫裡的蔬菜不夠，就會想辦法替換或補充。如果需要特殊香料，則會安排去庫存室翻找或到外部進貨。Agent 的作法也相同：它若發現模型輸出顯示「需要查詢另一個資料庫」才能得到完整資訊，就會在下一個迭代中呼叫對應的外部工具，或者根據對話中使用者給予的新線索來修正計畫。主廚的最終目標是端出一道完美的法式燉菜，而 Agent 則是努力完成指定任務或滿足使用者的需求。

20.4.2 迭代式的規劃與執行

Agent 不僅在一開始的「構思階段」就制定計畫，還會在實際執行過程中持續進行修正。這種方式被稱為「迭代式的規劃與執行」。具體來說，Agent 每次執行前都會先回顧當前的上下文：先前已取得了什麼資訊？使用者最新的指令是什麼？工具調用的結果又如何？然後運行自身的模型，進行思考與推理，最後決定下一步行動是什麼。這個「行動」可以是產生一段文字回覆使用者，也可能是呼叫外部 API，或是進一步更新內部狀態。

有時候，Agent 會在中途發現新的問題。例如，本來計畫是透過某個 API 查詢使用者的訂單，但該 API 回傳的狀態顯示需要先驗證身分或取得認證碼。這

時，Agent 就必須動態調整策略：也許先向使用者請求驗證資訊，或與其他系統進行協商，才能讓後續流程順利進行。這些看似繁瑣的過程，正是 Agent 相較於單純模型更顯靈活與強大的原因，因為它可以不斷根據最新的環境狀態和資訊來修正自身行為，不再受限於一問一答的單向互動模式。

20.4.3 實務應用與挑戰

在現實世界裡，Agent 的應用範圍極為廣泛。例如，客服系統若採用 Agent 方案，就能在接到顧客投訴時先行檢查訂單狀態、聯繫物流系統並查詢最新的貨運資料，最終在同一個對話中輸出綜合性的答覆。再如，一家電商網站的個人化推薦系統，若使用 Agent 架構，就能在多輪對話中瞭解顧客偏好、針對顧客的行為動態即時調整推薦策略，最終達成「根據目前庫存及使用者喜好做出最符合需求的選品」的目標。

不過，Agent 在落地實作時也會面臨一些挑戰。首先，它對計算資源與系統設計提出更高要求，因為需要整合模型推理與外部工具的呼叫機制，還需要維護大量的上下文訊息。其次，Agent 的表現常仰賴其內部模型的品質。如果語言模型對指令或外部回饋的解析能力不足，那麼 Agent 也無法正確決策或改進後續行動。再者，不同外部工具的介面與回應格式各異，如何做好通用的抽象層來整合這些工具，也是一道技術門檻。儘管有這些挑戰，Agent 已在許多產業案例中展現了高效的執行能力，說明它具備相當廣闊的發展潛力。

20.4.4 動態調整與長期目標追蹤

當 Agent 在執行大型專案或高度複雜的任務時，往往會設定多個子目標或里程碑。一開始，Agent 也許只能看到整體任務的大方向，隨著任務推進，就會逐步拆解出新的子問題。這個過程就像主廚在長時間的烹飪過程中，必須根據每一階段的口味、火候和完成度，來不斷地調整接下來的步驟。若發現烹煮的溫度過高，需要立刻降低火力；若發現某種調味料不足，就要想辦法替換或快速

採買。對於 Agent 而言，每次迭代都可能產生新的資訊需求，也可能伴隨新的行動決策。透過動態調整，Agent 能確保不偏離核心目標，並且在任何非預期事件出現時迅速反應、靈活應對。

此外，Agent 會在持續上下文管理的基礎上，進行長期目標追蹤。例如，在一個複雜的財務諮詢系統裡，Agent 不僅要考慮當下使用者的問題，如「近期適合投資哪些產業」，還要記得使用者過去的投資履歷、風險承受度，以及其他條件設定。一旦使用者在接下來幾輪對話中更新了財務狀況或修正了風險等級，Agent 也會據此實時調整投資建議的方向。這種長期追蹤與調整能力，正是 Agent 相較於單次輸出的模型而言，更能承擔複雜且連續性工作的重要原因。

從以上探討可見，模型與 Agent 兩者各有其強項與適用場景。模型的單步驟推理足以快速解決簡單需求，適合獨立的問答情境或純粹的文字生成任務。而 Agent 透過跨工具協作與上下文追蹤，能夠在多輪互動中持續修正並執行更繁瑣的任務。尤其在需要深入蒐集信息、整合外部系統，以及動態更新計畫的複雜應用中，Agent 具備更高的應用價值，也為未來的智慧型系統提供了更全面的解決方案。

無論是從技術整合、流程管理，還是從長期的目標規劃來看，Agent 與模型之間形成了互補關係。在很多實務操作中，它們甚至可以被同時部署：部分工作採用單步驟的模型推理來縮短時間成本，而另一部分任務交給 Agent 進行多階段的規劃與工具調用。這些多樣化的協作方式，也象徵著生成式 AI 與自動化技術在各行各業逐漸成長茁壯。只要善加運用，它們就能在不同層面與深度上協助人類，創造出更高效、更智慧的未來。

20.5 如何增強 Agent 的能力

當前許多組織與開發者都希望 Agent 能在各種複雜多變的環境中持續展現高效運作的能力，以因應不同領域與任務需求的挑戰。要達成這樣的目標，除了在模型端不斷演進與更新外，還需要透過靈活整合情境學習（In-context Learning）、

檢索式學習（Retrieval-based Learning）以及模型微調學習（Fine-tuning）等策略，讓 Agent 能在多元場景下具備更敏銳且精準的推理能力。事實上，這幾種方法經常被交互使用，並可根據實務情境進行優化，以最大限度提升 Agent 的效益與價值。

20.5.1 情境學習

情境學習的核心概念，是在不改變模型參數的前提下，透過在「提示（Prompt）」中提供足夠且恰當的任務資訊，讓模型能夠更貼近實際需求地進行推理。這個方法類似給予模型更豐富的「情境背景」，使其在做出回應時能更準確地參考這些指引，從而輸出更加符合任務目標的答案或執行策略。舉例來說，若我們想要讓 Agent 擔任一位特定領域的諮詢顧問，便可在提示中給予該領域的基礎知識、常見問題以及可用的策略參考。如此一來，即便模型本身並未經過該領域的深度訓練，也有機會透過情境引導來提高答覆的品質。

在實務運用上，情境學習能夠快速驗證不同任務設定的可行性。開發者可以根據初步測試結果，持續優化所提供的情境資訊，以取得更好的回應精準度。尤其在需要多輪對話的環境中，透過動態加入或修正提示內容，Agent 的推理能力會不斷強化，最終達到相對令人滿意的回答品質。此法極具彈性，不僅可以與其他增強方法結合，也能為後續的檢索或模型微調學習帶來更多可能性。

20.5.2 檢索式學習

檢索式學習則是將外部知識庫或資料源與 Agent 建立更緊密的連結，讓其在推理或回應時能即時、動態地存取並引用最新且最相關的資訊。這種方法最常見的做法之一，是在 Agent 中配置一套向量資料庫，並在每次對話推理中自動檢索與目前主題密切相關的文本段落或知識模組。如此一來，Agent 不再只依賴語言模型內部的參數，而能在需要時發揮「呼叫外援」的能力，將龐大的外部資訊納入推理流程。

想像一位法律事務顧問 Agent 正在回應複雜的法律諮詢：在對話進行到某個環節時，它可以即時檢索內部儲存的法條彙整、相關判例或論文摘要，並快速篩選出最相符的文字內容提供給使用者。這樣的增強不僅能提昇回應的可信度，還能確保在面對瞬息萬變的環境（如財經走勢或醫療新知）時，Agent 也能即時擁有最新的背景資料。對於經常需要考量時效性或海量知識的應用情境來說，檢索式學習正好能透過輔助「動態學習」的模式，進一步縮小模型內部記憶與實際世界之間的資訊落差。

20.5.3 模型微調學習

若組織所面臨的問題具有高度專業性，或希望針對某些關鍵任務提升回應的深度與精準度，模型微調學習往往是不可或缺的。此方法著重於在已有的大型通用模型基礎上，針對領域專屬資料進行深度訓練。比方說，金融領域的 Agent 可能需要精通市場趨勢分析、風險評估與監管規範；醫療領域的 Agent 則需關注臨床指引、診斷流程與法規倫理。透過模型微調學習，開發者能讓通用模型「轉職」為特化模型，使其回應在細節呈現與情境理解方面更加準確。

在實際落地時，模型微調學習不僅需要大量且高品質的領域資料，也需謹慎選擇適當的訓練方法，以避免過度擬合或產生偏頗。然而，一旦完成訓練並反覆驗證，這些特化模型在處理領域專屬問題時，往往能展現出超越通用模型的精準度與深度。再結合前述的檢索式學習或情境學習，Agent 有可能在同一時刻同時具備通用知識與領域專業，達到「知識廣度」與「專業深度」的雙重優勢。

在實務應用層面，情境學習、檢索式學習以及模型微調學習並非相互排斥，反而經常以互補的方式共同存在。當 Agent 需要同時具備時效性與專業深度，甚至要在不同環境下不停切換角色時，將這三種方法靈活搭配，可以讓 Agent 的反應更為多元且穩定，並在面對複雜任務時保持較高的成功率。開發者在設計與部署 Agent 時，可根據任務屬性、資源限制以及實際需求，選擇最恰當的組合與調校策略，以充分發揮這些增強技術的效用。

20.6 本章小結

透過前文的介紹，我們看到了 Agent 不同層面的組成與運作，尤其在模型、工具與指揮層三者的交互作用下，Agent 已不再是傳統單次應答的人工智慧系統，而是能夠在多輪互動中動態學習與調整執行策略，進而更加貼近人類的決策過程。這種多面向且可延展的架構，為各行各業帶來了前所未有的可能性：從商業諮詢到創意思考、從金融分析到醫療研究，每一個領域都能挖掘出更多 AI + Agent 的應用潛力。

在這一連串的技術堆疊中，「如何增強 Agent 的能力」成為了系統設計的關鍵。情境學習所帶來的彈性配置，能夠將核心的提示資訊以最適切的方式呈現在模型面前，不需要大規模的重新訓練模型就能得到具備任務意識的回應。檢索式學習則讓 Agent 有機會在面對大量且變動快速的外部知識時，依然能精確把握最新資訊，加強回應的完整度與時效性。再者，模型微調學習則提供了深度定制化與精準化的可能，使模型能夠針對特定領域或任務達到更專業的水準。

針對需求不斷演變的當代產業來說，將這幾種增強方法整合到 Agent 的架構中，除了有助於提升回答品質，還能在決策過程中展現出更多元的思維模式。無論是利用情境學習來快速迭代指令，或是藉由檢索式學習及向量資料庫來主動搜尋所需訊息，又或是透過模型微調學習建立具備專業深度的特化模型，都代表了當代 AI 開發的一種「混合式最佳解」。開發者在建置與持續優化 Agent 時，能根據資源與目標的不同，選取最適合的增強組合，讓 Agent 在多變的環境中持續發揮高效能。

Note

第二十一章

Agentic AI Workflow 的概念

在此章節，你將會獲得：

學習重點	說明
Agentic AI Workflow 的核心概念與價值	理解 Agentic AI Workflow 如何突破傳統自動化的局限，透過生成式 AI、強化學習與即時資料處理，實現動態調整、自主決策與持續優化，並在資料驅動時代中幫助企業提升效率與決策準確性。
技術架構與實務組成	深入了解 Agentic AI Workflow 的架構，包括資料來源系統、資料管線、特徵儲存、核心 AI 引擎等關鍵組件，以及如何透過工具如 Make 與 n8n 實現高效、自主的工作流程設計與部署。
實施策略與持續優化的方法	掌握如何進行技術選型、打造全方位監控和回饋機制，以及在企業內部建立跨部門合作與教育訓練，從而成功落地並持續強化 Agentic AI Workflow 的效能與靈活性，為組織創造長期價值。

21.1 Agentic AI Workflow 的核心概念

Agentic AI Workflow 指的是由自主人工智慧代理人（AI Agents）在特定環境中，自行判斷並執行多項任務，以達成整體目標的流程管理模式。與傳統自動化僅能依賴固定規則或人工操作相比，Agentic AI Workflow 更強調代理人的「感知—決策—行動」三階段循環。這種工作流程會根據外界資料以及任務目標，自主決策內部運作邏輯，最終能為企業帶來高度動態且彈性的生產力。

在實際應用中，Agentic AI Workflow 不只是軟體或平台，也是一種管理與思維的革新。它要求企業重新檢視工作流程的設計方式，將過去以人工或靜態規則為中心的系統，轉化為可自我學習和調整的動態系統。這種模式能大幅縮短人員在流程中耗費的時間，並減少手動作業的錯誤率。代理人可隨時透過回饋訊號調整行為，當環境條件變動時（如市場需求或資源配置），也能及時更新對應策略，達到更高效的自動化目標。

21.1.1 定義與特性

Agentic AI Workflow 最顯著的特性在於代理人的自主性與適應性。代理人會先透過各種介面（API、感測器、資料庫等）獲得環境資訊，接著利用內建的學習模型（可包含深度學習或者其他大型語言模型）進行分析，最後輸出動作，並將執行結果回饋到下一輪的決策過程。這種閉環迭代的結構，使代理人不僅能執行被指派的工作，還能持續優化自身判斷能力。

另外，Agentic AI Workflow 特別擅長處理複雜多步驟或額外變數較多的任務。例如，面對供應鏈管理、產品需求預測或行銷自動化等需要大量即時判斷的情境，傳統自動化可能無法同時應對多個變動的因素，常在少許規則外的場景就無法運作。而 Agentic AI Workflow 透過代理人本身的學習機制與動態邏輯，能有效理解多重因素之間的互動，並即時調整流程策略。

21.1.2 傳統自動化與 Agentic AI Workflow 的對比

傳統自動化通常由工程師或領域專家,將既定規則與流程編寫為固定程式,系統會按照順序逐步執行並產生結果。這在需求相對固定或可預測的情境中,確實能有效減少人力投入。然而,一旦流程所處的環境開始頻繁變動,或遇到未定義的例外狀況,傳統自動化往往就難以持續運行,需要人員臨時插手調整。

Agentic AI Workflow 則能在執行過程中自動學習和更新。當環境資料改變、使用者行為發生轉變,或甚至市場面臨突發事件時,代理人會根據最新情境重新盤整決策依據,並在下次運作時採用更合適的策略。這意味著企業不必頻繁更改程式或介入人工判斷,也能確保系統維持相對穩定的產出品質。對比傳統自動化,Agentic AI Workflow 更能在多工、動態的環境下發揮實質價值,也更容易與企業的長期策略結合,帶來更深層的營運轉型。

■ 確定性軟體服務與生成式 AI 軟體服務的差異比較表

	確定性軟體服務	Agentic AI Workflow
輸出	固定、確定性輸出	客製化、非確定性輸出
擔心的地方	Bug	幻覺
可解釋性	高,邏輯性軟體輸出	低,模型來源是黑箱
理論	軟體工程	機器學習 / 人工智慧
困難點	軟體複雜性	軟體不確定性 / 資料取得

21.2 Agentic AI Workflow 技術結構與組成

建立 Agentic AI Workflow 不僅僅是安裝幾個 AI 工具,而是要有一套完整的技術結構與管理模式,才能讓代理人具備高度自主性並持續為業務帶來價值。從環境感知、工作拆解,到後續的驅動機制與輸出回饋,每一環都需要仔細規劃

與串聯，使整個流程能真正達到自動化協同的目標，也讓企業在面對未來的需求時能夠彈性擴充。

21.2.1 自動化設定平台

在導入 Agentic AI Workflow 時，企業必須先有一個能輕鬆設計並監控自動化流程的設定平台。市面上的此類平台多著重於可視化與模組化，讓使用者以拖放介面的方式快速組裝出複雜的流程。這對非程式背景的使用者尤為有利，因為他們可以專注在流程邏輯與資料流向，而不必陷入龐雜的程式碼維護。

實際操作時，自動化設定平台扮演了兩大功能。其一，它將所有連接點（API、第三方服務、資料庫等）統一管理，讓代理人只需透過平台就能存取所需資訊或下達執行指令；其二，平台通常內建排程、錯誤追蹤與通知系統，當流程在運行中遇到異常狀況，企業可立即得知並進行調整。由此可見，一個完善的自動化設定平台不僅是構建 Agentic AI Workflow 的基礎，更是確保自動化能長期穩定運行的關鍵。

21.2.2 工作拆解

工作拆解是指先把大的任務切割成幾個相對獨立且容易管理的區塊，讓每個代理人或子流程專注在特定階段或功能上。這能明確界定責任歸屬，並使得整個流程設計更具彈性。若某個階段出現瓶頸，企業可以針對該區塊深入調校或替換代理人，而不影響其他部分的正常運作。

以電商物流為例，當消費者下單後，需要進行庫存確認、付款驗證、包裝與配送、物流追蹤等多階段作業。若將這些階段一口氣交給單一代理人全權處理，模型訓練與調適的複雜度將大幅提高，且在面對突發情況時也難以具備足夠的專業性。相反地，若透過工作拆解，把物流管理、庫存調度與客服通知分開由不同代理人負責，則每個代理人能針對它所面對的狀況進行最佳化，並在必要時彼此協同，讓流程同時兼顧效率與精準度。

21.2.3 自動化驅動方式

驅動方式決定了 Agentic AI Workflow 何時與如何被觸發。例如，定時驅動可用於每日或每週的例行性任務，如產生定期銷售報表或執行系統備份；Webhook 驅動則適合在第三方系統有即時事件發生時觸發工作流程，例如收到支付平台的付款成功通知後，立即進行訂單確認與出貨指示。若企業需要在客服或行銷領域提供更即時互動，則可透過對話機器人或線上表單做為觸發點，一旦用戶填寫表單或發出提問，代理人即可立刻介入並給予回饋。

對於大型企業而言，往往會同時運用多種驅動方式，以覆蓋不同部門與環節的需求。行銷部門可能使用 Chatbot 分析用戶留言後觸發後續流程；物流部門則傾向透過 Webhook，即時追蹤包裹配送進度；財務部門也許需要一個定時驅動的日結流程。這些多元化的驅動方式最終都能在 Agentic AI Workflow 中匯聚，讓整個企業的自動化運作完美串接。

21.2.4 自動化工作模式

Agentic AI Workflow 的價值很大程度體現在代理人能以多種模式執行工作。最直接的是在現有軟體或平台內做動，例如在 CRM、ERP 等後台系統中自動輸入或更新客戶資料。另有些情境需要代理人透過 API 對接，或本身就是一個獨立的「Agent」，負責與多個平台進行橋接。代理人也能在必要時透過 Web search 收集最新資訊，尤其在行銷或競爭分析時，具備搜尋能力的代理人能即時抓取公開資料或新聞動態，輔助決策更貼近現實環境。

選擇何種工作模式需考量多項因素，包括企業的技術成熟度、資料保密等級以及實際業務需求。若企業內部高度依賴一套已購買的商業軟體，且該軟體提供足夠的 API 或外掛機制，則在軟體內進行運作會是較有效率且資安風險較低的做法。但如果企業需要跨平台協作、資料分散各地且必須要即時匯整，則建立一個獨立運行的代理人，並結合網路搜尋引擎檢索的技術，就可能更具彈性與擴充性。

21.2.5 輸出目標

在 Agentic AI Workflow 的最後階段，代理人會根據決策結果發送輸出，如電子郵件通知、即時訊息回覆、表單更新或進一步啟動下一階段流程。這些輸出的形式與內容對整個自動化體驗至關重要，因為它們直接決定了工作流程能否順利銜接企業內外部協作。若流程已經判斷完成某項任務，需要通知關鍵的決策者或員工以便後續追蹤，則代理人能在適當的溝通管道（如 Slack、Microsoft Teams、Line 等）自動傳遞資訊，減少人工傳遞或漏失的風險。

當 Agentic AI Workflow 更成熟時，輸出本身也可以帶有一定的互動性，例如代理人在回覆客戶詢問時，能根據對話上下文動態調整語氣與內容，或在回覆管理層的彙報時，適度提供關鍵指標與建議行動方案。這種輸出不僅為企業提供高效率的溝通模式，也進一步提升了使用者對於自動化系統的信任與體驗。

21.3 Agentic AI Workflow 平台與實踐方式

在瞭解 Agentic AI Workflow 帶來的種種優勢後，接下來便需要將這些概念實際導入到現場環境中。這並非只是一個純理論上的概念，而是可以透過現有工具與解決方案進行整合與部署的完整生態系統。從資料串接、流程自動化到模型訓練與部署，各類 SaaS 服務與開源專案都能成為 Agentic AI Workflow 的堅實基礎，只要選對合適的工具並加以調整，就能為組織注入全新的動能。

我們將聚焦介紹兩款常被用於工作流程自動化及資料整合的工具——Make 與 n8n。讀者可以依照自家業務所需，評估這些工具在流程設計、擴充性與維護成本等面向的表現，再決定最適合的實踐方式。

21.3.1 工具介紹：Make

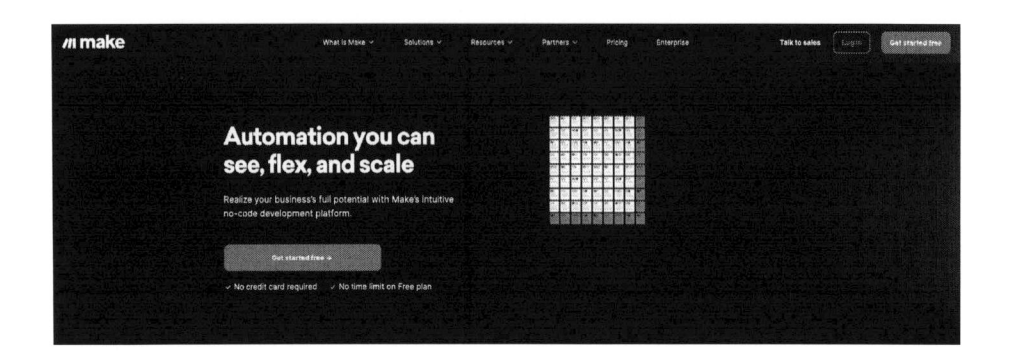

Make 是一款主打視覺化工作流程編排的平台，它讓用戶可以透過拖拉元件的方式，快速串接不同系統或服務。對於需要持續整合（CI）與持續交付（CD）的環境來說，Make 提供了標準化的介面與自動化功能，以確保資料能夠即時同步到下游系統，並為 AI 模型提供最及時的訓練或推斷依據。尤其是在初期導入 Agentic AI Workflow 時，Make 可以讓資料工程師和後端開發人員迅速建構並驗證流程的可行性。

值得一提的是，Make 強調模組化的串接方式，不需要使用者大量撰寫程式碼，也能輕鬆處理多種 API 或第三方服務。在考量企業內部已有的系統與未來擴充時，Make 能透過各種連接器與套件，將既有架構與新的 AI 模組無縫結合。這也意味著，若企業想嘗試多種 AI 工具或模型平台，Make 可以為其提供一個彈性的整合層，減少在系統升級或切換時所需的調整工作量。

21.3.2 工具介紹：n8n

n8n 是另一款近年來受到眾多矚目的自動化工具，與 Make 相似之處在於它也支援視覺化的流程設計，且能與多種外部服務或 API 進行整合。然而，n8n 的優勢在於其開源特性與更高的客製化彈性。透過自行部署 n8n，企業可以更自由地掌控資料的流向與儲存方式，甚至能針對特定功能進行深度定制，例如為 AI 模型預留特殊的資料格式轉換或清理邏輯。

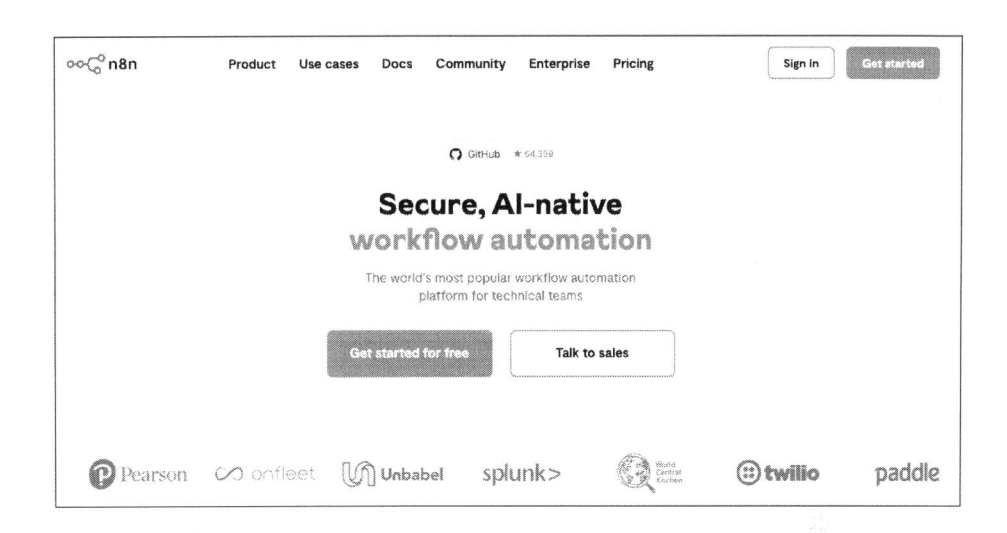

在 Agentic AI Workflow 的脈絡下，n8n 可以結合組織內部的各種資料管線與即時事件流，確保當某個服務或感測器產生資料時，能被第一時間轉送到 AI 模型進行預測或訓練。由於 n8n 具有強大的擴充能力與社群支援，企業開發團隊可以快速地針對新功能或外部服務撰寫對應的套件，讓整個系統在運行時具備更佳的延展性。如此一來，也能降低在後續維護與升級時所需要投入的整合成本。

21.3.2 Make 和 n8n 的差異性

以下是筆者所整理的兩大平台差異性：

比較項目	Make	n8n
是否開源	無，全面線上服務	有，可部署在地端
自由度	某些功能較不靈活	較為自由，可自定義性高
UI 友善度	設定難度和 UI 操作難度低	較為工程師導向，操作難度較高
適用對象	推薦初學者 / 非技術使用者	推薦給懂程式碼撰寫者

Make 與 n8n 是目前市場上熱門的自動化流程工具，兩者在功能與適用族群上各有不同的定位。Make 是一款純雲端服務，用戶無須自行維護伺服器，即可

透過視覺化介面快速建立自動化流程，適合初學者或非技術背景的使用者，如行銷、專案管理或業務人員。其設定簡單、操作直覺，但在功能靈活度上略為受限，尤其在自定義邏輯或深度整合企業內部系統時，可能無法完全滿足需求。相比之下，n8n 是一款開源工具，允許使用者自行部署在地端或私有雲環境，提供更高的自由度與可擴展性。n8n 適合具備程式開發能力的使用者，如開發人員、技術維護人員（DevOps）或資料工程師，能夠透過編寫自訂節點、整合內部 API，打造符合企業需求的高度客製化工作流。

選擇合適的工具取決於企業的技術能力與業務需求。若企業希望快速上手，降低技術門檻，Make 是較為理想的選擇，因為它的預設模組讓使用者能輕鬆建立自動化流程，無須編寫太多程式碼，即可串接多種 SaaS 服務。另一方面，若企業重視資料安全、需要在內部環境運行，或希望擁有更靈活的自動化能力，n8n 則更具優勢。儘管 n8n 的學習曲線較高，且對技術背景有一定要求，但其開源特性讓企業能夠完全掌控系統，並根據實際需求進行深度調整與擴展。企業在選擇時，應考量公司的規定、使用者的技術背景、系統整合需求以及長期維護成本，以確保自動化方案能真正帶來最大效益。

21.4 Agentic AI Workflow 的優勢與要注意的地方

Agentic AI Workflow 與傳統自動化最大的差異，在於它不僅自動執行既定流程，還能在迭代中不斷學習和調整。然而，如同任何技術革新，導入過程中有許多因素需要謹慎處理，包含系統架構、資料品質與內部組織協調等。企業若能同時發揮它的優勢並正視風險，就能在短期內取得顯著的效益並為長期成長奠定基礎。

21.4.1 整體效益

Agentic AI Workflow 能夠大幅減少員工在重複性高、變動性低的流程上投入的人力，釋放更多人力資源專注在創新或決策層面。透過代理人的學習機制，系統還能逐漸摸索與優化流程細節，長期下來整體作業效率不斷提升，並且持續降低錯誤率。這種效率提昇尤以跨部門合作或大型專案管理最為明顯，因為傳統以人力串接的情報往往容易延誤或遺漏，而 Agentic AI Workflow 能一次整合多方管道訊息，並同時通知相關利害關係人，確保每個人都掌握最新資訊。

同時，代理人在應對外界環境變化的速度與精準度，也能讓企業搶得市場先機。當競爭對手還在斟酌是否要調整定價或更換供應商時，Agentic AI Workflow 早已在分析市場資料後，給出替代方案並自動進行執行，讓企業能夠更快適應並抓住有利契機。

21.4.2 商業價值

從商業角度來看，Agentic AI Workflow 能為企業創造出新的服務模式與盈利管道。例如，在客服領域，代理人能即時從用戶互動記錄中學習，並自動推薦新的產品或服務方案，進一步推動交叉銷售（Cross-Selling）或向上銷售（Up-Selling）。若公司經營生態鏈較廣，還能將 Agentic AI Workflow 整合到供應鏈的上游或下游，幫助合作夥伴優化流程，共同壯大整個產業生態。

此外，長期累積下來的自動化運作資料與決策紀錄，也是企業展開資料分析與新產品研發的基礎。企業不僅能透過這些歷史資料洞察市場趨勢，也能精確掌握客戶的需求偏好。這些資訊若再與預測模型結合，甚至能為企業帶來新的價值，例如瞄準未來需求來發想創新商品，或在客製化服務上取得差異化優勢。

21.4.3 導入後的缺點

雖然 Agentic AI Workflow 帶來諸多裨益，但也伴隨一定的風險與挑戰。首先，系統一旦上線後，其複雜度通常高於傳統自動化。代理人要能順暢運行，背後可能依賴眾多資料源與決策規則，任何一個環節出現異常，都可能使流程陷入卡頓。其次，導入過程若對資料品質與模型訓練缺乏把關，代理人可能因為誤判或偏誤而做出錯誤決策，導致企業蒙受損失。對此，必須在初期就建立完備的資料治理和模型檢核機制，並在代理人的運行中隨時留意關鍵指標。

另外，由於 Agentic AI Workflow 具有高度的自動化與學習能力，法律法規與合規性也是不可忽視的議題。某些行業可能需要對 AI 決策過程進行合規審計或需要透明化的決策解釋，若代理人的內部邏輯過於複雜或缺乏記錄機制，企業可能在審核或客戶質疑時遭遇困難。維護方面，也不能忽略人員教育訓練的重要性，因為能夠理解並管理 AI 代理人的專業人才，目前在市場上仍相對稀缺，需要組織長期投資並培養。

21.5 本章小結

本章詳細闡述了 Agentic AI Workflow 的概念、技術結構與組成，並以傳統自動化作為對照，凸顯了代理人自主學習與動態適應的優勢。在從自動化平台到工作拆解、驅動方式、工作模式與輸出目標的進一步探討中，可以看出這套新興架構如何在多變的商業環境中發揮強大的整合力與決策力。

然而，Agentic AI Workflow 的導入並非毫無挑戰，它需要企業在資料品質、系統複雜度與合規性之間取得平衡，也需要組織投入對 AI 代理人的維運與監控。唯有在審慎規劃與漸進落地的基礎上，才能充分享受它在效率提升、商業價值擴張以及競爭力優化上的深遠影響。

第二十二章

RAG-base AI Agent 應用

在此章節，你將會獲得：

學習重點	說明
RAG-base AI Agent 的核心運作原理與架構	瞭解如何結合檢索器、增強器與生成器三大模組，實現即時知識檢索與動態生成文本的能力，以及六大核心流程（如 Query Preprocessing、Augmentation、Generation 等）的協同作用，提升智慧系統的靈活性與創造力。
實際應用場景與技術優勢	探索 RAG-base AI Agent 在 FAQ 問答、自動化報告撰寫、文件摘要等領域的應用潛力，認識此技術如何提升企業在效率、精準度與用戶體驗上的競爭力，同時降低人工作業的負擔。

22.1 RAG-base AI Agent 概述

RAG-base AI Agent 是一種融合檢索增強生成技術與人工智慧代理理念的系統服務方式。它的核心精神，在於透過外部知識庫或資料源的支援，讓生成式模型能夠藉由精確提取相關資訊來提高回答的正確性與深度。同時，這個整合了檢索與生成機制的代理系統，除了具備一般對話模型的語言理解與生成能力，還能夠進行自主解決方案的規劃，最終在複雜情境中展現靈活應對的能力。由於它擁有強大的資訊擴充能力與自我迭代的特性，近年來在各項應用上能夠得到不錯的成果。這樣的綜合優勢，為許多行業帶來了新的自動化解決方案，同時也讓開發者在設計智慧系統時擁有更高的自由度與彈性。

RAG-base AI Agent 以往的生成式模型往往侷限於其訓練資料所涵蓋的範圍，面對需要即時或專業知識的情境時，可能會產生不完整或過度猜測的回答。而藉由增強檢索機制，模型可以將問題與外部知識庫的內容匹配，並以高效率的方式擷取出符合需求的資料，從而保證結果的正確性與可信度。更進一步地，加入代理模組之後，系統能夠跨越被動回應的限制，透過持續推理，不斷優化決策過程，最終讓 AI Agent 不只是回答者，更是可執行任務的協同夥伴。隨著大規模語言模型與雲端基礎設施的進步，這種既能檢索外部知識又能主動決策的混合式 AI，在實務領域的地位正快速攀升。

22.1.1 定義與背景

檢索增強生成（RAG）是一種結合檢索技術與生成式模型的架構。在 RAG 的概念中，生成式模型並非單純依賴內部參數進行輸出，而是會在產生回應之前先查詢外部資料庫，以獲取更精確或即時的資訊，藉此克服大多數模型無法及時更新知識的限制。傳統的自然語言生成系統如果沒有外部支援，輸出的內容很容易受限於訓練資料的廣度與深度；但當檢索機制加入後，模型可以動態吸收來自不同領域或最新的資訊，並且透過語言理解和推理過程，自動篩選出最

適合的內容融入回應之中。這種做法不僅提高了回答的準確度，也豐富了模型的知識範圍。

AI Agent 則是指一個具備感知環境、決策規劃以及執行動作能力的系統。它並不只是被動地接收指令，而是能夠在多輪交互或任務流程中，不斷地調整自身策略、擴充知識並優化行動方針。當 RAG 與 AI Agent 技術結合時，便形成了 RAG-base AI Agent：一個同時兼具知識檢索能力與高階推理能力的智慧系統。它在回應問題時，不僅僅提供文字回答，更能透過行動策略的擬定與執行，協助使用者完成各項任務或決策。由於具備多層次的應用能力，RAG-base AI Agent 已經成為人工智慧領域的重要研究方向，也為許多需要深度分析與即時決策的場域開啟了新契機。

22.2 RAG-base AI Agent 的核心模組

RAG-base AI Agent 的核心由三大模組組成：檢索模組、生成模組與代理模組。這三者彼此互相配合，從外部資料庫中擷取精準內容，結合模型內部的語言生成能力，並最終透過代理機制執行行動。這種分工明確又深度耦合的架構設計，使得整體系統能在多元應用場景下表現得更靈活、更可靠。

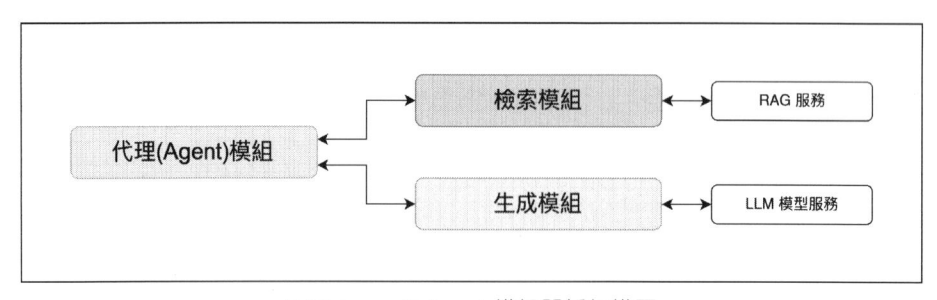

RAG-base AI Agent 模組關係架構圖

22.2.1 檢索模組

檢索模組的主要功能是根據使用者的查詢或系統的需求，從外部資料源中找出可能相關的文件、知識片段或結構化資訊。這個過程常常涉及自然語言理解、索引技術以及相似度計算等多個領域的交互。例如，當使用者提出一個問題時，系統必須先理解問題的語意與意圖，然後再運用已建立的索引結構或搜尋方法，找出可能符合需求的資訊段落。這些被檢索到的候選結果會進一步交由後續的生成模組進行評估與處理，從而讓回答更貼近真實情況。由於檢索模組需要處理海量資料並確保查詢效率，因此在實務上常搭配高效的搜尋演算法與分散式儲存系統來進行優化，也可能結合向量化索引技術提升語意匹配的精準度。

在實際部署中，檢索模組並不侷限於單一資料庫或索引形式，而是可以整合多種外部資源，例如企業內部的文件伺服器、線上知識庫或者第三方 API。這種多元化資料來源的特性，讓 RAG-base AI Agent 能夠在單一平台整合不同型態與領域的訊息。例如，一家大型醫療機構同時擁有電子病歷系統、臨床研究資料庫以及教學文章倉儲，若能透過檢索模組有系統地整合上述資源，便能讓診斷或研究的參考資料更全面，也能減少人為查找的時間成本。

22.2.2 生成模組

生成模組是整個 RAG-base AI Agent 的語言中心，它負責接收來自檢索模組提供的外部資訊，並且結合模型本身的內部知識與推理機制，產出最終的回應或建議。相比於單純的生成式模型，RAG-base 的生成模組會先根據檢索結果進行深度理解與關聯，將關鍵資訊納入語言生成過程，避免因訓練資料不足而產生不精準或不完整的答覆。在這個階段，模型經常需要同時考量外部資訊的正確度與上下文一致性，確保回應內容既有事實基礎，又能與使用者的需求保持連貫。

在較複雜的問題場景中，生成模組也可能需執行多階段的思考路徑。在第一輪輸出時，它先根據最初的檢索結果進行粗略回答，若系統偵測到不確定性或發現資料不足，就會在代理模組的協助下重新檢索、再次生成。這種多輪迭代的協作機制，能進一步提高回答品質與可解釋性。由於所有參考資料都可回溯至外部文件或知識庫，也能讓使用者更清楚地了解系統背後的推理依據，提高對 AI 回應的信任程度。

22.2.3 代理模組

代理模組賦予了 RAG-base AI Agent 更高層次的自主性與行動力。它不僅是單純整合檢索與生成，而是進一步讓系統能在多輪對話中不斷調整行動策略，或是在任務導向的情境下自主決定下一步行動。代理模組通常會透過大型語言模型、規則系統或其他決策演算法來評估當前情境與使用者目標，進而動態選擇是否要進行下一步的檢索、提出澄清問題，或直接執行特定任務。

這種自主決策能力為許多複雜應用帶來了更多可能性。在企業流程自動化的場景中，代理模組可以根據工作流程的節點狀態判斷是否要安排額外的審核程序，或者在偵測到異常狀況時主動通知管理者，縮短反應時間。在多任務管理中，它能同時追蹤並協調多項子任務，像是在客服應用中為不同優先級的客訴進行動態資源分配。最終，透過代理模組的高階決策能力，RAG-base AI Agent 在實務場域中不僅「懂得回答」，更「懂得行動」。

22.2.4 系統整合與部署考量

當前的企業與組織往往擁有既有的資訊系統與多樣化的資料管道，因此在導入 RAG-base AI Agent 時，需要特別留意系統整合與部署策略。例如，檢索模組與企業資料庫的介面設計，需要考量使用者權限、資料安全性與查詢效能，同時也要評估既有基礎設施能否支援高並行的檢索請求。生成模組則必須與雲端或本地端的運算資源相結合，確保語言模型能以合理的延遲速度回應用戶需

求。代理模組若牽涉到多部門協作或跨系統調用，還需規劃合適的 API 結構和許可機制，以確保在不同流程節點之間的溝通能順暢無阻。

在維運層面，開發團隊通常會利用容器化與編排技術（如 Kubernetes），搭配持續整合與持續部署（CI/CD）流程，使 RAG-base AI Agent 的各模組能即時更新並動態擴容。為了維持高可用性與故障容忍度，也可能考慮分散式部署與多區域備援策略，讓系統在面臨突發流量或部分節點失效時，依舊能穩定提供服務。這些整合與部署的細節雖不如演算法本身耀眼，卻是決定 RAG-base AI Agent 能否順暢落地並長期運作的關鍵因素。

22.3 RAG-base AI Agent 的工作流程

RAG-base AI Agent 的運作可以視為一個多階段的循環流程。從使用者輸入問題，到搜尋資料庫並生成回應，最後再根據回應結果進行行動或反思，整個系統都圍繞著如何精準理解需求並提供最佳解決方案的核心目標。透過模組間的緊密協同，系統能不斷修正策略，最終達到即時且高效的互動。

22.3.1 初始查詢處理

當使用者提出需求或問題時，系統會先進行語言理解，以掌握使用者想要解決的核心議題以及相關的背景脈絡。在這個階段，RAG-base AI Agent 會解析出關鍵字、意圖與上下文訊息，並且以此作為後續檢索與生成的基礎。若問題本身較為模糊或抽象，代理模組可能會判斷需要主動發問，以取得更完整的資訊，確保後續檢索方向能與使用者需求精準對接。對於多輪對話而言，每一次的初始查詢處理都會將先前對話的上下文一併納入考量，讓回答能逐步貼近真實情境。

在這個過程中，也可能應用到對話狀態追蹤技術，以便讓代理模組掌握使用者先前的回饋或已解決的子問題。如此一來，RAG-base AI Agent 能夠更精準地判斷當前交互的進度與目標，有效減少不必要的重複詢問或資訊錯失，並為後續的檢索操作提供更具方向性的引導。

22.3.2 資訊檢索

在取得初始查詢的關鍵資訊後，系統會進入資訊檢索階段。檢索模組開始根據使用者的問題特徵或代理模組的決策引導，前往外部資料庫或知識庫中搜尋可能相關的內容。這個過程不僅考驗搜尋演算法的準確度，也涉及到資料庫結構與索引方法的設計。如果檢索範圍過大或資料維度複雜，系統可能需要進行多次或分段式的檢索，才能找出最具參考價值的資訊。最終，檢索模組會將篩選後的候選文件或知識片段輸送給生成模組，並附上與其對應的相似度或權重評估，方便後續選擇最合適的參考材料。

為了避免在海量資料中迷失，部分實務應用會搭配預先訓練的篩選器或主題分類器，先將龐雜的文件做基本分群，然後在較小規模的子群中進行深度搜尋。這種分層式的檢索策略一方面能提升速度，另一方面也能優化檢索準確度，讓後續的生成模組能專注在與主題高度相關的資料上。

22.3.3 回應生成

生成模組在收到檢索結果後，會透過語言理解與推理機制，將外部資訊與模型內部的參數知識結合，產生回答或敘述內容。這個過程並非簡單地複製檢索到的文字，而是要根據使用者需求以及上下文進行整合與改寫，確保回應能夠正確且完整地回答問題。若原始資料中存在相互衝突的論點，代理模組也有可能透過迭代方式進行多次生成，或請求更多的資訊檢索，直到系統對情境有更高程度的信心。最終的回應除了要準確，還須考慮可讀性與敘述品質，才能在互動中呈現自然且專業的效果。

在多語言或跨領域環境下，生成模組也需要具備足夠的語言轉換能力與情境理解能力。例如，若系統在醫療與法律雙領域都有應用，面對相似關鍵字但意義不同的查詢時，就需要透過上下文與檢索結果判斷問題所屬的領域，並產生符合該領域術語與風格的文字回應。這種跨領域的生成能力對於想要打造全方位 AI 平台的組織而言，尤為關鍵。

22.3.4 行動決策與執行

生成回應之後，RAG-base AI Agent 並不會止步於文字答案，而是會透過代理模組的協助，進行下一步的決策與行動。在某些任務導向的情境中，系統可能需要執行特定操作，例如為使用者預訂服務、撰寫報告或發送警示通知等。代理模組的自主規劃能力使得系統能夠根據當前的對話狀態和任務目標，選擇最適合的行動方案。系統也會將執行結果回饋到內部狀態中，為下一輪的對話與決策提供更完整的上下文資訊。隨著多輪交互的累積，AI Agent 會透過反思或其他機制，不斷優化其決策與行動策略，使得整個流程能持續進化與提升。

在一些高風險或關鍵場景，如金融交易或緊急醫療判斷，行動決策更是要謹慎且透明。代理模組在作出任何決定之前，可能會先參考多方資料與歷史案例，甚至在必要時觸發人工審核機制，以確保不會輕易發生失誤或產生不符合規範的行為。這種「人機協同」的模式，可以在保有自動化效率的同時，維持必要的人為監督與審核。

22.3.5 迭代優化

在行動決策完成後，RAG-base AI Agent 不會就此停止，而是會進一步將整個過程的結果與使用者回饋納入學習資料中。代理模組會記錄當前決策的成敗、檢索與生成模組的配合程度，並在後續的互動中不斷模型微調自身參數或行為策略。生成模組也會經由紀錄分析來評估其回應品質，可能透過再訓練或動態模型微調的方式修正在語言理解或資訊整合上的不足。這種持續優化的流程確

保了 RAG-base AI Agent 能隨著環境變動與需求變化而進化，真正發揮智慧系統的長期效益。

在企業場景中，這種迭代優化通常透過版本控管與實驗平台來管理。開發團隊會定期比較不同版本的模型或演算法策略，如檢索演算法改進後的查準率是否提升，或代理模組採用新的獎勵函數後是否在決策速度上更具效率。藉由這些量化指標與持續反覆的測試，RAG-base AI Agent 才能在實務中不斷進化，並為組織提供可靠且具延展性的智慧服務。

22.4 RAG-base AI Agent 的應用場景

RAG-base AI Agent 具備檢索增強生成與智慧代理的雙重優勢，因此可靈活應用於各種需要知識整合與即時決策的情境。它不僅能提供高品質的文字回應，也能根據情境需求執行複雜任務，為組織或個人帶來更有效率與更準確的服務。

22.4.1 智慧客服

在智慧客服領域，RAG-base AI Agent 可以協助企業更快速且精準地回應客戶查詢。傳統客服機器人若僅依賴訓練資料，常無法妥善回應一些不常見或最新的問題。藉由檢索模組，即使是較複雜或涉及產品細節的提問，系統也能快速連結到企業內部的知識庫、操作手冊或常見問題文件，並以生成模組整理出完整且專業的解答。當遇到特別棘手的客訴或技術問題時，代理模組也能進一步判斷是否需要升級給人工客服處理，或主動安排後續支援流程，讓整體服務更具彈性與客製化。

由於 RAG-base AI Agent 具備自我思考解決方案的能力，當客服部門定期更新常見問題或產品說明文件時，系統也能隨時同步新的資訊至檢索模組。這使得 AI Agent 能夠隨需求變動而快速擴充知識範圍，同時在客服對話中展現持續進步的回應品質，進一步減少人工作業負擔並提高客戶滿意度。

22.4.2 醫療診斷

在醫療診斷方面，RAG-base AI Agent 可以成為醫護人員的重要輔助工具。面對病患的症狀敘述或檢驗報告，系統能夠即時從醫學文獻、臨床指南或病歷資料中檢索出相關研究與案例，並結合模型對臨床資料的分析，為醫生提供更全面的參考意見。儘管最終診斷仍需醫療專業人員的把關，但透過 RAG-base AI Agent 的快速資料處理與初步推論，醫護人員可大幅節省時間並降低錯漏的風險。同時，代理模組還能追蹤診斷過程中的關鍵指標，必要時提出進一步檢測或專科轉診的建議，讓醫療決策更科學與嚴謹。

此外，若醫院或診所擁有自行開發的醫療資訊系統，RAG-base AI Agent 也能透過 API 與這些系統對接，動態存取電子病歷資料或臨床試驗結果。這種即時整合讓醫生在面對不熟悉的症狀或罕見疾病時，能更快速鎖定可行的治療路徑，並為病患提供更客製化的醫療服務。

22.4.3 教育輔助

在教育領域中，RAG-base AI Agent 能提供個性化的教學建議與學習資源。當學生透過系統進行提問或測驗時，檢索模組可即時找出最適合的學習材料，如教科書段落、線上課程或範例題庫，並以生成模組整合出一套符合學生程度的解說或練習建議。若學生的問題涉及多重概念或需要跨領域知識，代理模組便能安排更進階或具體的學習路徑，甚至在多輪互動中根據學生的學習表現調整教學策略。這樣的應用不僅提升學習效率，也能讓教學內容更具彈性與個人化，協助教育機構更好地因材施教。

由於 RAG-base AI Agent 能同時整合多種教育資源與即時分析學生學習行為，系統也能產生多元且有深度的教育報告。例如，在數位化教室中，它可以紀錄學生的作答時間、錯誤類型與學習偏好，並在課程結束時自動生成客觀的學習成效分析，提供教師與家長參考，使後續的教學規劃更具針對性與科學依據。

22.5 RAG-base AI Agent 的挑戰

雖然 RAG-base AI Agent 展現了結合檢索、生成與代理的強大功能，但其在技術上與應用實踐上仍面臨許多挑戰。這些問題不僅關乎模型本身的精準度，也涉及資料安全、用戶隱私以及道德規範等更深層次的社會議題。

22.5.1 技術挑戰

在資料檢索方面，如何有效地搜尋並篩選出真正相關且可信的資訊是首要難題。若外部資料庫過於龐大或品質不一，檢索模組容易出現資訊過載或產生誤導性參考資料的風險。在生成層面，模型如何確保產生內容的真實性與一致性也是一大考驗，尤其當外部資訊相互衝突時，模型可能會因缺乏足夠的判斷依據而給出模稜兩可的回答。此外，代理模組則要處理多重任務與決策，若整體代理模組設計不當，就可能出現判斷失誤、行動延遲或資源配置不當的問題，直接影響系統在真實場景下的表現。

同時，RAG-base AI Agent 若部署在需要高即時性回應的情境，例如即時客服或快速交易，系統整體的延遲控制與並行能力也會成為瓶頸。高品質的檢索與生成往往需要較複雜的模型推理與大量計算資源，如何在保證結果精準度的同時又能維持用戶可接受的回應速度，對系統架構設計提出了更高要求。

22.5.2 倫理與隱私

當 RAG-base AI Agent 需要訪問或處理龐大的外部資料時，用戶隱私與資料保護就成為非常敏感的議題。若系統在檢索與生成過程中洩露了機密資訊，不僅會損害用戶信任，也可能違反相關的法規與道德規範。在高風險應用領域如醫療或金融，對於敏感資料的存取與使用必須設定嚴謹的稽核與控管機制，以確保系統在帶來便利的同時，能嚴格遵守隱私保護與資訊安全的原則。此外，AI

代理在做出行動決策時,也需考量到社會與倫理層面的責任,避免因誤用或誤判而對弱勢族群或個人權益造成損害。這些議題都呼籲開發者與決策者需要建立更完善的政策與技術解決方案,才能使 RAG-base AI Agent 得到更永續且健全的發展。

在此同時,對於公共領域與社群媒體上取得的資料,系統也需謹慎判斷其真實性與可信度。若檢索與生成過程未經妥善篩選與驗證,可能使 AI Agent 意外散播不實訊息或偏見。社會大眾對 AI 工具的信任感一旦受到傷害,不僅會導致商業運用受阻,也可能造成更嚴重的輿論與法律風險。因此,面對敏感議題時需採取更嚴謹的審查與驗證流程,才能兼顧創新應用與公眾利益。

22.5.3 風險管控與合規策略

為了降低 RAG-base AI Agent 在技術與倫理層面可能遭遇的風險,企業通常會採用多重合規策略與機制。首先,透過版本控管與測試環境分離的做法,可以在新功能或新演算法上線前進行充分驗證,避免在正式環境中因預期外錯誤造成重大損失或資料洩露。其次,建立明確的審核與授權流程,確保系統在檢索外部敏感資料或執行高風險行動前,能有一定程度的人為監督與多方確認,尤其在醫療、金融等高監管領域顯得不可或缺。

在資料層面,也可考慮引入匿名化與差分隱私等保護技術,減少對個人或機密資訊的暴露。此外,若系統需面對跨國法規或複雜稅務規範,代理模組也能與法遵團隊合作,及時檢索並分析不同司法管轄區的條文與案例,為決策單位提出合規建議。透過這些多方位的防護與策略規劃,RAG-base AI Agent 才能在持續擴展應用範圍的同時,兼顧安全性、透明度與公共信任。

22.6 本章小結

本章闡述了 RAG-base AI Agent 的主要構成與運作模式,並透過多角度的實例探討其在企業客服、醫療診斷與教育輔助等領域的潛力。從定義與背景開始,我們可以清楚看出檢索增強生成技術與人工智慧代理結合所帶來的強大威力,不但能克服傳統模型在知識深度與廣度方面的限制,也讓整個系統得以在實務操作中展現高效率的支援能力。

在深入了解核心模組與工作流程後,我們也一併剖析了 RAG-base AI Agent 在技術與道德層面所面臨的挑戰,提醒讀者在應用此技術時不可忽視資料安全、用戶隱私以及潛在的倫理風險。唯有同時兼顧專業性與社會責任,才能讓 RAG-base AI Agent 成為真正可持續發展的智慧系統,進而在多元場域中發揮最大效益。

第十部分

AI 技術導入專案的未來思考方向

第二十三章

導入 GenAI 技術的未來可能性方向

| 第十部分 | AI 技術導入專案的未來思考方向

在此章節，你將會獲得：

學習重點	說明
生成式 AI 的現況回顧與發展趨勢	深入理解生成式人工智慧（GenAI）的崛起歷程，包括大型語言模型（LLMs）、RAG 技術、LLMOps、模型評估與 AI Agent 等核心要素，並掌握其在應用實踐與技術創新中的現有成就及未來潛力。
未來四大可能發展方向	探索 GenAI 的多模態整合、專業模型建立、智慧代理與跨領域知識驅動的發展方向，理解如何利用參數優化、自適應調整與知識圖譜技術，在更廣泛且更複雜的應用場景中實現智慧化突破。
挑戰與應對策略	認識 GenAI 落地過程中的資料版權、隱私、道德風險、技術門檻與系統整合等挑戰，學習如何透過法規遵循、人才培育、容器化技術與資源優化等策略，促進生成式 AI 技術的可持續發展與應用價值的最大化。

23.1 回顧 – 整體 GenAI 的發展狀況

生成式人工智慧（GenAI）在過去幾年中迅速崛起，成為科技領域中的重要驅動力。GenAI 的核心在於其能夠生成多樣化且高品質的內容，涵蓋文本、圖像、音頻等多種形式，並在各行各業展現出廣泛的應用潛力。

大型語言模型（LLMs）是 GenAI 的基石，這些模型透過海量資料的訓練，具備強大的自然語言理解和生成能力。隨著技術的進步，市場上出現了多種閉源和開源的模型，這些模型各有優勢，滿足了不同用戶和應用場景的需求。閉源模型通常由大型科技公司開發，提供高性能和穩定性，但其內部機制和資料集相對封閉；而開源模型則具有更高的透明度和靈活性，允許開發者自由調整和擴展，以適應特定的應用需求。

生成式 AI 模型即服務（MaaS）為企業提供了靈活的解決方案，使其能夠快速整合 GenAI 技術，提升產品和服務的智慧化水準。同時，隨著 DevOps 和 MLOps 的興起，開發與維運過程中的自動化和協作變得更加重要。專門針對大型語言模型的 LLMOps 方法進一步優化了這一過程，確保模型的高效部署和持續維運。

在實作層面，檢索增強生成（RAG）技術及其相關概念，像是模型微調（Fine-Tuning）和嵌入向量（Embedding Vector），為打造高效的知識增強系統提供了強大的支援。這些技術讓 GenAI 能夠更了解和處理專業領域的知識，提升資訊檢索和內容生成的準確性與相關性。打造和管理知識庫服務、採用 Chunking 方法以及處理知識點 Metadata 等技術，進一步鞏固了 GenAI 在知識管理和應用中的基礎。

評估是確保 GenAI 模型可靠性和效能的關鍵步驟。透過對 RAG 和 LLM 的全面評估，開發者可以持續優化模型，確保其在實際應用中的表現達到預期標準。此外，AI Agent 及其 Agentic workflow 的概念，展示了 GenAI 在自主決策和流程管理中的巨大潛力，推動了智慧化應用更進一步的發展。基於 RAG 的 AI

Agent 應用，具體展示了這些技術在實際場景中的運作方式和成效，證明了 GenAI 在提升業務效率和創新能力方面的價值。

生成式人工智慧在技術基礎、應用實踐和維運管理等多方面均取得了顯著進展。從大型語言模型的發展，到模型選擇與評估，再到實際應用中的各種技術實踐，GenAI 展現出強大的適應性和創新能力。隨著技術的不斷演進，GenAI 將在更多領域發揮其潛力，推動智慧化轉型的進一步深化，為未來的科技發展帶來更多可能性。

23.2 未來技術發展的四大可能方向

在生成式 AI 逐漸成為核心技術的背景下，未來的發展將更加多元且深度整合。透過多模態、專業化與智慧代理的進一步成熟，我們能預見人工智慧在更多複雜場域中展現出嶄新的應用價值。無論是系統架構的改進、模型參數的優化，或者是知識圖譜的全面融入，都將引導整個生成式 AI 領域邁向更智慧、更高效的未來。同時，業界也開始嘗試新型代理機制與自主工作流程，試圖將 AI 的自我學習特質進一步發揚光大，並透過跨領域知識驅動達成更完整的應用生態系。

23.2.1 模型的多模態進化與參數優化

多模態整合一直是生成式 AI 發展的重要趨勢，因為唯有整合文字、圖像、語音與影片等多種資訊來源，才能更有效率地模擬人類的感知與思考方式。未來，隨著硬體加速技術（例如 GPU 與專用 AI 晶片）的不斷演進，模型將逐步走向更大規模的參數結構，使得對多模態資訊的處理更加即時且精確。同時，研究人員也在探索如何在不盲目增加參數規模的情況下，利用各種技術（例如 Tensor Parallel 或 Low-Rank Adaptation）來提升模型效能。這些優化作業意味著人們能在更小的資源消耗下，得到更逼近 AGI 的多模態表現，並縮短模型迭代週期。

從應用層面來看，未來的多模態模型可望在醫療診斷、工業檢測、甚至互動娛樂領域展現高度價值。例如，醫療影像診斷系統可結合自然語言描述與病患語音紀錄，並自動與既有的醫學文獻進行比對，迅速提出診斷建議；在工業檢測中，可將感測器資料、影像資料與文本檔案結合，提升自動化巡檢的精確度與效率。這些應用同樣對模型參數的優化提出了更嚴格的要求，促使研究者與工程師更專注於演算法細節與資源分配，以達到效率與品質的平衡。

23.2.2 專業模型建立

在生成式 AI 的技術範疇中，專業領域的模型通常能更精準地回應特定需求。透過對開源與閉源模型框架的選擇與結合，組織可以為不同行業客製化專用模型，進而快速落實自適應調整與個性化生成。自適應調整不僅侷限於模型參數，還包括資料前處理、特徵工程與推論策略等多個層面。這種「垂直領域模型」的建構方式，能更好地掌控資料流向與品質，並在最短時間內完成專業知識的深度移轉。

然而，要在大規模資料的環境下持續建構與維護這些專用模型，往往會遇到效率與成本的難題。這時便可透過 RAG 系統或 Fine-Tuning 方法的進化來應對。RAG 技術能在資料檢索與生成之間形成緊密連結，並自動萃取對應領域的關鍵知識；Fine-Tuning 方法則能透過梯度更新或參數模型微調，讓模型在每次部署後都能基於最新資料保持高準確率與可用性。最終，這些專業模型的建立不只是單純的技術革新，更是企業或研究組織在面對巨量資訊洪流時，提高競爭力與決策品質的關鍵。

23.2.3 AI Agents 與自主工作流程

AI Agents 概念，向來是人工智慧領域的重要研究方向，意在強調系統主動執行任務、學習並調適環境的能力。當前的生成式 AI 若能結合這種代理性質，不僅能完成如客服回覆、文件分析或行銷自動化等常見任務，也能讓系統在非結構

化任務中不斷學習並自我調整。未來，我們預期 Agentic Workflow 將更深入地結合多模態模型與強化學習技術，提供系統更高的自主決策能力，使人工智慧得以在更複雜、多變的場域中完成自動化工作。

這種 AI Agents 模式也意味著人類與 AI 的互動方式將產生變革。人們可在更抽象的層次上指定目標，代理系統便能透過內在規則與外部回饋來自我更新，最終提出合適的解決方案。這種自我學習與自主決策能力代表生成式 AI 不再只是「被動回應」的工具，而是擁有高度能動性的合作夥伴。在企業或研究實務中，若能有效整合這類代理技術，便能大幅提升工作流程的自動化程度與靈活度，同時解放更多人力來專注於更高階的創意與策略思考。

23.2.4 知識驅動的跨領域應用

跨領域應用一直被視為推動 AI 進步的關鍵，特別是當世代的資訊量急遽膨脹時，更需要藉由知識庫的管理與更新來支撐 AI 模型的學習與推理。RAG 系列技術，尤其是 GraphRAG 與 KAG（Knowledge Augmented Generation），能將知識圖譜與生成模型緊密結合，在進行自然語言生成或任務推理時，自動參照龐大的背景知識並輸出更具脈絡感的結果。這樣的跨領域應用在醫療、金融、教育、能源等多重行業都十分可觀，因為它能有效縮短領域專家與 AI 之間的溝通距離，並為高風險決策提供可溯源的依據。

在未來，我們將看到更多元的知識驅動融合模式。例如，結合即時感測器資料與歷史紀錄，以實現精確的預測維護；或在金融交易中，同時參考市場動態與歷史經濟研究結果，生成綜合性投資建議。這些應用的本質都在於如何將分散而複雜的知識資料進行有條理的管理，並進一步轉化為模型能直接解讀與產出的形式。透過持續優化 GraphRAG 與 KAG 相關技術，AI 將能更深入地參與跨領域決策流程，並帶動專案與產業整體的創新發展。

23.3 未來挑戰與應對策略

雖然生成式 AI 與其相關技術在未來蘊藏著無限潛力，但在推動落地與應用的過程中，仍然會面臨各式各樣的挑戰。除了技術本身的複雜度外，法規遵循、道德監督、人才培育與系統整合都是需要被審慎面對的議題。面對這些挑戰，企業與研究機構不能只依賴單一解決方案，而必須透過全面的觀察、多方位的策略，以及持續的技術迭代來取得平衡與突破。尤其在全球資訊傳遞速度極度加快的時代，更需要隨時追蹤最新的法規趨勢與產業動態，才能在優化模型性能的同時，兼顧法規安全與社會責任。

23.3.1 資料版權、隱私與道德挑戰

在資料驅動的生成式 AI 時代，各種文本、影像與聲音的版權爭議不斷浮現，讓企業或開發者必須更謹慎地處理資料來源與合法性。除了版權外，資料隱私與道德偏見同樣是關鍵議題。當模型需要海量資料來進行訓練時，如何確保資料的合法性與使用範圍成為企業與組織必須優先處理的問題。為了維持公平與包容，研究者與開發者應在模型設計時投入更多心力，包含針對訓練資料進行去識別化處理，並定期檢視模型產出是否產生種族或性別等偏見。唯有建立完善的道德審查與評估體系，並透過審慎選擇模型架構與部署策略，才能在確保最佳生成品質的同時，也保障使用者與利益相關者的基本權益。

在實際應用層面，資料版權與隱私的挑戰往往會演變成多方利害關係的協調。例如，當企業計畫用公開網路上的文本資料作為訓練集時，就需要仔細評估資料版權的歸屬與授權條款；若要進一步應用在人臉辨識或語音交互場景，更必須依照國際隱私法規（例如 GDPR）以及地方法律規範。同時，組織也可在資料處理流程中導入技術工具，如差分隱私（Differential Privacy）與聯邦學習（Federated Learning），在保護個人資訊的前提下繼續推動生成式 AI 的開發。

23.3.2 資料版權挑戰

資料版權挑戰之所以被特別提出來討論，是因為生成式 AI 的訓練與推論往往需要引用或使用到各式各樣的資料來源，這些資料一旦牽涉到版權或著作財產權，就可能在落地應用時引發法律糾紛。特別是當模型能夠產出相似度極高的文本或影像時，原始創作者是否擁有訴訟權益，或者模型開發者又該如何在技術與法律間進行調和，都將是未來相當棘手的問題。針對此，法律與技術標準化的發展顯得十分關鍵，因為它能為企業與研究機構指引一條在合法合規範圍內進行創新的道路。

可以預期，未來的法規勢必會更加明確地規範生成式 AI 的資料使用範圍，同時也可能要求開發者強化模型的可解釋度，以便在版權爭議時能追溯資料來源。若組織想要利用具備自動生成功能的 AI 服務消除人力成本，就需要投入足夠的資源來評估潛在風險，並在必要時與相關權利人或法務單位達成清晰的協議。這些風險管理機制，不僅能免去後續法律糾紛，也能為 AI 技術在企業內的長遠發展奠定更加穩固的基礎。

23.3.3 技術門檻與人才培養

生成式 AI 的發展雖然火熱，但技術門檻依舊相當高。企業與組織在導入時，首先要面臨的就是人才缺口與專業能力不足的問題。熟悉深度學習、自然語言處理與大數據分析的專業人員往往供不應求，即使擁有這類人才，也需要他們在模型演算法、資料管理與雲端部署等多領域中持續進行再進修。為了縮短這個落差，企業可以採納多種教育策略與教育訓練模式，例如與大專院校或科研機構合作，透過開設專門課程或實習機會，讓下一代工程師能夠在理論與實務間取得平衡；同時也可在內部推動學習社群與知識分享，讓現有員工能更有效地接觸到最新技術。

當技術與專業人力相互匹配後，就能結合 DevOps 與 MLOps 思維，將開發、測試、部署與維運的流程有機整合。這種整合方式不僅能縮短開發週期，也使得模型更新與迭代更加迅速與安全。在此基礎上，企業能夠積極探索生成式 AI 在不同部門的應用，例如在財務部門導入智慧風控，在行銷部門採用文案自動生成，在客戶服務部門利用聊天機器人提昇使用者體驗。如此一來，人才培育與技術導入便能形成良性的循環，進一步鞏固企業或組織在市場中的競爭優勢。

23.3.4 系統整合與可擴展性

面對日益複雜的應用需求，系統整合與可擴展性顯得極為重要。許多企業在搭建生成式 AI 系統時，往往將核心放在模型的訓練與推論效能上，卻忽略了資料管理、跨平台運行與資源彈性配置等要素。尤其在 RAG 知識庫與 Metadata 的使用中，若未能善加規劃資料結構與索引機制，日後在擴充與維護時便可能面臨龐大的負擔。相對地，如果能在初始階段就思考如何利用容器化技術（例如 Docker 或 Kubernetes）或分散式框架（例如 Apache Spark）來建立高效的集群環境，並搭配適當的 Metadata 優化策略，便能在日後輕鬆因應規模擴張與需求變動。

此外，可擴展性並不只是硬體與網路資源的升級，更包含軟體與演算法層面的演進。伴隨著多模態整合與專業模型定製化需求的提高，系統有必要預留與其他工具或模組接軌的介面。如此一來，就能在後續進行更複雜的知識整合與任務調度，並確保未來若有新的技術出現時，不需推翻原有架構就能自然嵌入。最後，透過持續觀察並適時調整系統指標，例如效能延遲、資源使用與產出品質，企業便能在保持競爭力的同時，擁有更靈活與廣闊的發展空間。

當然，客製化的整合對於企業來說，往往是一項耗時且高成本的工作。為了加速開發效率並降低技術整合門檻，若能有一套標準化的協定作為指引，自然對開發團隊而言是莫大的助力。其中，模型上下文協定（Model Context Protocol，簡稱 MCP），便是一個值得注意的案例。

MCP 是一種開放協定，目的在於標準化應用程式如何向大型語言模型（LLM）提供上下文資訊。其設計目標是成為 AI 應用程式的通用連接標準，就如同 USB-C 為電子設備提供統一的實體連接方式一樣，MCP 致力於建立一個一致的邏輯介面，使各種資料來源與外部工具能夠有效連接至 AI 模型。透過 MCP 的導入，企業不僅能更快速地將現有服務與 AI 模型整合，還能在維持高度彈性的同時，大幅降低導入成本與風險。從長遠來看，MCP 有潛力徹底改變 AI 模型與外部世界互動的架構基礎，進而加速智慧型應用與 AI Agents 的發展，對於企業數位轉型具有高度戰略價值。

23.4 本章小結

本章從回顧前面章節的生成式 AI 概念與應用成果談起，指出未來發展的四大可能方向，並且深入探討了多模態整合、專業模型建立、智慧代理以及跨領域知識驅動的種種可能性。這些技術的落地與演進，代表著人工智慧從被動的工具運用逐漸邁向主動的智慧代理，且在面臨複雜問題時更能靈活應變與自我學習。

然而，我們也在同時看到了若干挑戰，包括資料版權、隱私、道德風險以及技術門檻，還有系統整合與可擴展性等議題。為了應對這些難題，各方利害關係人必須在法規、教育、流程管理與技術更新上同時下功夫，才能真正釋放生成式 AI 的巨大潛能。展望未來，唯有兼顧技術實力與社會責任，生成式 AI 才能走得更遠、更穩健，也才能為各領域帶來長久而深遠的影響。